U0301819

石惑

珠宝、痴迷以及欲望如何塑造世界

STONED

JEWELRY, OBSESSION, AND
HOW DESIRE SHAPES THE WORLD

【美】阿贾·拉登 —————— 著   汪骏 —————— 译

四川人民出版社

图书在版编目（CIP）数据

石惑：珠宝、痴迷以及欲望如何塑造世界 /（美）阿贾·拉登著；汪骏译 . -- 成都：四川人民出版社，2018.11
ISBN 978-7-220-10737-5

Ⅰ . ①石…　Ⅱ . ①阿…②汪…　Ⅲ . ①宝石－历史－世界
Ⅳ . ① TS933.21-091

中国版本图书馆 CIP 数据核字（2018）第 064641 号

四川省版权局局著作权合同登记号：21-2018-623

SHIHUO ZHUBAO CHIMI YIJI YUWANG RUHE SUZAO SHIJIE

石惑：珠宝、痴迷以及欲望如何塑造世界
（美）阿贾·拉登　著　汪骏　译

责任编辑	陈　欣
内文设计	戴雨虹
封面设计	张　科
责任校对	吴　玥
责任印制	李　剑

出版发行	四川人民出版社（成都槐树街 2 号）
网　　址	http：//www.scpph.com
E-mail	scrmcbs@sina.com
新浪微博	@ 四川人民出版社
微信公众号	四川人民出版社
发行部业务电话	（028）86259624　86259453
防盗版举报电话	（028）86259624
照　　排	四川胜翔数码印务设计有限公司
印　　刷	自贡市华华广告印务有限公司
成品尺寸	146mm×210mm
印　　张	11
字　　数	219 千
版　　次	2018 年 11 月第 1 版
印　　次	2018 年 11 月第 1 次印刷
书　　号	ISBN 978-7-220-10737-5
定　　价	48.00 元

■版权所有·侵权必究
本书若出现印装质量问题，请与我社发行部联系调换
电话：（028）86259453

目　录

序　言

看到可爱的东西不只是给我们带来愉悦和快乐，更是会直接刺激我们的身体，兰斯·何塞在刊登于《纽约时报》的文章中引用一项脑部扫描研究的成果时总结到。这项成果"揭示了当人们看到一个极具吸引力的产品时，可以触发一部分支配手运动的小脑系统。我们是在本能的驱使下伸手去拿吸引人的东西，是美驱动了我们"①。正是对美的渴望——不是对大的灾难或迁移，战争或帝国，国王或先知的渴望——驱动并且塑造了我们。让世界转动和让我们每个人移动的是同一个原因。世界历史是欲望的历史。没有比"我想要"更为基本的声明了。不幸的是，我想要几乎所有的东西。这是伴随一生的痛苦……"有钱能使鬼推磨"，只因为钱是达到目的的手段：那奇异

---

① 　兰斯·何塞：《我们钟爱美物的原因》，《纽约时报》2013年2月15日。

的、几乎疯狂的人性的欲望想要真正拥有，并且永远地占有美好的事物。所有的人类历史可以归结为这三个动词："欲望""夺走"以及"占有"。除了珠宝的历史以外，还有什么能够更好地描述这一理论呢？毕竟，帝国都是建造在对财富的欲望之上，而珠宝一直以来都是货币的一种主要表现形式。

我一直以来都特别钟爱珠宝。我的母亲没有珠宝盒。她有一个专门存放珠宝的壁橱，里面的珠宝真假参半。但这并不重要，这些珠宝都能够让我沉醉其中；在我眼中，它们都是真正的珍宝。当我乖乖听话的时候，母亲会让我坐在她那宽大的床上玩那些亮闪闪的珠宝，把它们分门别类地装在不同的抽屉与盒子里。整个过程甚至比让我试戴这些珠宝更让我开心。我小心翼翼地触摸每一件闪耀着光芒的珠宝，同时在脑海里给它们分门别类：数量有多少？都是属于什么珠宝？

我是如此想要拥有它们，那种感觉就像是单相思，仿佛在胃里留下了一个深不见底的洞。即便是作为一个成年人——一个在过去十年成天都被各种珠宝包围着的珠宝设计师——我母亲的珠宝在我这里从未失去它们魔术般的光芒。我依然想要得到它们。即便我们的品位、喜好是如此的不同，哪怕是我已经有了属于自己的珠宝收藏室，但这一切都无法抵挡我对母亲的那些珠宝的渴望。试想这样一个场景：我的母亲在我面前展示她拥有的一件新珠宝；我躺在她的大床上，周围布满了她那些花哨的20世纪80年代的时尚珠宝首饰，我的小手里拿着一些亮闪闪的珠宝，有着仿佛是在托举圣杯一般的仪式感。

　　为什么会这样？为什么我想要她买的每一件小饰品？为什么我会在心中近乎疯狂地去扩大它们本来的价值？这是因为它们不仅仅是物件。完全不是。珠宝是一种象征、一种符号，这些看得见、摸得着的有形之物其实是更多无形之物的替身。它们不仅意味着财富和权力，同样也可以意味着安全与家园。它们也可以代表着"魅力四射"或者"功成名就"，或者又只是母亲的大床。本书中所搜集的、转述的每一个故事，都是关于"美得不可方物"的故事，以及这世间一直都在孜孜追求它们的男人和女人们的故事。

　　这些故事讲述着人的需要与占有，渴望与贪婪。但是《石惑》不只是一本描写美物的书。它试图通过欲望的镜头来了解历史，同时也对稀缺性与需求经济学对社会产生的巨大影响进行全面的分析。《石惑》描述了珍稀而让人垂涎欲滴的珠宝能够在一个人的生命中以及在历史长河中产生的涟漪效应。珠宝可以掀起文化运动，也可以建立政治王朝，甚至触发战争，或者说有可能成为政治或者军事冲突的主要诱因。

　　第一章"欲望"，将会审视价值与欲望的自然属性。"欲望"的主要内容是阐释哪些东西是真正有价值的，哪些东西是我们认为有价值的，以及二者之间的区别。当你想要某种东西的时候，你会觉得它是有价值的，反之亦然。当荷兰人用珠子买下曼哈顿岛的时候，也正是阿尔冈昆人时代彻底宣告结束的时候。但是这些美洲土著完全被骗了吗？或者，他们有争取到比我们想象中更好的交易吗？石头的价值到底在哪里？是什么让一块石头变成了一颗珠宝？又是什么让珠宝价值连城？你手上戴的戒指上的钻石与《退伍军人权利法案》有什么关系？这一章的三个小节都在审视我们如何决定、创造，甚至有时在想象价值，以及我们所讲述的故事是如何源于这些价值的。

第二章"夺走"讲述了"觊觎"这一人类的天性，着重阐释了如果人们想要得到一些他们不能拥有的事物之时会发生什么。这一章运用一些闻名的历史事件来讲述欲望不能被满足的后果，其中有一些事件的影响甚至跨越几个世纪：玛丽·安托瓦内特皇后因为一串钻石项链而被送上了断头台；法国大革命的爆发与一件珠宝有关；五百年前英国的一对姐妹为了一颗珍珠而发生的争吵，是如何助力如今的中东地图的绘制的。帝国的兴旺与衰败都是来自人类追逐美好事物的弱点。"夺走"讲述了我们想要什么，我们为什么想要，以及为了得到想要的东西我们愿意付出怎样的代价。

最后一章"占有"，将远离战乱与纷争。相反，我们会在这里谈论创造。我们会将笔墨放在那些对美好事物的执迷给我们带来的正面的、积极的影响上。在这一章里，我们会讲述一位做面条的大师的故事，他渴望见到地球上每一个女人都能够佩戴一串美丽的珍珠。也正是他将日本文化从被遗忘的边缘拯救了回来。我们还将遇到一位欧洲的女士，她用一条简单的时尚宣言重新定义了男性的精神，并且助力彻底改造了现代战争的流程。

一个故事的结尾往往意味着另一个故事的开始。

"占有"讲述的是我们得到了想要的东西之后发生的故事，以及在这整个过程中发生的许多不可思议的事情。世界的历史就是关于欲望的历史。这一章便检验了这样的历史进程。这是关于欲望以及欲望所拥有的能够改变世界的强大力量的故事。

一颗宝石价值几何？很显然这要看是什么宝石。

其实更重要的问题是：衡量它们价值的标准是什么？我们到底如何测算一颗宝石的价值？根据它们美观的程度？这在某些时候确实是一个因素。此外，这又把我们带回到最初关于标准的问题：我们如何正确地评判一颗宝石的美观度呢？"美观"是很重要，但这也是一个非常主观的指标。"大小"这个指标也很重要，但也得建立在基本的价值标准已经确定好之后才有意义。一颗大的红宝石的价值比一颗小的红宝石的价值更大。但是一颗小的红宝石有可能比一大块大理石地板要值钱，所以说大小也不是绝对的。"品质"也同样如此：一块完全没有瑕疵的石英也就只是石英。所以，一颗石头的价值到底是什么？是什么让石头变成了珠宝？又是什么让珠宝价值连城？

这些问题的答案也许可以从更加普遍的资源类货物（例如玉米、大麦、大米以及原油）价格浮动的现象中得出。是什么原因让这些货物的价格疯涨？答案是稀缺性。又是什么导致它们的价格大跌？答案是产量过度饱和，即供大于求。这个原理对于石头同样是适用的。最终并不是美观决定了石头的价格，也不是大小或者品质，虽然这些因素都非常重要。[①]宝石的价值完全取决于稀缺性。这也是人们一定要得到宝石的最根本的原因。这是一种无与伦比的兴奋感，它来自你拥有别人无法拥有，或者只有极少数人能够拥有的东西。

石英的问题在于它太普通。价值来自可以感知得到的稀有，反之亦然。一旦某样东西太容易得到，那它就会失去耀眼的光芒。毕竟如果你能够买到，那么一块来自月球的石头（与它那不值钱的近亲——陨石完全相反）就会比一颗钻石更昂贵。可见，一颗石头变成珠宝的大部分原因，同时也是让我们想得到的原因，来自得到这颗石头的难易程度。

这一章将会讲述珠宝被人们想象出来的真实的价值。大家会觉得"被想象出来的真实的价值"这个定义是一个悖论吗？再想想。一件物品到底有多大的价值主要取决于我们认为它有

----

① 即便是对美的定义，也不是一成不变的。如果一个18世纪美丽的女人来到今天，则应该会去跑步机上跑步，因为在21世纪的今天，肥胖的女性是如此不受待见。然而在两百多年以前（工业革命以前），拥有丰满的身体曲线的女性，相对于骨感的女性来讲是稀有的。在某个世纪很流行的东西在下一个世纪可能就会被抛弃，唯有追求珍稀美物的动力会绵延不绝地流传下去。

多少价值（例如有多稀有）——历史已经无数次地证明了这一理论。前三节的每一个故事都审视了我们是如何决定、创造甚至想象价值的，我们搜集的故事就是在讲述这些价值是如何被我们的想象所创造出来的。

1 保持改变
买下曼哈顿岛的珠子
（1626）

一位人类学家问印第安人，如何称呼白人到来之前的美洲。印第安人只是简单地回答，"我们的"。

——小怀恩·洛瑞娅

一个人的垃圾是另一个人的宝贝。

——谚语

在"探索的时代"——又被称作"探险的时代"——欧洲人在不断地扩大对世界的了解。他们通过对外的征服和扩张来达到这个目的。从最初只是简单地抢占亚洲的宝石与香料市场，到后期演化成为一场为了争夺对世界的统治权而展开的全方位的较量。

葡萄牙人通过暴力侵占而获得了对新的领土的主权；西班牙人声称他们是被上帝委派来统治新大陆的；英国人觉得完全无须对他

们的征服行动作任何解释。但是荷兰人却有着更加奇怪的方式，他们喜欢去购买国家和土地。1626年，一个名叫彼得·米努依特的荷兰人从特拉华东部分支的特拉华印第安人手里买下了曼哈顿岛，他仅仅只用了价值24美元的玻璃珠子和小饰品便完成了这一交易。

买下曼哈顿是美国历史上最具争议性的故事之一。这桩廉价的交易作为最大的诈骗案例臭名远扬。这个具有传奇色彩的故事的真实性甚至在后来被重新调查与检验，因为很多人都觉得这是一个不可能的事件。有一些人不假思索地便否定了这个事件，认为它是捏造的——如此荒谬的交换条件是绝对不可能发生的。这个交易看起来非常不公平，一些组织甚至建议将曼哈顿岛归还给最初的拥有者。但是，可能让大家感到最惊讶的事实却是，在1626年以及此后很长一段时间之内，买卖双方对于交易的结果都感到非常满意。

你好，白人

1626年5月，彼得·米努依特在荷兰东印度公司（VOC）工作。米努依特被委派去购买一个安全的、有大片土地的岛屿，为荷兰殖民者的安全与整合服务。

他不是第一个探索新大陆的荷兰人。米努依特甚至不是第一个靠东印度公司支持去购买其他国家的土地的政府官员。他代替了一位名为威伦·沃赫斯特的人，这人侵吞公款，在荷兰殖民者圈子里很不受欢迎。更糟糕的是，根据东印度公司的标准，他是一名糟糕的生意人。他不能完成上级委派的任务，没有办法与特拉华印第安人敲定购买交易。

所有东印度公司的雇员与印第安人进行生意来往的时候都必须遵守文明与尊重的原则，这样的规定是因为在荷兰人看来新大陆就是一个做生意、进行投资的地方，如果怠慢了他们必须与之一起工作的人就会损失生意上的利润。[①]

由于对所有人都不太友好，沃赫斯特终于在1626年9月23日被遣送回了阿姆斯特丹，而彼得·米努依特则立即代替了他成为新一任的行政长官。米努依特在1626年5月立即买下了成为新阿姆斯特丹的地方。米努依特和五个人在喀纳什部落，即现在的史坦顿岛最终达成了该项交易。这项交易的契约至今仍保存在阿姆斯特丹。虽然说这桩交易看起来像是虚构的。

当米努依特与新阿姆斯特丹，即如今的曼哈顿岛的原住民接

---

① 沃赫斯特了解在资金上支持殖民地建设的东印度公司的明文规定，例如"如果有任何印第安人居住在上述土地或者声称拥有这些土地以及其他一些对我们有用的土地的时候，我们不能用武力或者恐吓驱赶他们，而是要用好言劝说的方式让他们离开，或者给他们一些东西作为交换条件，甚至允许他们与我们生活在一起，只要他们拟定并且签订对公司有益的合同。"（《1924份与新荷兰相关的文献（1624—1626，亨廷顿哈特福德图书馆）》，圣马力诺，CA：51—52。）

东印度公司这样说道："我们不要让自己看起来像是坏人。不说谎，不偷盗，不惹人生气，不搞乱地方，不杀人，除非他们罪有应得。总之一句话，孩子们，要守规矩。"

触的时候①，他一再重申他希望通过合理的价格购得该地，或者至少该价格要让所有的居民都觉得合理从而愿意将这个岛屿出售给他。然而在1626年5月4日，当地的土著以价值60荷兰盾（大约等于24美元）的珠子、徽章以及小饰物为收益将曼哈顿岛卖给了东印度公司。

是不是很疯狂？但很显然有人成功地做成了这笔看起来很不可思议的买卖。但真的如此吗？根据研究美洲土著的权威专家，芝加哥大学教授雷蒙德·弗格森的观点，这个交易是真实的，而且确实有珠子的参与。但是与米努依特谈判的特拉华印第安人认为他们只是出售了在岛上居住和生活的权利，以及使用岛上资源的权利，就像他们自己一样——他们并没有出售这些土地的永久拥有权，更不用说是防止其他人使用这些土地的权利了。当我和教授谈到这个话题的时候，他也同意，当特拉华人进行这项交易的时候，他们明确地知道他们是在做一桩买卖，而且他们对出售的价格非常满意。

这样的买卖给我们留下了一个让人迷惑不解的问题：为什么听起来跟我们一样聪明的特拉华印第安人愿意为了一些玻璃珠子和徽章而出售任何东西，甚至包括土地的使用权？或许我们可以找到很多答案，但是最显而易见的也是最简单的答案却是：价值是相对

---

① 据称喀纳什人是以不断地出售他们经过的土地给任何想要购买的人而闻名。根据历史学家雷蒙德·弗格森的观点，曼哈顿以及周边的地区被东印度公司从不同的买家那里重复地购买。那么问题来了，到底是谁被骗了？

的。如果米努依特用钻石向特拉华印第安人购买土地，那么没有人会质疑这次交易的合理性。因为比起对荷兰人来说，玻璃珠子对我们而言更不值钱，所以我们觉得印第安人被骗了。当某种东西数量太多就会导致人们的不重视，如果不是因为红宝石在国际市场上具有很高的价值，缅甸当地人也许会对当地产的数量众多的红宝石不屑一顾，就像我们对待玻璃珠子的态度一样。

宝石实际上就是彩色的砾石。它们也就只是有着特殊名字的岩石。真正的珠宝是美丽的，稀有的。我们想要它们仅仅是因为只有极少数人能够拥有。我们甚至只因为它们来自遥远的异国之地而想要拥有它们。它们的价值90%都来源于想象。

欲望经济学

想象出来的价值非常危险，它可以通过一些特别的方式而变得异常真实。对17世纪30年代出现的郁金香狂热现象熟悉的人都知道，一点夸张的宣传经过长时间的发酵之后就能够轻易地将美丽的小玩意儿转变成为经济的泡沫。郁金香狂热现象是在17世纪30年代产生的一种奇怪的现象，它如暴风般席卷了整个荷兰，并且在几周之内就完全摧毁了荷兰的经济。它带来的巨大力量绝对不是想象出来的。

虽然郁金香是荷兰的象征，但它并不是在欧洲土生土长的植物。郁金香来自性感而又极具异国情调的近东地区——土耳其。直到1559年，郁金香才得以引进欧洲。在接下来的10年间，民间对郁金香的兴趣在缓慢地扩散。在富裕阶层，郁金香的影响力在逐渐地攀升，郁金香球茎的市场需求也在逐渐地扩大，这与小说以及美丽的商品市场发展的脉络是一样的。

郁金香在1600年之前遍布了整个西欧，在1600年登陆了英国。在接下来的30年里，郁金香受欢迎的程度大幅攀升。但是在1637年2月到5月这4个月期间，一种现象触发了引爆点，郁金香引发了历史上有记载的第一次经济泡沫。[①]

1630年以前，所有的有钱人都在收藏郁金香。1630年，在荷兰如果有钱人没有一个郁金香花园的话，他们就会被社交圈所冷落。由于郁金香的价值不断增加，以拥有郁金香来保持自己社会地位的需求也在不断地增加。郁金香的球茎价格一飞冲天，交易量也在不断增长。在1637年之前的几年中，对郁金香的狂热又蔓延到整个中产阶级，在那几年内一个郁金香的球茎比一栋房子还要贵。[②]拥有至少一块郁金香花圃——与今天的钻石类似——则成为人们属于正确的阶层的标志，哪怕有些人根本就负担不起。在1636年后

---

① 这是最初关于此事的历史文献记载——1841年，查尔斯·麦凯撰写了一本一千页的名为《非常受欢迎的幻想与人群的疯狂之回忆录》的书，记录了整个事件发生的全过程，内容包括泡沫的出现、扩大以及破灭。这本书有着深远的影响，以至于至今都在再版、重印，而且还被选入许多未来经济学家的必读书目。

② 罗伯特·奥布赖恩、马克·威廉斯：《全球政治经济学：进化与多元》，帕尔格雷夫·麦克米伦出版社2014年版（电子书）。

期，整个局面几乎失控，中产阶级以及底层的人们不惜卖掉他们的房子或者田地，就为了仅仅能够买一个球茎。正如当下的那些炒房者一样，他们相信球茎的价值是真实的，而且还会不断地增值。

最昂贵的郁金香球茎来自一种名为"永恒的奥古斯都"的品种，这种红白相间的美丽郁金香单个球茎的价格等于12亩上好的建筑用地的价格。最终这一现象在1637年2月到达了顶峰，有少部分人因为郁金香以虚高的价格进行交易而致富，但是更多的人却不知道他们将失去所有而倾家荡产。在同一个月还发生了一件让人惊讶的事：很多人没能出席在哈勒姆举办的一个小规模的仅限邀请的郁金香拍卖会。

这一专属的活动也许是一个转折点，因为与此同时，黑死病在与拍卖地相邻的地区爆发。然而，人们并不那么关心黑死病，却为了郁金香而恐慌。当那场拍卖会并没有预想中那么多人前往参加的时候，每个人都开始怀疑大家对郁金香的需求已经不再强劲。那场失败的拍卖会正是郁金香市场崩溃的开始。

人们开始停止购买并且撕毁那些与郁金香相关的合同。来自不同阶层的投资者变得无家可归，手里除了那些长得像洋葱的球茎以外一无所有。人们请求荷兰政府与法庭出面挽救，但是当时的情况非常复杂，甚至海牙整个城市都濒临破产。最终，政府公告郁金香销售是赌博债务，并且拒绝被牵涉其中。

两个月之内，一半的荷兰人变得一贫如洗，并且对遍布整个欧洲的价格畸高的球茎开始漠不关心了。一些专业的球茎商人试图刺激需求，但完全无济于事。整个郁金香市场毫无复苏的迹象，就像是在冬天里死去的花朵一样。

这就是稀缺性效应与想象的价值最为危险的地方。价值就像经济学三段论一样起作用：因为每个人都想得到它，所以更多的人才会想要得到它；越多的人想要得到它，你需要付出的价格就越高；你付出的价格越高，就越能让别人相信这种东西的价值很高，从而别人也愿意付出更高的价格来得到同样的东西。这就是所谓稀缺的、人人都想要的东西实现其价值爆炸的荒谬而又虚幻的过程。

稀缺性效应还有一个有趣而奇妙之处——它并不是真正的稀缺。一次失败的拍卖就像飞镖一样戳破了郁金香球茎的泡沫，这其实并不像听起来那么不可思议。那些球茎的价值跟钻石与其他宝石的价值一样，不只来源于它们的美丽或者异国风情。它们那突破历史纪录的价值也不完全是因为稀有，而是由其他人想拥有同一物品的欲望到底有多强大决定的。当谈论到一个限量的物品的时候，仅仅认定它是稀缺的这个想法，就足够让你的脑子陷入混乱的境地了。

你应该去检查一下你的大脑

在一个关于需求与供给的神经反射实验里[①]，一组测试者领到两种不同的曲奇（红色和蓝色），并且要说出他们想要的程度。当某种颜色的曲奇数量越少时，越多人想要。这个实验的结果很显而易见地说明了稀缺性是如何影响我们对于价值的认知的。

该实验的第二部分更加有趣。研究人员一开始用相同数量的红色和蓝色的曲奇，但随着实验的进行，研究人员拿走了一些红色曲奇并且增加了一些蓝色曲奇。

如果某种曲奇在整个实验的过程中都是稀缺的，那么这种曲奇会被认为是有价值的。如果某种曲奇在整个实验过程中的数量都是足够的，那么它会被认为比较没价值。但最有趣的部分来了：研究人员发现如果某种曲奇一开始数量很多，在实验过程中逐渐减少，那这种曲奇会被大家认为特别有价值。

测试对象们相信，其他参加测试的人员想要并且选择红色曲奇的行为已经足够让每一个测试对象都坚信红色曲奇一定是最有价值的，而且产生这个想法并没有任何原因，除非他们亲眼看到曲奇数量减少的过程。

很明显，唯一一件比你无法拥有某样东西更加能够摧毁你的大

---

①　斯蒂芬·沃切、杰里·李、阿坎比·阿德沃：《供求关系对于物体价值等级的影响》，《个性与社会心理学》1975年第5期（总第32期），第906—914页。

脑的事情，就是你知道其他的某些人能够拥有。这听起来好像是微不足道的，但是从神经病学的角度来看确实一直如此。

另外一个研究人员进行了进一步实验并得出结论：在我们大脑里，对稀缺性的认知所造成的影响包括会阻碍我们思考的能力，当我们看到某些我们想要的东西越来越少的时候，身体就会产生应激反应，血压会升高，焦点也会缩小，认知与理性的一面就会消退，认知过程也被压制了。细致的思考与分析在这个时候已经不起作用了，大脑里面那云里雾里的激励作用开始产生。[①]并不仅仅是欲望让我们变得蠢钝不堪，而是嫉妒使然——我们想要的东西别人也都想要，这是大多数人都相信的理论。在这样的情况下，我们的身体为或战或逃的反应做好准备。欲望，特别是对某些稀有物品的欲望（不管是真的稀有还是虚构出来的稀有）都会在生理上影响我们。它让我们在行动之前失去了思考的能力。然后我们的反应又激发了我们周围的人产生相似的反应。这是一种行为上的反馈回路，在回路里，一个人的疯狂会为下一个人制造疯狂，反之亦然。

相反地，另外一组研究人员发现，即使你的身体变得激动与迷惑，你对于稀缺性的认知能够让你更加注意到正在被谈论到的物品——"当某种物品的出现是有限制的时候，这就能够激活你用来

---

① R.B.钱蒂尼等：《共情式帮助的本质是自私的还是无私的？》，《个性与社会心理学》1987年总第52期，第749—758页。

判断成交条件对你是否有利的认知来源"[①]。如果我提供了全部数量的某种东西给你，你也许会，或者不会注意到这些物品的细节；但是如果我只给你某样东西最后的一件或者两件，你的大脑就会特别在意它们，这是因为你觉得这样东西非常稀有。

总而言之，是欲望让我们变得愚蠢，不管是在生理上还是心理上都是如此。虽然它会让你的注意力高度集中，但它还是会阻止你做出理性的决定。这就好比是将一只脚踩在油门上，而另一只脚踩在刹车上。此时你的大脑好像是一部引擎，虽然已经超速传动，却仍然试图做出最理性的选择，但实际的情况却是，大脑理性判断的能力已经大大削弱了。当某种东西变得稀有，你就非常想要拥有它。这是一种生理上的冲动。

曼哈顿房产的价格

那么以上神经生物学上关于稀缺性的研究是如何与纽约这个通过米努依特与特拉华印第安人的交换得来的宝地联系在一起的呢？就全世界而言，曼哈顿并不一直都是让人垂涎欲滴的地方。实际上，如今的曼哈顿在当时并不是荷兰人建造新阿姆斯特丹的第一选择。甚至特拉华人也不住在那里。"曼哈顿"这个名字来自

---

① J.J.英曼、A.C.彼得、P.拉格胡伯：《交易的架构：限制在强调成交价值过程中扮演的角色》，《消费者研究》1997年总第24期，第68—79页。

"Manahachtanienk"，大致的意思是"大家喝醉的地方"①，特拉华人如此起名是因为早期与荷兰人的冲突。②总之，他们只是偶尔去那里钓鱼或者捡生蚝，并没有人真的想要那块未来被称为"曼哈顿"的小岛。

如果你掀开遍布于岛上的从那个年代就开始建造的建筑——包括银行金融业的、商业的、艺术的以及其他一切与纽约有关的东西——你会发现那个23平方英里的小岛并不是什么特别好的不动产。没错，它有一个海湾，但是在过去300年里，这个全是软沙前滩的海湾却布满了垃圾。毫不夸张地说，岛上超过15%的地方，包括如今金融区的大部分地区，都是过去几个世纪的垃圾填埋出来的。

这个小岛到处都有在最后一个冰河纪里冰川消退之后留下的花岗石矿床。今天你在中央公园里看到的巨石仅仅是冰山一角。无处不在的花岗岩矿床让岛上的土地变得非常贫瘠，无法耕种。③曼哈顿在冬天非常寒冷，夏天又很酷热，还时不时地会受到飓风与洪水的袭击。岛很小，被寒冷而又波涛汹涌的海水所包围。除了一些木

---

① 对笔者而言，这仍然是一个美丽而贴切的名字。

② 弗兰克·J.麦克维、洛林·特雷西·沃夫：《社会问题简史：一个重要的思维方式》，美国大学出版社2004年版。（本书中部分引文出处缺少页码，或析出文献的作者；部分出版时间较早的出典缺少出版社信息等。英文原书如此，译作未作增补。——译者注）

③ 虽然对大多数人来说，这些花岗岩矿床让曼哈顿变得一无是处，但它却给了曼哈顿另外一个标签：一种名为摩天大楼的建筑。

材以外，岛上甚至都没有很多自然资源。

然而在一段时间以内，纽约曾经是我们国家的首都。在1925年它超越伦敦变成世界上最大的城市之后，纽约在某种意义上变成了"世界的中心"。同时，具有讽刺意味的是，它现在成了这个地球上最受人青睐的不动产。那么到底是什么让它变得如此有价值呢？

曼哈顿的房产价格遵循着稀缺性影响最基本的规律。在其他城市，你可以在外围盖房子。但曼哈顿是一个岛，你只能在岛上盖房子。岛上只剩余很少的空地可供开发。因此，住房面积的稀缺性就几乎成为其价格的唯一决定因素。稀缺的东西拥有强大的能量。

有时简约即是好，所以在曼哈顿这个例子上来说，决定它价值最关键的因素就是它的大小。纽约就像是一块珠宝。稀缺性影响似乎对于以克拉计量的钻石和以英亩计量的岩层都是同样适用的。当居住空间在曼哈顿越来越少的时候，才会变得有价值。在所有的建设与资本涌入岛上之前——在华尔街与金融区成型之前——曼哈顿并没有比一般的土地更有价值，特别是，在当时，美洲大陆正在不断地扩张，拥有大量的土地与自然资源。基于这一现状，用一包稀有的、极富异国情调的珠宝来交换一座充满沼泽的小岛，看起来并不是一个坏的买卖。

香料竞赛

荷兰人在新大陆里到底做了些什么，何况是在哈得孙河谷里？

为什么他们居然想要这个遍布岩石与沼泽的小岛？毕竟根据对于新大陆土地的定义，曼哈顿与巴哈马还真是很不同。如果他们想要钱，那么答案就会是"毒品"。

很少有货物买卖能够像香料贸易这样拥有如此强大的颠覆人类的力量。为什么？

就像宝石一样，它们的诱惑来自香料专属的稀缺性。在很长一段时间以内，获取香料是一个非常困难而且危险的过程。跟很多珠宝一样，香料来自遥远的地方，需要令人难以置信的努力与成本（甚至鲜血）才能够得到。跟大多数珠宝不一样，香料有许多实用的功能，比如治愈疾病、保存食物以及用作开心买醉。真实的故事表明如果用法"得当"，许多普通的香料会让你感觉到兴奋。但是，对于像荷兰人这样的开拓者、商人以及银行家而言，香料最主要的诱惑还是跟珠宝一样来自需求。一个人愿意购买的东西，十个人抢着销售——在中世纪，人们还会通过暴力竞争的市场来占有和售卖香料。记住，如果红色曲奇很难得到，那么你就一定要得到它，而且更糟糕的情况在于，你觉得其他的人会在你之前得到它。

几个世纪以来，想要抢占东亚香料市场的西方权贵人士开辟了一条标准的道路。从欧洲出发，经过转口贸易城市君士坦丁堡，这条建立起来的贸易之路最终连接著名的丝绸之路通往中国。虽然主要是陆路，但还是有一些沙漠、河流以及少量的海上航路需要穿越。哪怕在道路建好的今天，这仍然是一条漫长而又艰难的旅程。但是在1453年，奥斯曼土耳其帝国苏丹穆罕默德二世经过两个月的围攻终于占领了君士坦丁堡，从那以后，他切断了所有的欧洲人进入这条传统贸易之路的入口。因此，欧洲的统治者们急需重新寻找一条新的快速通往亚洲的道路。从那时起，就像是某人打响了第一枪，探索的时代来临了。

与20世纪60年代的太空探索竞赛一样，世界突然变得不再遥不可及，于是整个地球都陷入了不断扩张的狂欢之中。每个有能力参与探索的国家都在积极地竞争，而其他的国家也保持着空前高涨的热情在观望。以下是摘自一些旅行日志的内容：1492年，哥伦布在保证找到珍珠与香料的承诺声中开始向西航行，目的地是印度。但这个计划是如此愚蠢，因为哪怕是他没有先发现美洲大陆，他首先到达的地方也会是中国。他的最主要对手：瓦斯科·达·伽马在1497年航行到了非洲南部的好望角。如果衡量成功的定义是看你达到了多少你事先承诺的目标，那么达·伽马比哥伦布成功多了。他代表葡萄牙人到达了印度，并且在两年后驾驶着一艘装满了奇珍异宝以及个人荣誉的大船回到了葡萄牙。在1520年左右，麦哲伦实现了真正意义上的环游地球。（至少他的船做到了。他一直都在搜寻一条向西通往香料之国印度尼西亚的道路，然而他却在航行临近尾声时发生的一次交战中死去。）

正如你看到的那样，最早基本上都是由葡萄牙人和西班牙人全情投入到开拓通往东方道路的事业中去。他们有很多钱，有很好的船，也有最具胆识的探险家。这一切连同来自天主教堂的大力支持，让他们赢得了早期的香料竞赛，并且将社会经济推向了一个前所未有的新高潮。[①]

荷兰人对于他们迟于对手去开发新大陆有很好的借口。西班牙在15、16世纪占领了整个荷兰，因此荷兰人不得不挑起战争（1568—1648年）从而赶走西班牙人，建立起他们独立的王国。只有在那以后，荷兰人才得以参加到香料竞赛中来，并且在全球的殖民统治的版图上占有一席之地。同时，英国那时还是一个弱小而贫穷的国家。当伊丽莎白一世在1558年登上王位之后，英格兰除了面对破产以外，并没有任何机会去探索新的世界。

但是随着伊丽莎白女王聪明地利用了非王室官方授权的海盗之后，她便开始了与西班牙长达数十年对海上霸权的争夺。除了正面痛击西班牙人并击沉他们的船只以外，她还在新大陆里纵容并且策划了数量惊人的盗窃事件。英国人的攻击不仅让他们的国家变得富有起来，而且还迫使西班牙对英国发动了一次史无前例的战役试图阻止英国人的攻击，但结局却是西班牙人全面溃败，从而导致其曾经称霸世界的无敌舰队的崩塌。最终，西班牙人被英国和荷兰超越，北欧人开始在世界上取得统治地位。

可见，在17世纪以前，英国与荷兰都参与到征服新大陆的混

---

① 如果按照原有的情况继续发展下去，整个当代世界应该都会说葡萄牙语。而仅仅在200年的征战与竞赛之后，葡萄牙人与西班牙人最先到达的地方几乎都被"大英帝国日不落"这句话所包围了。这是怎么回事？西班牙和葡萄牙是如何失去他们的统治地位，将主导权拱手让给了英国呢？答案就是一个词：珠宝。英格兰与西班牙的财富、灾难和珍珠、祖母绿有很强的关联，你将在第3节"金钱的色彩"和第5节"水手，你好"中了解更多。

战中。其实倒不如说他们找到了共同的兴趣爱好更为贴切。但他们的目的并不是探索，而是殖民。这两个国家都有着同样异乎寻常的"天赋"：在所到之地他们不仅掠夺财富，还制造财富。如果英国与荷兰发生了冲突，那多半是因为他们的商业利益发生了重合。

他们看上了同一片土地，就像很多企业都看中了同样的目标受众一样。商业公司看中的是商业利益，他们寻找新的地方不仅是为了掠夺，更是为了"培育"——特别是那些拥有珍贵可再生资源的地方，他们可以在这些地方种植和管理，也可以开采和扩张；同时这些地方的位置还要有利于未来拓宽新的贸易之路或者自我防御。因此荷兰东印度公司（VOC）和英国东印度公司（EIC）在很长一段时间内都在为了争夺同一块土地而战——当然曼哈顿也不例外。亨利·赫德森是荷兰东印度公司的一名员工。他被荷兰派去找寻那条非常有名但又非常难以捉摸的"西北之路"，据说这条路可以让欧洲的商人直接行驶到新大陆。他一路来到了那个我们现在称之为"纽约"的地方。但是赫德森却并不在意这个地方，在他的眼里只有东方。不过，他仍然宣称这个地方以及周围的领地都归荷兰东印度公司所有。值得注意的是，这并不意味着荷兰东印度公司认为他们是从当地的原住民或者本地政权那里获取了这块土地的所有权。这仅仅意味着他们在其他欧洲国家之前对这块土地进行了权利的主张而已。这与西班牙的做法是完全不同的，西班牙每到一个地方便声称这块土地不仅是为西班牙而存在的，而且是西班牙不可分割的一部分。荷兰人真正的说法则是，他们享有在这些新的国家进行发展的第一优先权。

　　这不像是在打仗，更像是在做生意。当赫德森在1612年驶过纽约的时候，他也许只是在船的甲板上思考如何征服这块土地而已。但直到十几年以后，当荷兰东印度公司想要寻找一块土地来安置那些殖民者的时候，它叫彼得·米努依特去买下了这块土地。通过购买获得这块土地，更多的是一种诚意的象征。这也是让交易变得程序化、系统化的一种方式。

教皇诏书

　　为什么荷兰人愿意购买曼哈顿？什么样的傻瓜才会为新大陆的土地付钱呢？探索时代最终变成了混战。正如我之前说过的：所有来自旧世界的国家一窝蜂地在美洲大陆掠夺、侵占土地，他们认为这是上天赋予他们的权利。有一些国家甚至说这是神的旨意。荷兰人也许比西班牙殖民者更加精于算计，但这并不意味着他们就很仁慈。荷兰人在其他一些地区，比如非洲某些盛产钻石的地方，也曾经非常残忍粗暴地对待当地人。那么为什么他们在新大陆这么具有绅士风度，这么文质彬彬呢？为什么他们会与被称为"威尔登"[①]的土著起草合同，商议价格并且签订合同呢？其实这与土著并没有关系。这完全是出于对天主教堂的考虑——那是一个其实并不属于

---

① 荷兰人把他们在别的地方找到的土著都叫"威尔登"（Wilden）。

他们的"俱乐部"。更详细地来说，这与《托尔德西里亚斯条约》有关。从1481年起，教皇亚历山大六世（臭名昭著的波吉亚家族的首领）利用自己神职的权力以上帝的名义颁发了一系列教皇的诏书。这些诏书很多内容都是自相矛盾的，甚至完全没有意义。从传统意义上来说，教皇的诏书是由罗马教皇颁发给公众的手写文件，上面必须要有正式的印章。实际上，教皇诏书行使着与裁决令一样的功能。亚历山大六世非常热衷于签发教皇诏书。

他签发了很多诏书，把它们像开错的支票一样扔得到处都是。在天主教悠久的历史中，他的名声并不好。最终，亚历山大六世的诏书《Inter Caetera》（后来被正式称为《托尔德西里亚斯条约》）将整个地球分成了不同的区域，分别属于西班牙和葡萄牙。其他任何国家不得往新大陆派出船只或者在新大陆建立新的贸易之路，否则将会被逐出教会。新大陆的定义包括所有东方和西方未被发现的世界。（通过各自的讨价还价，"教皇子午线"又经过了一些来回调整，这就很好地解释了为什么巴西是南美唯一一个不是说西班牙语而是说葡萄牙语的国家。）

这个计划对于亚历山大六世、西班牙和葡萄牙都是极其完美的，但对于其他人来说都是一个灾难。但是由于荷兰不是天主教国家，所以他们也没有太把教皇的权力当回事。实际上，荷兰东印度公司非官方的座右铭是"基督虽好，但是生意更好"。逐出教会的威胁并不能威胁到荷兰人，因为你不能被驱逐出一个你原本就不是其会员的俱乐部。在大多数情况下，荷兰人直接忽略掉了《托尔德西里亚斯条约》。但他们需要一种方式来证明他们对于土地的所有权是有效的，而他们的那些对手们可是对教会的旨意言听计从。荷兰东印度公司不是海盗也不是探险家，他们是生意人，所谓的契约精神还是要遵从。最终，与原住民协商、起草合同并且付钱购买土地成了一项明智的策略，能够有效地驳斥其他天主教国家有可能对荷兰取得土地的合理性提出的质疑。

想要买一个岛？

那么他们如何为曼哈顿制定一个合理的价格呢？他们为什么要用珠子来买？为什么不是宝石，也不是郁金香，更不是其他的东西？

其实荷兰人用珠子买下新阿姆斯特丹并不让人感到意外。在人们到达新大陆之前的很长一段时间内，威尼斯人在非洲和印度尼西亚都曾用珠子作为货币进行贸易。在荷兰很多制作珠子的人都来自威尼斯。玻璃珠子不仅好看，而且玻璃在欧洲以外的地区是非常稀有的东西。在16、17世纪，珠子是很有价值的，它在世界上很多地方都被作为货币来使用。制造珠子最初的目的就是将其当作货币，它们就好像是文艺复兴时期那些旅行者用的支票。在那个时代，用一些大家都不认识的外国货币进行交易是十分困难的，这一点在现代社会依然如此。当然，黄金和珠宝在哪里都很受欢迎，但是由于数量很多，所以在原产地，珠宝对于本地人来说要比对于欧洲人的价值少很多。虽然大家都觉得黄金很有价值，但是黄金非常沉重，又不便于携带，还容易被偷盗。

从一方面来看，玻璃珠子方便携带，价值容易被标准化，而且在除了西欧以外的所有地方都非常稀有，因此它们被赋予了很高的价值。买卖一件价值对你的顾客来说要比对你自己来说更高的货品会更加容易。玻璃珠子在新大陆非常有价值，因为玻璃制造工艺在那里是不存在的，没有人见过玻璃珠子。人们对用玻璃珠子从美洲土著手里买下曼哈顿岛这个事实感到愤怒，这是因为现代人认为玻璃珠子是完全不值钱的。但是在用珠子交易的过程中并不存在什么见不得人的事。"原住民接受玻璃珠子作为货币是非常愚蠢的"这个假设来自听到这个故事的人，而并非来自故事本身。这不只是因为社会文化的罪恶感，更是来自我们作为现代人对于什么是有价值的东西的判断。如果我们觉得玻璃珠子是没有价值的，那么我们就会很自然地认为，是荷兰东印度公司对原住民做出了什么伤天害理的事情，才迫使他们为了一些不值钱的小玩意卖掉了整个曼哈顿岛。

认为珠子没有价值是在后工业时代的看法。当某种东西变得很普遍的时候，我们就会认为它没有价值。纽扣和珠子的命运就是这样：它们很早之前也都算是奢侈品，但是当它们被工业化的机器量产之后，产量就会变得越来越大，从而价值就会越来越小。在工业革命之前，一位制作珠子或者纽扣的匠人一个月能够生产出100颗珠子；在那之后，有了机器的帮忙，他也许可以产出1万颗。数量越来越多导致整个市场饱和，珠子不再稀缺，其价值也随之而减少。

随着对珠子和纽扣的需求减少，其价格也随之降低，因此制造商便开始用便宜的材料以保证低价。随着工业化机器生产的革新与普及，大规模生产也越来越容易。更具讽刺意味的是，一旦某种物品的生产过程适应了大规模生产之后，普罗大众就不再想要它了。这个用珠子买下曼哈顿的故事的问题在于，所有人都把重点放在了计算出来的24美元这个价值上，但没有人想要去关注珠子本身。这正是稀缺性效应的核心：如今珠子很普通、便宜、随处可见，每个人都可以毫不费力地得到它们，所以它们没有价值。那么问题来了：它们在过去有什么价值呢？

闪亮之物

我在珠宝行业从事的第一份工作就是在芝加哥拍卖行的鉴定部。上班的第一天，我用专用词典去辨认在戒指上铭刻的匠人的印记（与艺术家在珠宝商那里的签名类似）。但是我想不明白，印刻在金属上那一系列的两个或者三个数字究竟代表着什么。

我在我的大老板卡恩先生吃午饭的路上碰到了他，并且介绍了我自己。我把这些数字给他看，并且问他这代表着什么意义。他解释说我看到的是一种金属的印记：用一个印刻在珠宝上的数字来表明金属的纯度——就是有百分之多少的纯金或者纯银。

我反问他说，万一有人把原来的数字抹掉刻上新的，伪造珠宝的价值怎么办？别怪我太直白，这可是我第一天上班（同时我说话还特别像有犯罪倾向）。他拍拍我的脑袋，称赞我是一个聪明的姑娘，然后严厉地禁止我这样说，同时解释说，太聪明有可能会让自己直接蹲进联邦监狱。篡改那些数字与在100元美钞后面多加一个"0"无异，都是犯罪。

美国人佩戴着这些戒指，但是上面那些数字却属于美联储。如果你仔细看你的戒指或者手镯，你会看到例如"925"这样的数字——这就是标准纯银的意思，即纯度为92.5%的银；如果你看到"725"，表明这是18K黄金——72.5%的黄金与27.5%的合金。哪怕是你自己的珠宝，把这些数字抹掉也是非法的。当铺抹掉或者修改这些数字也是非法的。如果一个珠宝商没有把数字印刻上去，或者是故意刻上错误的数字也都是非法的。[①]

从你的床垫上撕掉标签是合法的，但是造假确实违法。珠宝实际上就是金钱。

珠宝能够被熔化成为砖头或者裸石。如果它们本身不能作为货币的话，它们也能够成为货币的支持。它们仍然是美丽的财富，每个人都想拥有它们。但是最终，黄金与珠宝本质上就是金钱。这与在新大陆时期珠子所承担的金钱的功能是一致的。

---

① 详见美国《1906年国家金银印刻草案》。

小蚝岛

在纽约成为不夜城之前的很长时间里，曼哈顿岛就只是东海岸最寂静的小岛。它还不被人们所认识——即使它的海岸线在400年里发生了很大的变化——除了一个很重要的特色：百老汇大街，极具传奇色彩的白色大道。

我们并没有修建百老汇大街，它一直就在那里。百老汇大街贯穿整个纽约的原因在于其所处的自然环境。这条著名的大街在几百年以后变成了纽约极富盛名的旅游景点之一，也成了每一个纽约人烦恼的原因。它最初是一条人行道，沿着一条清亮的浅浅的小河一直延伸。长久以来，原住民沿着这条道捡拾生蚝。这条清亮的小河里堆满了生蚝，你可以很轻易地就够到并且把它们拔出来。实际上，当地人把曼哈顿岛称作小蚝岛，因为在它隔壁还有大蚝岛，即今天我们所称的斯塔滕岛。

美洲原住民不只吃生蚝，他们还把蚝的壳制作成名为"wampum"的特别的珠子。Wampum的词意为"白色的贝壳珠子"，但是它其实有两种颜色。白色的珠子是由北大西洋海螺的壳做成的。蓝紫色珠子是由西北大西洋硬壳蛤蜊的壳身年轮做的。这些珠子通常是管状的，表面被抛过光。在纽约附近的原住民是这些珠子最早的制作者。这些珠子后来被用于和邻居们进行的买卖中，成了区域内的钱币。1626年，珠子变成了世界范围内的货币。

Wampum珠子有很多形状，但最常见的是经过打磨的管形。将白色的珠子用很长的线穿起来，以固定的长度作为标准，形成了货币的单位。前述两种类型的珠子被编织在装饰华丽的皮带或者项链里，这些编织的珠子被用在很重要的买卖中，也许是土地的买卖，代表着买卖成交。所以wampum珠子到底是什么？它其实就是金钱，是珠宝，是神圣的符号、公约、承诺以及记录——就像旧世界时期的珠宝。在那个年代，这些珠子就是钻石。它们都是来自自然界的物质，它们都因为自身的美丽和相对的稀有而备受珍惜。它们的稀有被少数人掌握的工艺和技术进一步地增强，这些技术一方面增加了它们的美观度，但更重要的是增加了它们的稀有程度。它们可以被用作硬通货，也可以被用在装饰性的物体上，被想要炫耀自己社会地位的人们所垂涎。

美国的"第一家银行"

人们不仅仅将喜欢的珍稀宝石用在商业用途上，而且还用它们作为装饰。这并不只是美洲人或者欧洲人的专利。几乎地球上所有的人都在这么做。几乎所有的文化中都将珠宝用在宗教与商业两种用途上。当它们作为"商业货币"的时候，被用于交换货物；而当它们作为"宗教货币"的时候，则是用在诸多宗教仪式上；而装饰则是这两种用途的共性。对于美洲土著易洛魁人和特拉华人来说，白色的螺壳就是金钱。对于当代欧洲来说，钻石才是金钱。而对于特拉华人而言，紫色蛤蜊则是代表精神世界的宝石。在欧洲，从"忏悔者"爱德华时期起，蓝宝石就被镶嵌在每一位主教的戒指上。而在中东地区，那些对于基督徒来说异常神圣的蓝色石头只不过是美丽的装饰物。

在中东，祖母绿宝石在宗教上的意义则要重要得多，不管当时流行什么宗教都是如此。祖母绿之所以在那里特别受欢迎，是因为所有近东地区的宗教都把绿色作为死后永生与复活的象征。在中东地区传统意义上被用作金钱的白色珠宝是珍珠。虽然珍珠在中东地区没有太多宗教上的意义，但中东是珍珠的主要产区。巴林在一千多年间都是珍珠贸易的中心。[①]

加利福尼亚的丘马什人用奥利维拉贝壳做成盘子形状的珠子，即"anchum"作为货币的单位，与之前我们谈到的wampum珠子类似。他们将绿色或者蓝紫色的鲍鱼壳用作宗教用途。这两种壳还都被当作珠宝。同时，丘马什人还有一套复杂的银行系统以及一套地区代表系统。他们深谙永久性土地所有权、临时性土地所有权以及让渡土地所有权之间的区别。他们还懂得更加深奥的非土地所有者拥有的土地使用权（即租赁），以及最为深奥的非土地所有者拥有的资源开发和使用权等概念。

现在我们假设丘马什人不会开采天然气或者原油，而有某个人，他拥有一大片土地，同时另外一个人则有权在这片土地上采摘

---

① 直到日本一个做面条的师傅在20世纪发明了人工养殖珍珠的方法之后，珍珠的"首都"才永久性地迁移到了东亚。相关内容请阅读第6节"老板的项链"。

橡子、钓鱼或者打猎。根据雷蒙德·弗格森教授的结论，这些人知道有的人在使用开发并不属于他们自己的土地，而另外一些人则有可能声称自己拥有某些土地但却没有利用它们。

易洛魁人也有类似的情况。他们在商业活动中频繁地使用wampum珠子，就像丘马什人用anchum珠子一样。这些大西洋的白色螺壳跟太平洋的奥利维拉贝壳一样，被用作货币。而蓝紫色的蛤蜊壳则更多地用作宗教仪式，就像是来自太平洋的紫色鲍鱼壳一样，丘马什人认为这些鲍鱼壳能够在他们死后代替他们的眼睛。由于英国人并不像西班牙人那样热衷于记录下他们所到之处文化演变的过程与细节，所以我们不知道特拉华人是否拥有银行系统。但是这些美洲土著彼此之间，抑或和我们相较，在很多方面都是相似的。当谈到珠宝或者金钱的时候，我们的反应几乎都是一致的。对于金钱，人类的行为并没有什么不同；相对的价值、稀有性以及梦幻在任何的文化背景之下，基本上都扮演着相同的角色。

我们可以说，货币与装饰在我们的心中或是在钱包里，一直都是并行的。

奇怪的货币

那么，这一切意味着什么呢？东海岸的美洲原住民对于金钱和金钱交易不可谓不熟悉。具体来说，在荷兰人和英国人到来之前，他们就已经开始用贝壳做的珠子作为货币在进行商业交易了。没有人能够骗到他们。这些wampum珠子不仅很美，更重要的是，原住民还对这些珠子进行了标准化的单位设定与管理，就像我们对裸宝石进行的处理一样：作为货币兑换过程中的一部分，它们的大小、色泽与重量被评估，从而其价值被确定下来。它们依然能够被佩戴、交易或者寄存，这跟宝石或者钻石一样，它们在金钱上的价值与它们本身所象征的重要意义是等同的。米努依特用来交换的那些珠子已经消失了，但我们知道，荷兰人带过去的珠子都是威尼斯玻璃珠子，它们在荷兰被生产出来，用来在非洲、东方和美洲与当地人进行交易。早期的玻璃珠子颜色鲜亮，用对比色画出曲线、波点和条纹作为装饰①，后期的玻璃珠子则用彩虹般的色彩以及镶嵌在珠子里面的花卉图案进行装饰。即使在后工业时代，这些珠子依然非常吸引人。

特拉华印第安人通过对wampum珠子的标准化建立起了货币系统，所以我们猜测他们将荷兰人带去的玻璃珠子当成外币来接受。在一个从来没见过玻璃的地方，这些有着丰富色彩的透明玻璃球就像珠宝一样——正如世间所有的珠宝与货币一样，越没见过的东西越显得珍贵。②因此特拉华人接受了这些珠子，并将小蚝岛卖给了荷兰东印度公司。在那之后的很长一段时间里，原住民对于这桩合

---

① 这是一种在当时非常普遍的威尼斯玻璃珠子，也是用于交易的最好的珠子。

② 这种情况持续到美洲土著与欧洲人接触之前。哥伦布以及他之后的欧洲人都将玻璃带到了美洲。

理的买卖感到非常的满意。考虑到这些威尼斯玻璃珠子是第一次出现在新大陆里，所以它们对最早见过这些珠子的特拉华人就很重要了。用珠子买下曼哈顿的故事就是一个经典的关于宝石那被想象出来的价值的故事。如果欲望能够伤害大脑，如果对一种来自国外的美丽花卉的狂热能够在两个月之内毁掉一个国家的经济，那么这种全新的迷人的宝石——一种全新的未被认证的货币形式——就足以买下这个谁都不想要的小岛。

后记：另一个岛

　　荷兰人失去曼哈顿岛的故事与他们买下曼哈顿的故事一样重要，虽然很少有人知道。一开始便注定了结局——我们想要了解曼哈顿是如何失去的，那么我们必须要从头了解香料战争。

　　在17世纪以前，葡萄牙人失去了对香料群岛（本名为班达群岛）的控制权，这些岛屿是文艺复兴时期香料贸易的中心。它们由散布在南太平洋地区的一系列火山小群岛所组成，也是当时地球上唯一出产肉豆蔻的地方。当葡萄牙人的势力在香料群岛逐渐衰落之时，荷兰人则趁机入侵。在1599年，荷兰东印度公司将葡萄牙人彻底逐出了香料群岛并且完全控制了当地的贸易。为了巩固自己的垄断与控制权，荷兰人不仅折磨岛上的班达人，强迫他们服从自己的统治，还折磨肉豆蔻。肉豆蔻只被允许生长在班达岛火山口周围的土地上。为了确保人们不在其他地方种植肉豆蔻，在每次发货前，荷兰人都会在每颗肉豆蔻①上淋上石灰，使其不育。即使有人在别的适合的地方种植了肉豆蔻，这些肉豆蔻也并不能发芽生长。②

不要让肉豆蔻迷惑了你——不要简单地认为它就是一种可爱的、在圣诞节期间人们围着火炉做饮料用的香料。它还是一种药，是一种"毒品"。如果使用一定的剂量，它便成了一种很强烈的致幻剂。烹饪历史专家凯瑟琳·沃尔说："它确实含有让你感觉兴奋的化学成分。"③它是一种"毒品"，更重要的是，它是一种很难得到的来自国外的"毒品"。

荷兰人面临着一个难题：香料群岛里有一个很小的岛，虽然它只有一块岩石那么大，但却不受荷兰东印度公司的控制。这个岛名叫伦岛，岛上遍布肉豆蔻，但它却属于英国。肉豆蔻树紧贴着山边生长，垂落到海里。荷兰人无法从英国人那里通过置换将伦岛夺过来。英国人派出的海军宣称他们对小岛拥有主权，这些英国人同样以残暴著称。1619年，他们的争夺迎来了一个重大的转机——荷兰东印度公司有一名特别阴险的长官名叫让·彼得森·科恩，他被指派为管理荷兰肉豆蔻种植园的主管。他觉得如果不能尽快结束这场竞争，那么他很快就会中断肉豆蔻的供应。由于荷兰东印度公司与英国东印度公司在欧洲签有暂时的和平协定，所以他不能武力攻

---

① 它们其实就是种子。

② 你如果觉得人们食用浸泡过石灰的肉豆蔻这一点令人不安的话，那么请记住，他们正在使用含铅的化妆品，喝含砷的汤力水……这么说来，他们似乎应该有很严重的问题。

③ 凯瑟琳·沃尔：《不再无辜的香料》，美国国家公共电台早间节目，2012年11月26日。

击伦岛上的英国人。于是，彼得森·科恩和他的部下偷偷在岛上登陆，放火烧毁了陆地上包括肉豆蔻在内的所有东西。直到1666年，第二次英荷战争期间，英国人最终向荷兰东印度公司交出了对已经被烧焦的伦岛的控制权，但在这之前的1664年，英国人就已经夺取了对新阿姆斯特丹的殖民控制权。

他们没有为了打败荷兰去夺取新阿姆斯特丹，虽然这是一件很让人愉快的事情。在绝大多数情况下，英国人需要在美洲挑起事端从而打败他们的劲敌西班牙人。最终，通过交换被烧焦的伦岛的控制权，荷兰人放弃了对同样没什么用的新阿姆斯特丹所谓的控制权。一开始英国人对这个交易并不很感兴趣。大家觉得曼哈顿的价值比伦岛低太多了，因此他们曾试图将曼哈顿岛与位于南美洲的一座产甘蔗的、价值更高的小岛进行二次交易。蔗糖很有价值，但砾石和生蚝却毫无价值，因此荷兰人并没有同意这次交易。

英国人只好继续占据着这个小岛，后来又把它改名为纽约。但是，英国人却笑到了最后。这不仅仅是因为后来的很多人从来没有闻到过肉豆蔻的味道，也不仅仅是因为当今曼哈顿高居全世界榜首的房价。英国人笑到了最后的原因是，在成交后的数年间，肉豆蔻在加勒比海的小岛格林纳达上开始被广泛种植，肉豆蔻贸易垄断就此消亡了。很显然有人在伦岛被烧毁以前成功地将一些肉豆蔻的种子走私到了世界的另一边，找到了这个温度、土壤都适宜肉豆蔻生长的地方。那么，这个关于肉豆蔻的伤感故事和买下曼哈顿的珠子有什么关系呢？这个关于肉豆蔻的交易是纽约第二次与一些价值模糊的东西进行交易了，但这两个故事之间的关联却有着更深层的意义；这与人们自己定义的价值有关，也和供求关系法则有关，而更重要的是，我们对稀缺性的认识往往会扭曲我们对价值的判断。特拉华人为了珠子卖掉了曼哈顿，但他们此前并没有拥有这块土地，他们只是在这里钓鱼，而珠子在他们那个年代确实是货币的表现形式。买下了曼哈顿的荷兰人确实是居住在那里的，虽然那里并不是他们的优先选择。他们在那里留下了足迹，并且建造了整个殖民地。然后在1664年，他们又为了肉豆蔻把曼哈顿卖给了英国人，由此可见，价值在某种程度上是一个关于口味与爱好的问题。

2 开山鼻祖才"恒久远"
第一枚订婚戒指
（1477）

钻石从本质上来说毫无价值，除非它们满足了人们从心底里需要它们的欲望。

——尼基·奥本海默（戴比尔斯集团主席）

广告是披着合法外衣的谎言。

——H.G. 韦尔斯

1976年，经济学家、作家弗雷德·赫希用"地位性商品"这个词来阐释，某些东西因为别人没有或者无法拥有，而变成了大家都想要的商品。在经济学界，"地位性商品"一词描述了这样的商品，它的价值部分或者全部由其他人到底有多想要得到它来决定，而不是由它到底价值多少钱来决定——这与那些在1636年让整个荷兰陷入疯狂的郁金香球茎类似。

那么这些难懂的关于嫉妒、需求和限量的社会性增长的经济学理论与钻石有什么关系呢？关系很大。钻石并不"恒久远"。钻石订婚戒指成为必需的奢侈品的历史才仅仅80年。我们认为佩戴钻石订婚戒指的传统是理所当然的，以为它的历史与婚姻的历史一样长。但其实我们都错了，它的历史仅仅与微波炉的历史差不多。

这是关于一个故事的故事。实际上这是关于两个故事的故事。一个是讲述马克西米利安在1477年求婚的故事。第二个故事发生在500年以后，讲述了控制地球上99%钻石产量的戴比尔斯集团是如何说服以前那些对钻石戒指毫不关心的人们开始相信并且想要拥有钻石戒指的。这是一个关于戴比尔斯如何胜利地完成了这个历史上最伟大的任务，并且最终建立起数十亿美金的商业帝国的故事。

一个帝国的崛起

150年以前，钻石非常稀有。直到南非出现钻石狂潮之前，整个世界每年钻石的产量只有区区数磅。钻石在印度和巴西的某些河床上也曾经被发现过，但也只是零星的。这些钻石是比较大的石头，有时候还有丰富的色彩。其中最好的钻石是来自印度戈尔康达地区的戈尔康达钻石①，这种钻石的质量好到了极致，以至于最早

---

① 戈尔康达是世界上最早的钻石贸易中心。大约150年前，几乎所有的钻石都会在那里进行交易。

的一种评估钻石好坏的标准在戈尔康达钻石产量枯竭之后再也没有了用武之地，完全遭到了弃用。这个失落的标准名为"水"，它是用来形容钻石如流水般灵动的光芒的。钻石的晶体是如此完美，光线可以完全没有阻碍地进入其中。现代南非产的钻石也没有"水"这一级别。当代评估钻石的4C标准——颜色（color）、净度（clarity）、切工（cut）和克拉数（carat）是在20世纪60年代发明的，这也是为钻石进行市场营销的一部分，让中产阶级的人在购买比较小的钻石时也会感觉不错。

戈尔康达钻石与臭名昭著的"希望钻石"一样，拥有举世无双的极致品质。但不幸的是，戈尔康达钻石由于极为稀有，在19世纪早期，该地区的钻矿就已经枯竭了。但是在1870年，钻石突然变得不再特别，不再稀有，这是由于一名叫作伊拉斯谟·雅各布斯的年轻人在南非的橘子河里找到了数量惊人的奇形怪状的晶体，这正是足以改变整个世界以及婚礼策划产业的钻石狂潮的开端。几乎同时，这个地区被蜂拥而至的人们和矿井所覆盖。很快，成吨的钻石从地底下被开采了出来。

与此同时，生于1853年的塞西尔·罗兹先生创办了戴比尔斯公司，在这之前，他只不过是一名失败的棉花农民，一名普通牧师的儿子。

在罗兹创立世界上最成功的企业之前，他是一个有着帝国野心的年轻人。他成功地在1890年被委任为开普省殖民地的首相，但是他有更大的雄心壮志去干一番大事业，比如吞并诸多非洲国家，让它们都成为大英帝国的一部分；又比如建造一条横跨非洲大陆的铁路，连接南非与开罗。在担任首相期间，他成功地完成了具有帝国主义掠夺特质的侵略行动。他甚至还发现了罗得西亚这个国家，并直接用了自己的名字来为其命名。但是到后来，一场政变迫使他辞去了首相的职位。大家都认为这也许是塞西尔·罗兹帝国梦的终结，但是正如历史最后证明的那样，吞并一些国家以及它们的傀儡政府只不过是他一生中做过的平庸之事罢了。更出彩的事情随后便到来：罗兹对于英国政府里同僚们不合作的行为感到心灰意冷，于是他决定开创属于自己的事业。作为历史上"争夺非洲"行动的一部分——西方列强迅速地瓜分非洲，抢占属于自己的势力范围，霸占其财富与自然资源——罗兹于1889年创办了英国南非公司，简称BSAC。他最初的目的是要在非洲中部和南部探寻金矿。

让我们来想象一下当男孩伊拉斯谟·雅各布斯在罗兹拥有的土地上的河流中找到一块棒球大小的钻石的时候，他脸上的惊讶与兴奋的表情。罗兹于是开始了他的钻石生意，他出租用于抽干河水的矿山开采设备，但这样的做法却几乎毁掉了矿工们的开采权。随着通过租赁生意赚来的利润不断增加，他开始给自己购买开采权，在那以后，他越买越多，这也成了他创建世界上最不可思议的垄断行业的开端。虽然钻石狂潮还在不断发展，但是南非的钻石开采业却只有几家大型的公司在经营，其中最大的公司就是罗兹的戴比尔斯公司。而从一开始，戴比尔斯公司就着眼于控制钻石供应的全产业链。

相对的真相

　　真正的事实是，钻石既不稀有，本质上也没有价值。钻石的价值都是由拥有钻石的人在脑海里创造出来的。地位性商品理论表明，一个物品的价值来自想要被拥有而并非其他。一件拥有地位的商品有很高的价值，并不是因为它是必需品或者它有良好的功能，只是因为人们都想得到它。因此一件物品的价值只能被相对地进行评估，而不能做绝对的判断。宝石就是这种物品。

　　我们已经在第1节里看到稀缺性会增加商品的价值；当你看到某种东西的供应数量逐渐减少时，你就会情不自禁地想拥有它。这就是稀缺性效应。但是地位性商品则从更深的层面来描述——价值是由想要得到其他人拥有的物品的欲望来决定的。

　　钻石价值很高，正是因为钻石的数量稀少，所以才能够价值连城。而一枚钻戒就是典型的地位性商品。它除了用来代表一种状态以及与其他人的钻戒进行比较之外一无是处。它的价值是由钻石的大小和价格来决定的；相对而言，它不是由钻石本身或者其他主观的标准来决定，而是由钻石主人的社交伙伴所拥有的钻石决定的。它会这样起作用：你想要它，因为大家都想要它；大家都想要它，因为另一些人拥有它。

　　如果每个人都能够轻而易举地得到它，那就没有人想要它。最终，就像是经济学里的抢椅子游戏一样。因为地位性商品的价值完全取决于它的稀缺、限量的属性，因此这种东西的数量一定要比想得到它的人数少，否则它就会变得毫无价值。如果钻石是终极的地位性商品，那么当它变得不再稀有的时候，会发生什么呢？

触　礁

1882年，钻石市场崩塌了。时光倒退回10年前的1872年，南非每年产出100万克拉的钻石，产量比世界其他地方的钻石产量之和的5倍还要多，就更不用说与之前印度那一丁点的产量相比了，估计只有上帝才知道多了多少吧。结果，开普省钻石[①]落得了一个坏名声，不仅是因为它们与曾经风靡一时的古老的戈尔康达钻石一样闪耀美丽，更是因为它们的数量太多了，因此就显得不那么稀有和珍贵了。当成吨的钻石从地下被开采出来的时候，钻矿主们意识到当钻石像洪水般涌向市场的时候，这些本来美丽稀有的钻石也离不再受到人们的追捧不远了。毕竟是稀有成就了钻石。

在那个钻石被疯狂开采的日子里，一位著名的巴黎银行家乔治·奥伯特发表了一篇预测未来钻石开采的文章，总结了地位性商品与变成了塞西尔·罗兹噩梦的钻石的价值本质。他说道："一个人购买钻石是因为它是极少数人能够买得起的奢侈品。如果钻石的价格跌落到当前价格的四分之一的话，那么富人们就不会再购买钻

---

① 开普省钻石指南非产的钻石，因在南非开普省好望角被发现而得名。

石，而转向购买其他珍贵的宝石或者其他的奢侈品。"

1888年，罗兹灵光一现，找到了解决这个难题的好方法：如果钻石变得不再稀有，他只能依靠重新让钻石变得稀有来维持他刚刚建立起来的商业帝国。罗兹说服了另外一家主要的大矿矿主一起整合双方的公司与资源，共同成立了一家更大型的公司（有人称之为卡特尔）来控制钻石流向市场的数量。即使他们不能控制钻石开采的数量，但至少他们能够控制钻石从自己仓库里出货的数量。1890年，新成立的戴比尔斯联合矿业有限公司拥有了南非所有的钻矿，并且按照自己的意愿来进行钻石开采。

戴比尔斯一旦控制了大多数钻石的供给，那么控制需求也就是易如反掌的事了。想买钻石的人认为世界上的钻石非常稀有。但是随着越来越多的钻矿被发现，戴比尔斯也开始焦虑起来。1891年，戴比尔斯人为地在一年之内减产了三分之一，这仅仅是为了确保人们对于"钻石依然非常稀有"这个谎言始终坚信不疑。

不能击败对手，便买下对手

这样做在一段时间内收到了很好的效果，但是钻石市场在1908年遭到了第二次重创。这一年正值第一次世界大战前夕，钻石的价格急速下滑。人们都在挖掘战争工事，处于备战状态中，钻石变得不再重要，反而食品和钢材才是最急需的商品；没有人会在战争时期储备毫无用处的钻石。而更糟糕的是，在同一时期，又一座超级大钻矿被发现，那是一座储量惊人的主矿脉，以至于罗兹的勘测员在看到以后直接晕了过去。1902年，罗兹去世，同年另外一座新的钻矿被发现。这座钻矿的主人是欧内斯特·奥本海默，他不是一名好的队友。最终，他的这座名为"库里南"的钻矿的钻石产量比戴比尔斯所有钻矿的产量总和还要多。因此，戴比尔斯陷入了恐慌之中。他们知道如果继续这样下去，奥伯特的预测很快就会成真。1914年，在奥本海默的胁迫之下，罗兹公司的继承人召集所有的公司一起被迫签订了价格垄断协议。他们将进行第二次公司合并，共同经营所有的钻石，尽可能少地在市场上投放钻石，从而维持钻石稀有的假象。这个策略之前是很有效的，所以他们认为该策略会依然有效。一战结束之前，库里南钻矿与戴比尔斯的钻矿成功合并，奥本海默成为新公司的主席。

戴比尔斯现在控制着地球上90%的钻石生意。这是第一次地球上的钻石供应被一个人的远见所控制。是什么样的远见？是创造一种价值永不下降的商品的远见。1910年，奥本海默说道："常识告诉我们，提升钻石价值的唯一办法就是让它们变得稀有。换句话来说，就是减少产量。"但是钻石狂潮刚刚到来，我们无法阻止钻石的泛滥。钻石就像沙砾一般从钻矿中被开采出来，同时在世界上别的地方还不断发现新的钻矿，以至于戴比尔斯根本来不及买下它们。钻石全球化的垄断仅仅维持了几年，钻石的产量再度爆炸性地增长，戴比尔斯的钻石帝国又一次来到了崩溃的边缘。奥本海默意识到要维持钻石高昂的价格，仅仅依靠推销"钻石非常稀有"这个假象是远远不够的，他决定开始推销另外一个假象——钻石是必需品。

你不想知道的关于钻石的真相

从技术上来说，钻石究竟是什么？用科技术语来讲，钻石就是一种碳元素的同素异形体。这意味着，它是碳的多种表现形式之一。碳的其他同素异形体包括炭、烟煤以及石墨。

碳几乎是所有物体的组成元素，当然也包括你：人体99%的部分都是由3种主要元素组成的，其中一种就是碳。[①]碳还是组成大气、海洋以及地球上每一种有机生命体的元素之一。碳随处可见，它是宇宙中数量排名第四的元素。地球上所有的钻石都是在10亿到30亿年前，在地表以下320英里处的高温高压条件下形成的。我们毫不怀疑，还有数量惊人的钻石仍被深深地埋藏在地底。我们在离地表比较近的地方发现或者开采的钻石来自金伯利岩——这是由一些体积小却威力大的火山的爆发作用而产生的，这些形成于地球深处的岩石由于地壳活动被带到地球浅层。

几百万年以前，当那些火山喷发的时候，钻石被带到地球

———————————

① 实际上，在2001年成立了一家名为"生命之宝"的公司，专门搜集过世爱人的骨灰，通过高温高压的技术将骨灰制作成为一颗钻石，作为永久收藏品。由此可见，我们人体的绝大部分都是碳元素。我也在考虑用这种方式制作一颗钻石。

表层，存在于其他的岩石之中。碳（carbon）来自拉丁语单词"carbo"，意思是"煤"。从某种意义上来说，钻石实际上是压缩过的煤。是不是很有趣？

在标准的温度和压力之下，碳会以石墨的形式存在。石墨的每1个碳原子与另外3个碳原子相连，6个碳原子在同一个平面上形成了正六边形的环。是不是很难懂？想象一个放在地上的链状栅栏，每根链条交错的地方就是一个碳原子。如果你将一层一层的链状栅栏叠放起来就组成了石墨。

那么，是什么让这些普通的碳元素变成了钻石而不是一片石墨呢？答案就在于原子结构的不同。碳原子在高温高压的外力作用下会形成更为牢固的结构，那些链状栅栏结构的叠层，彼此之间在每一个交叉点的位置都在垂直面上结合起来。就像叠层放置的管子一样，彼此固定在每一个连接处，一颗钻石的格架（lattice）在每个方向都是对称的。这样的结构赋予了矿石很多独有的特性，其中最著名的就是它能够像棱镜那样折射光线。当光线进入钻石的时候，组成钻石立方晶体结构的高密度共用电子对能够散射光波，将光波打碎并且反射回去。这不仅仅意味着美丽，至少从几何学与分子学的角度来说，钻石对光的诠释堪称完美。

这种特性却并不能成为钻石稀缺的理由。1998年钻石的产量是15年前的两倍。因此有了更多关于钻石知识的新发现。美国宝石研究院（GIA）估算出从1870年南非钻石狂潮开始到现在，全世界大约有45亿克拉的钻石被开采出来。[1]这些钻石足以为地球上70亿总人口的每一个人做一枚50分的钻戒，此外还会剩下10亿克拉的钻石。钻石并不能像广告上宣传的那样"恒久远"。钻石的英文单词"diamond"来源于单词"adamantine"，意思是"不可摧的"。虽然除了另外一颗钻石以外没有东西能够切割钻石，但这也并不意味着没有东西可以毁坏它。实际上，对于一个以力量和永恒而闻名的东西来说，钻石并不是那么耐用。依靠其特有的立方晶体结构，钻石确实是最坚硬的矿物质，它的硬度是排名第二的蓝宝石的50多倍。但是坚硬并不意味着强大。

你可以肆意地踩蹋钻石：只要你还有其他的钻石，你就可以在珠宝盒里刮花它们；你可以把它们加热到1400度，它们会不着痕迹地消失得无影无踪。或者，你可以像我父亲那样，他在6岁的时候听说钻石是世界上最坚硬的东西，于是拿走了他母亲唯一的钻石戒指，用铁锤把它敲成了碎片（这给她造成了难以平复的伤害）。钻石不仅是易碎的，而且在热力学上来说也是不稳定的。实际上，你看到过的每一颗钻石都在缓慢地变成石墨，只不过这个过程在常温条件下非常缓慢，以至于人们无法在有生之年看到这个变化罢了。

如果我们问"今年谁会想要储藏煤炭"的话，想必答案很显然，应该是"每一个人"吧。但他们还不知道手中钻石的真实成分。总的说来，人们并不会知道太多钻石在化学层面上的知识，而

---

① A.J.A.简森：《1870年以来的全球钻石产量》，《宝石与宝石学》2007年总第43期。

且他们有充足的理由不知道。因为在最近的80年里，没有人是真正地在销售钻石，他们都在销售一个想法。只有上帝知道这个想法是什么。

环绕指尖

20世纪30年代以前，戴比尔斯对钻石的供应具有绝对的控制权。通过人为制造的稀缺性，戴比尔斯还在一定程度上控制着钻石的需求。然而它却不能控制战争时期的经济。从大萧条时期到第二次世界大战开始的这段时间之内，人们不仅停止购买钻石，甚至开始试图出售他们手中的钻石。这完全就是一个灾难。人们知之甚少的钻石行业里的一个事实是，要想二次出售你手中的钻石是非常困难的。

事实上，如果你将你的钻石订婚戒指拿回你购买的店里，店家却不会将戒指买回去，因为他们将告诉你一个非常让人不舒服的理由——你的钻石本身的价值只占你购买戒指总价格的很小一部分。这真的是永恒的投资么？真正的原因其实是，转卖钻石会破坏对钻石正常的需求。

此外，几乎每一颗被开采出来的钻石现在都在人们手里。它们被存放在珠宝盒里，或者闪耀在手指间以及博物馆里，这些钻石的总量是惊人的。如果很多人开始转售他们手中的钻石，那么整个钻石市场将会被摧毁。就像荷兰人从1636年到1637年的郁金香狂热现象中吸取到的教训一样，缺少需求以及过度的供给会导致钻石的价值猛然下跌，甚至完全消失。钻石会被揭穿其实际上只是普通宝石的本质，钻石行业将就此沉沦，再也无法恢复。所以在这一点上，钻石有着它不可替代的经济价值，如果这个价值消失，那么世界经济都会受到严重的影响。

那么我们能做什么？戴比尔斯通过人为地操纵价格与供给来控制钻石的需求。它控制了人们的大脑和钱包，它还需要控制人们的心。记住，钻石是女人最好的朋友。一枚钻石戒指被大众认为是唯一的必须拥有的珠宝，它也是唯一的一件有着非常意义的珠宝，人们期望以私人的、浪漫的方式将它给予自己一生不变的爱人。一枚钻石戒指是每个人都想购买或者收到的一件珠宝。也许人们并不会认为自己长大后就能够拥有一顶珠宝冠冕①，但是订婚戒指却成了成人之后成功幸福生活很重要的标志。

这个观点其实是为你而发明的，并非你自己创造的。这是一个精心打造的市场营销策略，这个策略在之后的80年间通过精准运用心理学测试、消费者调研、早期的市场教育、产品植入式广告以及公关宣传战役取得了巨大的成功。这一策略已经成为现代广告行业的经典之作，成为特别是包括烟草业在内的其他行业进行广告营销时学习的典范，同时它还完全重塑了整个世界经济。它不再仅仅使用操纵供给与需求这些小儿科的方法，而是直接操纵你。戴比尔斯成功地创造出一个一开始并没有什么价值的商品，并且将它打造成

---

① 好吧，也许我有这样的想法。

了珍贵材质的绝对标准。实际上，贝恩咨询公司2011年的研究报告指出："虽然全球经济在长期看来有很大的不确定性，但是钻石产业却在2011年有意想不到的反弹。虽然经济衰退会降低钻石珠宝的销售量，但是总的说来，钻石的需求是在持续上升的。"[①]此外，从零售业的观点来说，戴比尔斯成功地创造了一种永远不会失去其价值的产品，因为他们在80年前就完全控制了这个行业。这是一个不可思议的宣言，即使是从整个商品品类的范围来看，都是令人震撼的。如今的戴比尔斯是谁？不是一个人，而是许多人的集合体。戴比尔斯目前包括了以不同名字进行商业运营的多家公司——CSO（戴比尔斯下设中央统售机构——译者注）、辛迪加（戴比尔斯的中央销售组织——译者注）、钻石贸易公司（DTC），以及"永恒印记"（著名钻石品牌"Forevermark"——译者注）。[②]这是人类历史上最为成功的卡特尔垄断企业。

综上所述，是一只无形的手将钻石是世界上最稀有、最珍贵的宝石这个观念植入了你的脑海里，而且更重要的是，它从心理上告诉你，你应该需要一颗。他们是如何做到的呢？一切都要从一个先例说起。

---

① 贝恩咨询公司、安特卫普世界钻石中心：《世界钻石历史：描绘增长》，2012年。

② 2012年，奥本海默家族将他们所持有的戴比尔斯40%的股份以51亿现金的价格卖给了英美资源集团，该集团之前拥有戴比尔斯45%的股份。值得一提的是，英美资源集团也是由戴比尔斯最初的投资者欧内斯特·奥本海默所创办的，由此可见，垄断寡头之间总是会有千丝万缕的联系。

你愿意嫁给我吗？

公元1477年，18岁的马克西米利安大公（即后来的神圣罗马帝国的皇帝）第一次用一枚钻石戒指向他的至爱勃艮第的玛丽求婚，这对爱人就此开启了用钻石戒指求婚的光荣传统。这个传统在坚定的誓言、爱的火花以及甜蜜的亲吻的见证之下已经传承了539年。以上就是戴比尔斯对这个浪漫故事的温情演绎。大公确实是在1477年向来自勃艮第的玛丽求婚，虽然他们此前并没有见过面，他甚至无法在人堆里找出谁是玛丽，但他还是用了一枚钻石戒指来求婚。而实际上，他是将戒指交给了玛丽的父亲：勃艮第公爵查理。这才是真实的故事。这枚戒指并不是你想象中的蒂芙尼的大钻石戒指，只是有一颗很小的钻石镶嵌在M形的戒托上。"M"也许是代表玛丽，但也有可能是代表君主（monarchy）或者金钱（money），又或者应该是联合（merger）。这场婚姻实际上很复杂，牵涉到多个国家的土地交易，当时的皇族婚姻几乎都是如此。而那枚戒指则是不同寻常的，肩负着绝大多数人所认同的象征性意义。

现代钻石切割工艺是由玛丽的父亲，查理公爵在布鲁日发明的，他对各种技术十分迷恋。事实上每个人都如此。但是查理有钱将他的迷恋变为现实，他把他最大最好的钻石送去布鲁日切割成新的款式①——布鲁日是他管辖的一个地方。"一颗有布鲁日刻面的钻石"不是一种传统，而是一种技术的名称。马克西米利安不是浪漫的代表，他有着非常聪明的头脑，从某种意义上来说他是一个狡诈的人，这也为他日后当上神圣罗马帝国的皇帝打下了基础。当他与玛丽结婚的时候，通过谈判将"低地"作为玛丽嫁妆的一部分夺取了过来。"低地"包括比利时的大部分地区与整个荷兰，布鲁日这个新兴的技术与奢侈品中心就坐落其中。

手指的束缚

在回到马克西米利安与玛丽的婚姻故事之前，让我们粗略回顾一下关于订婚戒指的历史。这些并不浪漫的故事也许会让你感到惊讶。古希腊与古罗马人最早使用了订婚戒指。当然，将戒指与承诺联系起来是古老的跨文化的传统。8到11世纪的维京人在对国王、对彼此宣誓忠诚的时候，都会制作一个金属的手臂圈。在远东地区，许多地方会用宽松的、坚硬的、圆圈状的手镯象征对婚姻的忠诚。在印度教里，手镯表示已婚的女性就不能再与别的男性进行约会了。

①　查理公爵是范·贝尔肯的追捧者。范·贝尔肯发明了新的钻石切割工艺，于是查理便成了他主要的赞助人。他拥有的最好一颗钻石名为桑西（Sancy）——一颗巨大的完美切割的浅黄钻，直到现在仍然非常著名。

但是古罗马人手指上的戒指却有着新的含义。虽然一个圆圈的象征意义是显而易见的，但是一个小小的指环完全是罗马人的发明。跟我们一样，他们把结婚戒指戴在手的无名指上，这也是我们现代结婚传统的来源，因为他们认为这根特定的手指是爱情之脉的开始，并且与心脏连通，爱情的血液会随着爱情之脉最终流入心脏。很聪明，对吗？人们也许会想要从发明混凝土和房屋水管装置的人那里学到更多科学的知识。应该有人去告诉他们，其实条条大路通罗马，你身上的每一根血管都会连接到你的心脏。这是身体的血液循环工作的方式。每一根静脉与动脉都充满了血液，每一滴血都在一个巨大的复杂的生命闭环里面运行。所有的血脉都会将血液带回到你的心脏。罗马人手上的金属戒指并没有镶嵌钻石，它们一般都由铁打造而成，象征着力量与强大。有的历史学家证实，它们甚至还标明了物主的身份。罗马人还将象征着誓言的戒指与朋友和盟友进行交换，作为重要的表明忠诚的信物。令人惊讶的是，那些在兄弟之间交换的戒指要比爱人之间交换的戒指更加闪耀，更加漂亮。西方社会的结婚戒指和订婚戒指的来源很可能是以上两种传统的结合，而且似乎更加要归功于两个男人之间交换的那些美丽的、象征着誓言的戒指。

组成誓言之戒的多种材料表明了它们是如何被制造出来的，以及它们在变幻的岁月里和广阔的地域中是由什么制造出来的。早期的戒指都是用最普通的材料做的，所以它们在经济上的意义要远远低于它们在社会上的意义。一枚铁做的戒指不会表明一个人有多么的富有，它更多地表明，这个人已经心有所属了，你没机会了。即使是结婚戒指在岁月长河中变成了炫耀之物，它们作为结婚状态的标志的功能还是继续被保留下来了。但是在罗马帝国灭亡以后，誓言之戒的传统也随之而消亡，直到几百年后因为天主教会的插足才得以重见天日。

神圣的婚礼

戴比尔斯并不是第一个为了自己的目的而发明订婚戒指的大财团。教皇英诺森三世在中世纪时期是最有地位和最有影响力的教皇之一。在13世纪早期，他是世界上最有权势的人之一。英诺森三世担心那些在圣地的民众如果离开了圣地会不遵守他的法令，同时也担心那些离圣地比较远的国家的人民在前去参加"圣战"或者从"圣战"回家的路途上会心怀不轨。但人们只是想要放松地生活，这是人类的天性（就像天热了你自然会少穿点衣服那样）。这激怒了教皇，他决定在教会的层面要更加全面而严格地管控婚姻制度，而不仅仅是在精神层面进行束缚。

因此在1215年，他有效地实施了改革，规定教会必须要参与到人们的婚礼与婚姻的整个过程中。你必须要申请许可，也必须要进行公开的登记，在你提交婚姻的申请之后还必须要有一段等待期，即我们通常所说的订婚期。这才是订婚戒指诞生的真正开端。

这种戒指的特定用途是向公众表明其持有者"接受了婚约但是实

际上还没有结婚"——以防其他人有反对意见或者提出更好的条件。

英诺森三世下令，婚姻必须在神父的陪同下在事先确定好的时间里在教堂里公布，因此如果有合法的反对意见出现的话，这些意见也应该被大家知道。戒指在这样的结婚典礼上是必需的，用来宣告新人结婚的事实。新郎和新娘都要佩戴结婚戒指。这样的流程并不只是用来保持社会秩序的稳定。天主教会与多个世纪之后的戴比尔斯一样，只是热衷于对婚姻制度进行法律化的规定而已。在那之前，"你愿意嫁给我吗"的含义是"你现在愿意嫁给我吗"，当时并没有所谓的订婚期这一说。但在古时，订婚是存在的，多是通过第三方来安排的、让有意向结婚的青春期的少男少女见面的仪式。另外一种订婚则更加简单：有意向结婚的男女双方的家长在一起商量结婚的条件，或者双方的亲戚凑在一起互相认识，又或者做一些漂亮的衣裳、选择结婚的地点，等等。在英诺森三世之前，这些与订婚有关的活动都不一定会在教堂里面进行。而英诺森三世颁发了一条法令，即基督徒的婚礼必须在教堂里举行。

你会认为戴比尔斯垄断了市场吗？订婚戒指变得很流行的部分原因是，它们具有彰显或者宣告拥有者的经济地位的功能。起初，只有上流社会的人才被允许佩戴订婚戒指。上流社会的人越多，他们的珠宝就越华美、越巨大。但即使如此，钻石也并不是他们主流的选择。因为他们认为钻石并不漂亮，钻石没有色彩，也不闪亮，看起来没有什么特别的。

钻石不像猫眼石或者月光石那么闪闪发亮，也不如红宝石或者绿宝石那么色彩鲜艳，它们甚至不像有的蓝宝石或者金绿宝石那样拥有星光。至少在布鲁日的时代之前，钻石并不闪耀。

切割时代

如果我们要认真地计算的话，那么世界上第一枚真正的钻石戒指实际上诞生于2012年，是由一个在日内瓦的名叫"日内瓦尚维希"的珠宝公司制作的。这枚戒指价值7千万美元，是一颗150克拉的钻石，足足花了一年的时间才切割完毕。我说的是切割，不是构建，是因为这整枚戒指都是由一整颗钻石做成的。没有任何金属，也没有其他的宝石。它只是一颗巨大的有多个钻石面的钻石，工匠在它的中间挖了一个洞让手指可以穿过去。

人们用一套专门为了切割这颗特别的钻石而设计的激光设备来完成了复杂的切割工作。尚维希钻石与第一枚订婚钻石戒指并没有什么不同。就像勃艮第的玛丽的戒指一样，它的目的是要展示新的技术。那么在14世纪后期的布鲁日发生了什么光芒四射的事情呢？原来是一个名为洛德维克·范·贝尔肯的犹太钻石切割师革命性地创造了全新的钻石切割工艺：钻石磨盘技术（scaif）。钻石磨盘是一个高速转动的抛光磨盘。你也许听说过这件事：钻石是如此坚硬，以至于除了其他的钻石之外，没有别的东西可以切割它。不像其他杜撰的关于钻石的故事，这是千真万确的。

钻石磨盘的原理是用橄榄油将钻石粉末抹在一个标准的磨盘上，

钻石粉末就会将钻石的表面轻易地磨掉，这就是切割工艺的来源。

这个天才般的工艺可以精准地磨出对称度很高的钻石，奠定了现代钻石切割工艺的基础。

让我们来回顾一下这个过程。天然的钻石外观并不漂亮。在20世纪以前，我们没有良好的手段开采钻矿，所以绝大多数的钻石都来自掩埋在河流冲积层的矿床中。这就意味着它们在河床上长期被河水冲刷，从而人们可以在岸边像捡鹅卵石那样找到钻石。因为钻石从地底来到地表是一个长期的自然过程，所以它们的质地是非常灰暗粗糙的。

1908年，当英国国王爱德华七世收到世界上最大的未切割钻石"库里南"（重达3106克拉）的时候，他完全没有被震撼到。就是这颗粗糙的石头，日后却被视为英国皇冠上的珍宝。但当时爱德华国王评价道："如果我在路上看到这颗钻石，我会一脚踢飞它。"①

由于钻石里的碳原子以网格状的形式被固定在一起，所以钻石晶体很难被刮花，但是如果从某个恰当的角度把钻石割开的话，它会沿着这个方向破裂，从而产生光滑的平面（用宝石切割工艺的专业术语来说，这被称为"完全解理"）。在布鲁日发明钻石切割方法以前，与之最接近的技术是用一种类似于凿子的工具将钻石敲成片，这个技术可以减少一些锋利的平面，留下一些闪亮的钻石面。

----

① 维多利亚·芬利：《珠宝秘史》，兰登书屋2007年版。

这好过于什么技术都没有，而且确实为钻石添加了一些光泽。而钻石磨盘技术的发明改变了整个行业，并且使得这个城市变成了世界钻石贸易的中心，还让它变成了荷兰房地产价格最高的城市。马克西米利安大公从与玛丽的联姻中得到了布鲁日，这无疑是一个成功的策略。第一枚订婚戒指是他成为神圣罗马帝国皇帝这个过程中的第一步。

然而，但凡成功的联姻其实都不是源自浪漫，哪怕是钻石订婚戒指的出现也没能够改变这个传统的事实。

神话与人类的故事

第一枚钻石订婚戒指不只决定了未来神圣罗马帝国皇帝的命运。这枚戒指在475年之后成了另外一个帝国——一个庞大的商业帝国建造的基础。让我们跨过500年来看看可怜的戴比尔斯。在二战结束之时，经过了差不多一个世纪的混乱的经济发展，世界唯一真正需要钻石的阶层却垮掉了。战争快要结束了，但是世界也变了。

因为贵族灭亡了，贵族们钟爱的珠宝也随之消失了。英国淑女们已经不再需要佩戴钻石冠冕出席晚宴聚会了，也不再需要穿着用珠宝装饰的礼服去参加文学聚会了。更糟糕的是，珠宝商不仅失去了他们赖以生存的贵族消费市场，取而代之的是另外一种非常不一样的社会阶层。从罗斯福新政到《退伍军人权利法案》诞生的这段时间里，逐渐兴起的中产阶级变成了影响经济与文化发展最重要的力量。

戴比尔斯在1946年做了一个消费者调查，结果非常令人警醒。新兴的中产阶级有钱用于消费，但他们并不怎么喜欢买钻石。只有极少数人知道订婚戒指的故事，更没有人会将钻石与浪漫或者结婚联系起来。钻石曾经被欧洲贵族当成社会阶层与财富的象征，但是二战以后，它们之间的联系及其影响力日渐微弱。生意对戴比尔斯这个垄断企业来说变得举步维艰。

戴比尔斯的难题在于，如何将这一大堆细小颗粒状的、没有色彩光泽的钻石推销给那些对钻石并不感兴趣的美国人。要想成功就必须要另辟蹊径。据我们所知，钻石订婚戒指的故事是由戴比尔斯连同其广告公司"艾尔父子"一起发明的。首先，这是一个商品。但这又是一个全新的商品种类。

他们重新包装了整个故事，将钻石描绘成为人们的必需品而不是可有可无的，从情感的层面来说服人们购买钻石。他们还将这些钻石投放在了世界上最大的新兴市场——中产阶级身上，虽然说他们暂时对购买钻石兴趣不大。最后，他们把钻石包装成为非常特殊而又重要的商品。那么戴比尔斯是如何做到的呢？一开始他们将马克西米利安与玛丽订婚的故事挖掘了出来，虚构了他们用钻石订婚戒指来见证真爱的故事。他们将这个故事定义成为用钻石戒指订婚的源头以及整个市场营销策略的核心。从而，一个极具浪漫主义色彩又结合了宏大历史背景的关于爱与钻石的故事便成形了。

然后，戴比尔斯任用了艾尔父子广告公司加强了整个故事的创意，并且将钻石订婚戒指的故事集中推向18岁以下的人群。戴比尔斯通过操纵钻石供给，已经可以人为地制造并且虚构钻石非常稀有的故事了，接下来他们需要做的就是操纵顾客。

根据《反垄断法》，戴比尔斯那时被禁止在美国开展业务，但这并不意味着他们不能在美国推广一个概念。艾尔父子广告公司也不销售钻石，他们只卖关于钻石的想法，特别是关于钻石订婚戒指的故事：它意味着什么？为什么每个人都需要它？毕竟，消费者在哪里买钻石并不重要，因为几乎所有的钻石都来自戴比尔斯。

1947年，艾尔父子广告公司掀起了标志性的广告战役"钻石恒久远，一颗永流传"（A diamond is forever）。他们用了非常现代的技术来创造并且推广它，其中包括产品研究与社会心理学，等等。他们还创新地用了植入式广告来进行推广：他们将钻石戒指送给好莱坞电影明星，然后在大量的媒体上面购买版面登出明星们佩戴钻石戒指的照片。戴比尔斯没有发明钻石订婚戒指，但是他们做得更好，因为他们发明了钻石订婚戒指的神话。

"我们解决的是一个大众心理学层面的问题。我们的目的是要加强钻石订婚戒指的传统，将它变成人们在心理上所认同的必需品，同时我们会在零售门店提供相应的产品和服务让人们完成整个购买过程。"①

这段话节选自1940年艾尔父子广告公司给戴比尔斯的一段内部备忘录。艾尔在备忘录里对目标受众群体进行了界定——不出意

① 埃德沃德·杰·艾普斯腾：《你试过销售钻石吗？》，《大西洋》1982年2月1日。

外，那些年轻的女孩是核心目标人群。①艾尔父子和戴比尔斯一起对还未成年的年轻女孩们洗脑，鼓吹只有钻石订婚戒指才能表明你已经订婚了。备忘录里还说道："很重要的一点是，我们要通过持续性的曝光来表明，在任何地方钻石都是订婚的唯一象征。"

当然，他们的目标也有男孩。因为他们会宣传说，男人如果求婚的时候没有钻石就不是真正的求婚。在50年代的另外一份内部备忘录中又强调，他们需要将钻石定位成为可以反映一个男人事业与人生成功的标志。

通过一系列领先的市场调研、广告以及产品植入，戴比尔斯成功地让我们都相信这个关于钻石的故事不仅是真实的，而且是流传已久的。但实际上，这只是一个虚构的故事，只不过是销售戴比尔斯之前卖不出的产品的手段而已。

疯狂的女人

但这个故事不正是你为之消费的么？——就为了确保买到的是正确的东西，确保你花了大价钱买的砾石一样的东西是重要的、永恒的，并且是真的有价值的。1938年，当戴比尔斯接触艾尔父子的时候，他们问了广告公司一个足以定义下一个世纪经济发展的问题："使用各种不同的宣传手段，是否能够成为销售其产品的好策

---

① 烟草行业的"让他们年轻"的广告模式就是模仿钻石行业的。

略?"多萝西·狄格楠和弗朗西斯·盖瑞提是该广告公司为戴比尔斯进行团队服务的最核心的成员。是她们让如今千百万女性都有了自己的订婚戒指。80%—90%的现代社会的新娘都有钻石戒指。

2014年光美国的消费者就在钻石上面花费了70亿美金。狄格楠和盖瑞提也应该为千百万女性将自己的情感寄托在她们的订婚戒指上的行为负责。回到三四十年代,许多大型广告公司都会招聘女性员工,她们负责将产品推销给其他的女性。

首先,狄格楠与盖瑞提说服了女性,让她们相信没有钻石的求婚不是真的求婚。"两个月的薪水买什么可以保持永恒?"[1]这样的口号甚至赤裸裸地昭示出一枚订婚戒指的高昂价格,因为它的目标消费群体是所有人。

之后的1947年,盖瑞提想出了如今扬名世界的广告口号,"钻石恒久远,一颗永流传"。在25年的职业生涯里,盖瑞提几乎撰写了艾尔父子广告公司为戴比尔斯创造的所有广告的文案。在1999年她去世的前两个星期,盖瑞提的口号"钻石恒久远,一颗永流传"被《广告时代》提名为世纪最佳广告口号。[2]

盖瑞提的工作伙伴狄格楠主要负责公关关系,主要是产品植入。实际上,可以说是她发明了产品植入这种方式。她与电影公司

---

[1] J.科特尼·苏利文:《钻石如何成为永恒》,《纽约时报》2013年3月3日,ST23。

[2] 盖瑞提在最后一次访谈中说道,在大萧条与二战期间,由于正处于经济的回升期,所以大家并不愿意在钻石上面花钱。她还说,在那时钻石与订婚戒指绝对是挥霍钱的玩意儿。

合作，说服他们将"钻石"这个词放在他们的电影名称里面；更重要的是，她确保了一众女明星都佩戴上钻石戒指，哪怕是在拍戏之余。她首创了更多的植入形式：开始将大量的钻石珠宝借给明星们出席奥斯卡颁奖礼、电影的首映礼、肯塔基赛马会等重要的活动，因为明星们会在这些场合被大家看到，被记者拍到，有着较高的公众曝光度。

随着时间的流逝，钻石与明星紧密地联系在了一起。但是狄格楠不仅仅进军了好莱坞，她还将钻石借给来自上流社会的淑女名媛们。每当有合适的名人与钻石订婚戒指扯上关系的时候，总是会有狄格楠的身影确保戒指能够获得相应的曝光。

在制定了促进购买的策略之后，她又与不同的媒体进行沟通，确保那些戒指尽可能地出现在所有的杂志、报纸、社会期刊上面，或者被这些媒体所谈论到。与"先放火再来报道火灾"的方式不同的是，狄格楠时常将钻石免费赠送给合适的人，这样她就可以告诉大家，所有美丽的人都在戴戒指。所以，当盖瑞提将我们的心弦与这个世纪最具创意和创新性的广告文案连接在了一起，她的伙伴狄格楠确保我们在每一个地方都能够看到每个人手上都戴着钻石，那我们也就不奇怪这两个创造并且宣传了21世纪最浪漫的故事的女人却从未结过婚了——她们嫁给了工作。她们最终将钻石和订婚戒指都塑造成了我们现在看到的样子。是她们帮助发明并且提升了整个当代的广告与媒体行业。她们这样做是代表公司的利益，试图通过广告来促进那些尺寸太小、太普通的钻石能够成功地销售出去。

结果证明，各种形式的宣传活动不仅仅有用，更是从根本上改变了世界经济发展的游戏规则。

不能买到我的爱

哦，等等——其实，你能。至少戴比尔斯说你可以。他们花费了半个世纪来说服整个世界，让大家相信钻石就是爱的代名词。虽然并不是每个人都想要钻石，但是每个人都想要爱。爱最好的一方面在于它是免费的，而对于一个销售商品的公司来说，它的利润率则是惊人的。

将爱与钻石紧紧连接在一起获得了巨大的成功。而爱与金钱在人们的大脑里占据着同样重要的位置。研究人员在一个叫作"神经经济学"的全新科学研究领域里得出了这个结论。它们不仅在行为上或者化学上，更是在结构上去研究大脑是如何判断物品的价值的。杜克大学的一个研究小组最后发现了"甜蜜点"：一个被称为"大脑正中前额叶皮层"（vmPFC）的组织，它在两眼之间的正上方。

那么这个特殊的点会发生什么呢？你会去判断一个物品的价值，你也会爱你喜欢的东西。科学家们发现人们的情绪活动与价值判断都在大脑正中前额叶皮层中进行。[1]这就意味着，你在情绪上与某种东西进行联系的过程，与你判断一个东西价值的过程，同样都在这个小小的大脑区域里面进行。

很明显，这些过程时常会交叉。每个人都知道，让一个人感到很舒服的时候就能够让他们掏钱，而且这个方法简直可以说是屡试不爽，不论是友善的销售人员给你的迷人微笑，还是一个有婴儿笑脸的广告都同样奏效。但这些仅仅是趣闻。长期以来，我们并没有证据来证明这个过程起作用的方式跟原因。现在，随着大脑正中前额叶皮层工作原理被证实，我们知道了其中的原委。杜克大学的跨学科决策科学研究中心的斯科特·胡特博士说道，以前大家都认为判断价值与情绪活动是独立地存在于大脑正中前额叶皮层里的，直到这个突破性的发现之前，还没有人找到二者之间在生理层面的联系。

艰难地获取

如果郁金香叫另外一个名字的话，还会让荷兰人这么疯狂吗？锆石真的不如钻石那么美丽动人吗？它们看起来一样，并且以差不多的方式折射光线，而且锆石还要更加明亮清透。钻石真的就比锆石好吗？一般人都会很自然地回答"是的"。但是我可以告诉你，

---

[1] A.维科夫：《大脑正中前额叶皮层解密情绪的价值》，《神经学》2013年第2期（总第43期），第11032—11039页。

如果不考虑它们的镶嵌工艺，绝大多数珠宝商并不能分辨它们——与锆石相伴的总是廉价的镶嵌。如果你给锆石配上昂贵的镶嵌，而且不用专业的电子测试笔来测试的话，我并不能百分之百地分辨出它究竟是锆石还是钻石。

所以钻石究竟意味着什么？如果它不是如此地可望而不可即，我们还会爱它一如从前吗？如果一种东西不是那么容易得到的话，会让你更加地想要那个东西、那个人、那块红色曲奇吗？这就是对稀缺性效应最好的阐释。哪怕是人为制造的稀缺，就像戴比尔斯控制钻石的供给，神经学专家故意拿走曲奇那样，还是会对你的大脑和身体起到相同的作用。

钻石订婚戒指的神话完美地结合了稀缺性效应与地位性商品的作用。"想要"是一回事，但"需要"又是另外一回事。如果我们不知道钻石是"对的东西"或者"最好的东西"，那我们还会如此想要钻石吗？万一我们没有将钻石同那些我们敬仰和崇拜的人联系起来呢？钻石并不是地球上最强大的东西，我们的看法才是。

戴比尔斯策略的成功，部分基于我们都在社会交往中被迫去获取一些我们被告知有价值的事物。通过人为地制造一种大家都认为有价值的产品的稀缺文化，戴比尔斯发明了一种永远都不会失去价值的产品，因为他们在一百年前就已经控制住了整个产业。①

---

① 戴比尔斯会为他自己怎么辩解呢？我希望自己能得知……

我在写这本书的时候采访了很多不同的珠宝公司。采访对象的表现各异——有的人很紧张，有的人很小心翼翼，有的人吞吞吐吐，有的人交流困难，有的人提供的信息既不透明也没什么用。

没有人会真的想对戴比尔斯进行采访。因为其众所周知的难搞与不透明。所以，当时我只是发了一封邮件给媒体部的主管，解释说我正在围绕戴比尔斯进行写作，所以我想与她谈谈戴比尔斯的历史以及第一枚订婚戒指的故事。我并没有期望能够得到回复。但是我却得到了一个非常友好的回复。一个媒体关系部门的女员工给我打了电话说，想知道我创作的具体内容是关于什么的。

我很诚实地告诉了她大致的内容。她非常感兴趣，并且问了很多很好的问题。我问她，我能否对戴比尔斯的对外关系及企业事务部的执行总监斯蒂芬·卢西尔先生（他还是戴比尔斯博茨瓦纳公司和戴比尔斯纳米比亚公司的主席）进行采访。她说当然可以，并且还推荐了一些其他人一起参与采访。她继续问了我很多关于这个特别有趣的话题的细节。我等了三个星期，她没有再作任何的回复。后来，我开始给她打电话，在电话中她依然非常热情地说他们非常忙，问我是否能够将已经写好的章节发给他们，让他们更好地回忆起之前沟通的事宜。我非常耐心地跟她解释说，我不喜欢将还没有完成的工作对外泄露，同时跟他们有关的那一节还远远没有完成。

此后，她临时为我安排了一个采访的日期，而我恰好有另外一些事情也要去伦敦处理，所以我登上了飞往伦敦的飞机。虽然她帮我安排了两个不同的采访时段，但最后由于我不能将我计划要写的关于戴比尔斯的内容发给她们（部分原因是我真的不知道要写什么），她在最后关头取消了采访安排。

我最终给她写了一封邮件。我的旅途快要结束了，我已经在伦敦呆了五个星期。我需要知道采访是否还能够进行。她说安排采访的唯一前提条件就是我要将我写的关于戴比尔斯的所有章节都发给他们审核。即使采访无法安排，但是戴比尔斯愿意指派公关部的同事给我官方的评价。我只好拒绝。我只是想要一个采访，不是要写一篇需要事先确认的新闻稿。

我很想知道戴比尔斯是如何评价自己的。但很显然，除非他们完全控制我们对话的内容，否则他们不会说一个字。我非常失望，但是并不感到惊讶。毕竟从第一枚钻石订婚戒指到最后一枚，戴比尔斯一直都在努力控制着人们对于钻石、对于爱情以及对于需求的认知。

所以，我也不应该对他们也努力地想要控制人们对戴比尔斯的看法而感到惊讶。

一块石头

马克西米利安对他未婚妻那迷人的举动在五百年后被重新包装和推销给了全世界，戴比尔斯用这个完美的策略保证了公司数十年内的全球范围商业运营的巨大成功。此外，订婚戒指的故事让钻石戒指不再只是一个可以被认出来的符号以及浪漫与成功的标志，它更是一个必要的奢侈品。

戴比尔斯将钻石切割成了极小的尺寸，成功地销售给了中产阶级，同时让他们觉得自己像是买到了非常值钱的珠宝一样。每个人都得到了一块石头。贝恩咨询公司的报告指出，戴比尔斯的生意非常好，哪怕由于在加拿大和澳大利亚发现了比一百年前让塞西尔·罗兹的勘探员晕过去的钻矿还要巨大的钻矿，戴比尔斯已经失去了对裸钻的绝对垄断权。

这个简单的事实告诉我们，钻石的供给从一开始就不是问题，钻石从来都是靠人为制造的稀缺性与需求而存在的。没有人能够像戴比尔斯那样成功地制造出人们对钻石的需求。

钻石订婚戒指作为一种概念是近代才产生的，它与我们的现代生活紧密地联系在了一起。我们时常在幻想自己未来的订婚戒指，把戒指看成我们自己的一部分，也是我们身份的象征之一。这样的自我宣言无疑是媒体宣传与戴比尔斯的市场策略最为成功的结果。

与其他时代类似的象征不同，钻石订婚戒指是一个全球化的现象，几乎被每一个国家所采纳和认同。戴比尔斯直到1967年才开始进军亚洲市场，这个地区在历史上从来没有过有钻石订婚戒指的婚礼。到了1978年，一半的日本新娘都有自己的钻石戒指，而现在，日本已经成了仅次于美国的第二大钻石消费市场。

我们备受影响的事实并不仅仅局限于我们想要钻石订婚戒指，而且我们还将这样的想法融入了我们对于诸多人生的思考中，例如：我们是谁，我们想要什么，我们想要或者不想要什么样的生活方式，等等，这是一件不可思议的事情。没有任何其他的公司能够完成如此了不起的成就。也没有任何其他的商品能够如此无缝地与"美国梦"结合在一起，更不用说植根到全人类的远见里面了。而且这并不是一直都如此，这样的历史仅仅只有八十年。

戴比尔斯在发明了钻石订婚戒指的时候到底做了什么？它欺骗了我们吗？这看起来像是"皇帝的新衣"似的骗局：也许他们引诱我们购买了廉价的砾石，夸大它们的价值，将爱与承诺的誓言植入其中，好像它是某种神奇的偶像或者神圣的符号一般。他们真的创造了价值吗？某种东西的价值也是可以被人为创造出来的吗？

当然，这是肯定的。还记得地位性商品吗？一种本身并没有绝对价值的东西，它的价值是相对的。这其中真实的原因在于大脑正中前额叶皮层，这个在你大脑中的组织能够帮你决定、模糊甚至创造价值，同时也将我们称之为"爱"的情感添加其中。

如果你让有的人想要某种东西，那么这个东西对于想要它的人来说是有价值的。如果你能够让全世界都想要某种东西，那么这种东西本身是有价值的。戴比尔斯不只是创造了神话与市场，他们还创造了欲望。即使这只是神经系统在你大脑中交织之后所起的作用，但欲望确实会创造真正的价值。也许这就是爱的本源。

3

金钱的色彩
祖母绿鹦鹉，西班牙帝国
的兴起与灭亡

有一位女士确信所有闪闪发亮的东西都是黄金，于是她买了一
把通往天堂的阶梯。

——莱德·泽普林

剂量才是制造毒药的根本。

——帕拉塞尔斯

在戴比尔斯为我们展示钻石戒指并让它成为我们每个人的唯一
之前，有另外一种美丽的宝石让每个人都非常心动。在西方的历史
上，珍珠与祖母绿在很长时间内都是作为货币而存在的。

在人类的历史长河中，祖母绿被很多地方所崇拜，古埃及和拿
破仑时期的法国都因为它们无以伦比的光芒、稀有度以及与神的结
合而对其珍爱有加。但是没有一个国家会像16世纪的西班牙帝国那

样与这种闪亮翠绿的珠宝有着如此深奥复杂的关系。实际上，关于黄金城埃尔多拉多神奇的故事并不是一个传说，它是当时并不富裕的西班牙王室精心编撰的一个用作宣传的故事。此外，有另外一个关于真实的闪耀着绿色光芒的故事与之相对应：关于祖母绿鹦鹉的真实故事。

祖母绿鹦鹉以及祖母绿之城不仅是真实存在的，它还改写了祖母绿的价值，调整了欧洲权力的平衡以及整个大陆的人口数量。而16世纪的西班牙创造的财富的剧烈波动带来的问题以及解决问题的方法，为四百年后的今天奠定了基础。

对权力的认知

迷恋来了又走，但是我们的初恋却恒久不变。人们对于祖母绿的迷恋是如此之深，我们对它的欲望可以追溯到很久之前，几乎贯穿了整个人类的历史。它是唯一能在新石器时代遗址中被发现的宝石。是的，它是穴居人的皇冠。[1]

实际上，"祖母绿"这个词本身就有上千年的历史。西半球已知的最古老的祖母绿矿位于埃及，至少在公元前330年就已经存在了，虽然这个时期比克利奥帕特拉所在的年代早了几个世纪，但人们依然把这个矿称为克利奥帕特拉矿，因为这位闻名于世的埃及艳

---

[1]　在北非，粗糙的、灰暗的绿宝石连同穴居人的骸骨化石一起被发现。

后是如此地青睐那些祖母绿。两千多年以前，克利奥帕特拉用那些祖母绿从经济上和心理上征服了罗马。很少有统治者能够像她那样充分地理解认知的力量和对权力的看法之间的关系。

即使当她被罢免的时候，她依然戴着大颗的祖母绿向她所到之处的国民宣告，不论是否在位，她都是这个国家唯一的女王。她用她的珠宝向世人昭告她既是国家的象征，也是财富和地位的拥有者。大家不禁想问，如果她能够为这一切付出代价，那还有别的什么是她不能够承担的呢？军队？又或是战争？

克利奥帕特拉位于祖巴拉的矿山是世界上已知的最好的祖母绿矿山。她用她的美丽与奢华引诱了恺撒大帝。当他们第一次见面时，克利奥帕特拉女王身上戴满了用金丝线穿起来的巨大的祖母绿首饰。回到罗马之后，恺撒大帝不仅深深地陶醉在埃及艳后与她的珠宝之中，而且还对如何使用财富开了窍，他终于懂得财富不能仅仅用来炫耀其数量，更要用来炫耀权力。然后，他立即颁布了一系列禁止或限制使用某些奢侈品的法令。①

恺撒大帝的继承人奥古斯都大帝杀死了克利奥帕特拉并且占领了埃及，同时接管了祖母绿的供应。他用那些宝石从财政上缔造了闻名的罗马帝国和平之期——一段史无前例的跨越两百年的历史。在此期间，帝国内和平安宁，对外进行有序的扩张，社会经济文化发展到了一个巅峰。这段由祖母绿支持的罗马帝国的荣耀时期，后

---

① 例如，他命令那件染成紫色的外袍只能被他自己所用。

来对拿破仑迷恋宝石的行为造成了深刻的影响。他用祖母绿装饰他自己、他的王后以及他的宫殿，特意将祖母绿与他不可一世的财富与权力紧紧地联系在了一起。拜占庭的皇帝查士丁尼大帝下令，除了他与他的皇后狄奥多拉以外，其他人都不得使用祖母绿，其原因并不是因为虚荣，而是为了经济的发展。他不想让这个最主要的外国货币和自己最梦寐以求的贸易货物都放在人们的珠宝盒子里而停止了流通。①

可以说，祖母绿就是那个时代的钻石——"那个时代"可以说是囊括了从远古时期一直到近代的每一天。甚至有证据表明，由于祖母绿在上千年的人类历史中都被认为是世界上最珍贵的宝石，因此这也就成了现代人将绿色等同于富有的原因之一。

认知的力量

祖母绿是如何从所有的宝石中间脱颖而出，变成了与金钱紧密相连的宝石呢？原因就在于它的颜色。"红衣效应"是一个最著名的针对颜色认知所造成的影响的心理学实验。一组男性调查对象在看了一系列女性的照片之后，几乎都认为穿红衣服的女性要比穿其

---

① 维多利亚·芬利：《珠宝秘史》，兰登书屋2007年版。

他颜色衣服的女性看起来更加性感，或者其性观念更为开放。[1]

这个简单的实验揭示出，人们会将简单的色彩暗示同复杂的社会信息联系起来。那些颜色的暗示在人类进化的历史中就已经逐渐形成了。比如红色对于男性来说意味着性，其实是因为红色意味着繁殖、排卵以及初潮，并不是因为穿着红色衣服的女性更渴望性。

但是我们可以看出，这些信息在现代人的观念中非常容易被混淆，这是因为现代人出于本能的行为是经过了2500万年的进化才得以形成的。

有类似的研究表明，当人们盯着绿色的东西看上几秒之后，他们的血管就会扩张，他们的脉搏会变得平缓，同时血压也会降低。绿色不仅有舒缓情绪的作用，而且对人还有别的好处。一些研究表明，在绿色墙面的屋子里生活有助于降低血压；还有证据显示，一定的光波照射对人体大脑里感觉舒适的神经元有刺激作用。你是否曾经想知道为什么医院、精神治疗机构以及监狱里通常都画有绿色的色块吗？这就是答案，绿色能够让人平静。[2]

这一令人惊讶的事实表明，在生物数亿年的进化历程中，我们将绿色和自然界联系在了一起。我们看到绿色就会将它与生机盎然

---

[1] 亚当·D.帕斯达、安德鲁·艾略特、托比亚斯·格雷特梅尔：《性感的红——被认为是性感的标志而影响了男性看待女性的行为表现》，《实验社会心理学》2011年第3期（总第48期），第787页。

[2] 也许，这就是为什么罗马皇帝尼禄被史书记载说，他会戴上用埃及的祖母绿制造的眼镜来看公众的比赛。尽管，这理由很显然是远远不够的。他就是一个疯子。

的春天联系起来，因为它是严冬与饥饿的尽头。因此，我们将绿色与食物联系在一起。在工业化之前的时代，食物就意味着财富。在如今——现代的后工业时代，我们将富饶与金钱联系在了一起。①

但是还有更多的理论。一个生理学上的理论说，我们的眼睛是用一种特殊的细胞来观察颜色的，这种细胞叫作视锥细胞。不同的视锥细胞分别对红、绿、蓝等光波有感应的作用。但总的说来，你所有的视锥细胞对波长为510纳米的光波感应程度是最强的。这就导致你看绿色光波要比其他的颜色更加清楚、生动。你的眼睛是为了绿色而设计的。简而言之，这也是我们人类进化的结果。

让我们来看看另外一个每天都会发生的例子是如何展现绿色的重要地位的。每个人都会告诉你绿灯行、红灯停这个事实。为什么规则是这样的呢？交通灯的信号设计来源于铁路的信号设计，而它们都是基于最早的"交通灯"的形式——挥舞有色旗帜。红色总是被用来代表"停下"或是"有危险"，因为它在自然界里所表示的最基本的意思就是提醒大家要注意，因此红色是用于提醒的最好的颜色。如果你想引起男性的注意，那么请穿红色的衣服。如果你想吸引某人的注意，或者提醒某人事发紧急（比如"停下来"），红色是非常有用的。

在色彩轮盘里，绿色刚好位于红色的对面，意味着它代表着与

---

① 你是否曾经想过，为什么购物网站上"立即购买"的按钮总是绿色的？它们是在告诉你：别紧张，按下去直接买！

红色完全相反的含义，而且二者能够很轻易地被区分开来；这就在一定程度上解释了为什么它们会被用在一起的原因。还有一个更为重要的原因是，绿色也是人类眼睛最容易分辨的颜色，会同时起到舒缓与刺激的作用，所以才会使用绿色。它会告诉你说"走这边，这边都是好的东西"。实际上，从进化论的观点来看，绿色才是真的让你"到这里来"的颜色。它不只意味着"一切是安全的，可以前进"，它更是表明了前方是好的，所以你可以通过。不论是绿色的草地还是绿色的光，绿色总是在人们的大脑里代表着自由、扩张与机会。

我想要的是金钱

从文化的角度来说，绿色是全世界都认为非常重要的颜色。绿色就是奥西里斯皮肤的颜色，他是古埃及世界的丰饶与死亡之神。在基督教传遍世界之前，绿色是被凯尔特人奉为神圣的颜色，他们崇拜绿巨人，其树叶绿的脸至今还可以在一些中世纪教堂的雕塑中看到。在亚洲，绿色代表着王权，最绿的玉被称作"帝王玉"。

经过数百万年的进化，相较于其他颜色，人类能够更容易辨认出绿色；同时，人类还将绿色与富饶、自由与选择紧密地联系在了一起，这就不奇怪为什么在美洲货币是绿色的了。

但世界上有很多绿色的宝石，为什么单单只有祖母绿在经济上和情感上具有如此独特的价值呢？原因很简单：稀缺性。这与我们在之前的小节里花了很大的篇幅来讨论的一样，它有助于增加甚至创造对于价值的认知与看法。在大多数的历史时期，祖母绿跟其他很多宝石不同的是，它是真的非常稀有。因此，这种美丽的绿色宝石存在着"足够"与"不足"两种状态，这就是为什么祖母绿连同它们的颜色一同成了金钱与财富的象征，而并不是来自大自然的绿色食物来担当这样的角色。实际上，在祖母绿鹦鹉带领大家找到了祖母绿储量丰富的哥伦比亚之前，祖母绿一直都是特别稀有的，甚至被法律规定为稀有商品。

大多数珍贵的宝石都能在全世界范围内找到，只是产量和质量有所不同。但是祖母绿跟其他每一种珍贵的宝石都不同（特别是钻石、蓝宝石和红宝石），它只在很少的地区被发现[①]，它只能在地球发生剧烈地质运动的条件下才能够形成。

那么，你如何才能得到祖母绿？如果你能够拿起两个完全分开的大陆板块，并将它们猛烈地撞击在一起，就可以得到它。

地球移动过吗？

祖母绿并不闪耀，但是它们很闪亮，这被称为"玻态光泽"；换句话说就是，祖母绿看起来有点湿润的感觉。光线不会在祖母绿里发生折射，所以不会像钻石折射光线那样形成千百万个小彩虹一

---

① 其主要产地有哥伦比亚、巴西、埃及和津巴布韦。

般的火彩。取而代之的是，光线会擦过祖母绿绿色的平整表面，让它们看起来好像湿润的、抛过光的指甲一样。

祖母绿一直都特别美的原因来自化学效应。祖母绿是简单的六角形绿柱石晶体，在它们形成的过程中被铬或钒（或两者一起）腐蚀而产生了化学作用。绿柱石晶体是没有颜色的，但是有闪亮的光辉（这是因为它们的原子是一颗连着一颗线性排列的）[1]，这样的结构并不多见。清透的、宝石级别的绿柱石更为少见。

当无色的绿柱石晶体在形成的过程中被铁侵蚀的时候，它就会变成各种蓝色，我们就把它叫作"海蓝宝石"。当它被锰侵蚀的时候，就会变成粉红色，因此被称为"红绿宝石"（摩根石[2]）。黄色的是金绿柱石（日光石），白色的是透绿柱石（白绿玉）。绿柱石有很多种颜色，这取决于它在形成的时候被哪种外界元素所侵蚀和浸润。

祖母绿和它特有的绿色是最为稀有的，它是最有价值的品种[3]，也是唯一被认作珍稀宝石的绿柱石。

---

[1] 在英文中，"绿柱石"（beryl）与"光辉"（brilliance）词根一致。

[2] 这是为了纪念20世纪早期的实业家J.P.摩根。他对于宝石无以伦比的激情造就了美国自然历史博物馆内的摩根宝石纪念堂。当他对宝石不再感兴趣之后，他将他的私人收藏悉数捐赠了出来。

[3] 好吧，这么说也不完全正确。红色绿柱石有时候也被称为"红祖母绿"，是更为稀有和昂贵的品种，但它在现实生活中却几乎见不到。它们非常漂亮，虽然你可能一生都无法窥得其真身。在世界上只有一些非常小的、近乎于迷你的红色绿柱石矿脉近期才被发现。我在写这本书的时候，恰好对于红祖母绿持有很大的兴趣。

祖母绿里含有铬这种成分，所以才造就了它独一无二的颜色，而且当铬的含量达到一定数量之后，就会让祖母绿发出绿色的荧光。也就是说，有一些祖母绿是非常有光泽的。[1]

制造出祖母绿的铬和铍结合在一起的时候就会形成一种本不应该存在的物质，至少在地质学上是这么认为的。铬和铍都是非常稀少的。它们的储存数量都极小，位于地壳里完全不同的表层中。在组成了众多海洋地壳的超镁铁质岩中能发现微量的铬。（海洋地壳是指在海下覆盖住地球浓稠的岩浆的构造板块，这些岩浆就像点缀在熔岩巧克力上面的甘纳许一样。）

另一方面，绿柱石在大多数情况下会被新的岩浆岩包裹住。这些新的岩石被称为伟晶岩，它们在陆地上由冷却的岩浆形成，多数形成了山体上的洞穴或者悬崖。

基本上，铍和铬的关系就像是元素周期表里的罗密欧与朱丽叶一样。这两种稀有的元素在异常的情况下才会被同时发现。在正常的情况下，它们彼此的化学特性是不合的。一颗祖母绿的形成过程有一个必要的条件，那就是海洋地壳里的那些新的岩石被地壳运动时产生的巨大力量撞击到了大陆架里去。这样的现象发生的次数虽然很少，但它的确是会发生的。

---

[1]　关于祖母绿的光泽度的来源，目前还有些争论。一个专家将这种独特的光泽归功于宝石的物理特性。在《祖母绿：激情的指南》一书中，罗纳尔多·伦斯纳德坚持说，矿物结构内部的不规则的成长会让光线变得弯曲而柔和，因为它会使光线在更大的范围散开，同时反射出明亮的光芒。

这个过程被称为造山运动，即山峰的形成过程。以下是整个过程的回放：两个不同的大陆板块挤压到了一起，大陆架受力会发生变形褶皱，同时被向上推压隆起从而形成了参差不齐的山峰；与此同时，地壳里那些沸腾的水和被溶解的矿物质被迫通过并且填满地壳中每一条裂开的缝隙。这就是巨大的山脉，例如喜马拉雅山脉和安第斯山脉形成的过程。这也是祖母绿形成的过程。

当巨大的山脉被挤压而形成现在的样子时，就会出现所谓的"缝合带"，在里面有一些温度非常高的水，这些携带溶解铬离子的高温卤水在上升冷却的过程中对页岩进行淋滤作用，在经过页岩的孔洞时便在里面结晶。这个过程有点像咖啡滤壶过滤咖啡的流程，只不过是完全相反的过程。有一些造山运动之前的岩石含有正在形成的绿柱石晶体；在极少数的过程中，溶解的铬元素代替铍铝硅酸盐中的铝元素，将原本没有颜色的绿柱石晶体变成了价值连城的、光芒四射的祖母绿。

可见，祖母绿的形成过程是非常稀有而不寻常的地质现象——它不仅是宝石，更是在地球45.4亿年的地质历史上的一场伟大的运动。

世界冲突

让我们从地质学的领域回到政治经济学的范畴中来。在造山运动形成了祖母绿的几十亿年以后，世界上不同的力量开始在安第斯山脉地区发生冲突。在旧世界与新世界进行第二次的碰撞之前，需要将旧世界的一些残渣先给去除掉。

忘掉那些浮在咖啡上面的奶油吧。在任何时候、任何地方，富裕阶级永远都在社会阶层的最顶端。他们用或正直或卑劣的手法踩着下面的人的肩膀一路爬上了最顶端。这就是经济学。你没有员工，你就不能成为老板，反之亦然。虽然乌托邦的理想非常美好，但毕竟人类还没有实现它。

我们可以将经济发展的层级想象为啦啦队金字塔的造型，而富人阶层就像是在最顶端的啦啦队女孩。然而身处顶端会出现一个问题，那就是这个位置会造成危险的逻辑谬误。让我们回到啦啦队这个类比。在顶端的女孩总是往上看，而不是往下看她的队友们并且对其心存感激；试想如果队友们没有齐心协力一致行动的话，她就会直接摔在地上。但她没有意识到自己只是离地面远了一些，她会觉得自己离天堂更近。

这种自我膨胀的错觉在数千年里一直都是贵族、国王、王后们特别喜欢争论的话题，因为那些在金字塔顶端的人觉得自己更加受到上帝的青睐。他们甚至发明了一个词来形容这种境况——"天命"。这个词来源于中国古代。在公元前1046年，当周朝从商朝手里夺过政权以后，便昭告天下说这是神的旨意，所以他们消灭商朝是出于正义的需要。

就此，权贵们会顺理成章地发明他们自己的逻辑：由于事先得到了神的同意和支持，所以他们不论做什么事，不管好坏都是正确的。虽然这个概念起源于公元前1046年的中国，但是在两千多年以后，西班牙帝国将这个说法借用到了自己身上。1468年，西班牙还不是一个帝国，它甚至都还不是一个国家，只是一些松散的天天都在打仗的割据政权。而在如今的西班牙所在地伊比利亚半岛上，当时的大部分地区实际上是摩尔人建立的格拉纳达王国。

直到1469年，卡斯蒂亚王国18岁的伊莎贝拉公主与阿拉贡王国17岁的斐迪南王子结婚以后，才有了第一个统一的西班牙的雏形。听起来一切都很幸福，对吗？其实不然。

没有人想要西班牙宗教裁判所①

在嫁给斐迪南王子五年之后，伊莎贝拉继承了卡斯蒂亚的王位。但这一对幸福的小夫妻却开始为了王位而争吵。作为家里的男性，斐迪南是应该成为国王的。伊莎贝拉年长一些，同时这里又是她的王国，所以人民都支持她。而斐迪南有性别上的优先权，因此他们决定共同执掌王位。

在那之后又过了五年，斐迪南的父母亲去世了，斐迪南则继承了阿拉贡王国的王位。他曾经想要自己独揽大权，但当时联合掌权已经成了他们夫妻二人的习惯，所以他们决定继续一起执政两个王国。

---

① 反正不是在我的家里。我们有着在错误的时间夺取王位的丰富的历史。

从此，西班牙第一次实现了真正的统一。1481年，斐迪南和伊莎贝拉被尊为"天主教君主"。这对于信奉天主教的地区来说是一件天大的好事，但是在信奉其他信仰的地区却让人惴惴不安，这是因为伊莎贝拉是一个对宗教极度狂热的人，她痛恨所有没有信仰的人。

宗教裁判所是支持天主教会强有力的武器，它成立于12世纪，用来惩罚"异端"。在斐迪南与伊莎贝拉出世之前，宗教裁判所就已经作为天主教会延伸的权力场所存在了几个世纪。但是在1478年，这两位天主教君主从当时的教皇西克斯图斯四世那里得到了特殊的批准，被准许在西班牙建立他们私人的宗教裁判所的分支机构（被称为"西班牙宗教裁判所"），着重解决和惩罚当时独有的"虚假转变"的问题。

虚假转变是当时一个独有的但又矛盾的问题。在那个时期，一个人为了成为西班牙社会主流的一部分（或者避免身体被残害），那么他必须是天主教徒，所以很多人并非自愿地变成了天主教徒。但是他们仅仅是害怕死亡或者被折磨而已，所以他们对天主教并不虔诚，也不爱教堂。这样的情形深深地困扰着伊莎贝拉，她认为假的天主教徒比一个犹太教徒还要糟糕。

她告诉所有人，他们可以成为天主教徒，也可以成为别的，但不希望他们是因为害怕才成为天主教徒，他们不需要取悦其他人。

伊莎贝拉和斐迪南还颁布了针对在西班牙的犹太人的法令①：转变，死亡或者滚出去。此外，他们还规定如果犹太人选择离开，那么他们必须是净身出户。这个规定非常关键。不愿意转变为天主教徒的人必须马上离开西班牙，同时放弃他们所有的财产，这些财产全部归国王所有。

大约有十万犹太人都选择了转信天主教。但是完全就像愚民的《第二十二条军规》②，一旦他们这样做了——主要是为了逃脱折磨或者死亡——他们会立即被送往宗教裁判所，在那里他们或者被折磨至死，或者被折磨到他们坦白自己只是假装要转信天主教。

那些活着被逐出西班牙的人，两手空空地离开了他们世代创造财富的土地。在那之后不久，伊比利亚半岛的穆斯林遭到了同样的清洗。对于当政王权来说，这刺激了经济的发展。这个在一二十年前还曾经是欧洲最成熟、多元以及包容的半岛，开始快速变成了天主教的中心。

---

① 制定于征服格拉纳达的摩尔人王国之后。

② 《第二十二条军规》是美国作家约瑟夫·海勒创作的长篇小说，该小说以第二次世界大战为背景，描写美国空军飞行大队所发生的一系列事件。在该小说中，根据"第二十二条军规"理论，只有疯子才能获准免于飞行，但必须由本人提出申请。但一旦有人提出申请，恰好证明他自己是一个正常人，所以还是在劫难逃。——译者注

邻居离开了

当人们想起西班牙帝国的时候，他们就会想到哥伦布和新大陆、西班牙舰队和财宝，他们甚至会想到宗教裁判所和"排犹"运动。如果他们还在上小学，那么他们肯定会想到伊莎贝拉以及她资助航海进行地理大发现。但是，在西班牙整个发展过程中将所有的要素都串起来的无形力量，以及最后让西班牙走向衰落的原因都是同一个：金钱。那么金钱是从哪里来的呢？更重要的是，这些钱最后都去了哪里？

在近一百年的时间里，西班牙的故事就是一个不断交替经历着经济繁荣与衰退的故事。繁荣延续的时间越长，频率越高，那与之对应的衰退也会呈现相同的强度。这一切都起源于土地掠夺。

到了1488年，西班牙已经完成了统一，西班牙宗教裁判所也在如火如荼地工作着，国库里堆满了财物。所有的一切都进展得非常顺利与美好（至少对伊莎贝拉和斐迪南来说是这样的）。而当这对天主教君主掌权二十周年的时候，他们又想得到什么呢？在他们的愿望清单里排第一位的，便是能够在南方扩大自己的势力范围。他们的眼睛扫向了伊比利亚半岛上还残留的唯一一个独立的王国：格拉纳达。格拉纳达是一个集多种文化于一身的教育、商业、艺术和科学中心，以及两位君主眼中的"令人厌恶的异端中心"。由于它是通往地中海和北非的重要商贸中心，所以格拉纳达住满了摩尔人、土耳其人、萨拉森人和犹太人。那是一个已经有着几百年历史的阿拉伯王国，它就像两位天主教君主鞋子上的一颗鹅卵石一样，挥之不去。

格拉纳达也是一个非常富裕的国家，这无疑使它变得更加诱人。因此，他们开始对格拉纳达宣战并展开了入侵。1492年，经过10年的战争，斐迪南和伊莎贝拉终于征服了格拉纳达，但他们也为这场战争付出了高昂的代价。当开始进行"收复失地运动"的时候，他们还有大量的现金，但是随之而来的矛盾却日渐加深。

从经济的层面来看，这对君主而言并不是好年景。天主教君主在1492年做出了很多代价高昂的决定，具有讽刺意义的是，这些决定都是建立在债务的基础之上的。在西班牙宗教裁判所建立14年后，裁判所的大法官托尔克马达①让斐迪南和伊莎贝拉将西班牙境内的犹太人全部驱逐出境。根据大法官的命令，16万犹太人因此不得不离开他们的家乡，留下所有的财产（他们的财产大都是黄金与珠宝）等待被国王没收。

这次大规模的驱逐行动及其留下的大量现金支持西班牙成功地夺取了格拉纳达。但是要毁掉别人的国家也是很昂贵的，特别是要毁掉那些建造得很完美的古代国家，更不用说里面还有很多受过良好教育、抵抗外敌侵略的民众。即使是被屠杀或者被驱赶的那

---

① 托尔克马达是宗教裁判所最残暴的首领，也是伊莎贝拉私人的倾听者。但讽刺的是，他自己也是一个西班牙转信天主教者的孙子。我们能够让他对折磨人民、种族灭绝的行为而自我忏悔么？

二三十万犹太人或者异教徒留下的财宝，都不足以支撑西班牙进行"圣战"和吞并格拉纳达。

而且上帝不会签发支票——哪怕对天主教君主也是一样。

你能当掉皇冠吗？

伊莎贝拉女王将自己的珠宝当掉才能资助哥伦布远航东亚寻找新大陆，这个故事被很多人认为是捏造的，但其实这个故事在某个角度上说是真实的。人们一直都在争论，女王不可能为了哥伦布去当掉自己的珠宝。这种说法是对的。她没法这样做，其原因并不是因为她不被允许这样做[1]，而是因为她的珠宝已经在当铺里了。为了筹措足够的资金去攻打摩尔人的格拉纳达王国，她将自己的珠宝都送进了当铺。"圣战"是一桩非常昂贵的买卖。

据皇家历史学家艾琳·普朗克特所说，皇室的珠宝在格拉纳达战争期间被典当给了瓦伦西亚和巴塞罗那的商人。[2]在那个时期，西班牙君主还没有开始驱赶犹太人以及没收他们的财产。在皇室的

---

[1] 据维多利亚与阿尔伯特博物馆的管理员胡伯特·巴里说，伊莎贝拉女王不应该这样做，因为这些珠宝并不属于她，而是属于整个国家的。一个女王卖掉或者典当掉王冠与珠宝，就像是美国总统卖掉白宫的家具一样。但她应该有特殊的分配权，因为得到的资金是用来代表国家支持战争的。

[2] 艾琳·L.普朗克特：《卡斯蒂亚的伊莎贝拉与西班牙王国的成立：1451—1504》，G. P. Putnam's Sons出版公司1915年版，第216—220页。

钱都花光又急需财政上的救济之时，他们才开始对犹太人下手。西班牙完全被他们盯着债务的偏执目光所左右。"圣战"就像祖母绿，同样都是西班牙帝国兴起和衰落的原因。

很讽刺的是，西班牙王室到处寻求财富的大部分原因都是资助他们发起的"圣战"；最终伊莎贝拉和斐迪南找到的财宝不仅资助了战争，而且还证明了战争的合理性，因为他们相信自己是跟着上帝的旨意来发动了战争。还记得我说过上帝并不会签发支票么？然而在16世纪的西班牙，君主们很显然并不这么认为。

随着财富不断被发现和累积，越来越多的"圣战"被发动，而西班牙帝国的疆土也在不断的扩张之中，他们又能够攫取更多的财富来发动更多的"圣战"。如此循环往复，直到西班牙变成了一个庞大、傲慢而又笨重的帝国，它最终再也不能健康地、持续性地发展了。

哥伦布跑来给国王推销了一个关于亚洲的故事，其实他已经在过去的很多年里多次试图将这个同样的故事兜售给欧洲其他的国家。直到在格拉纳达进行的"收复失地运动"面临最后的弹尽粮绝的紧要关头之时，他的听众太过于绝望才终于听他把故事讲完。所以当哥伦布向绝望的伊莎贝拉女王作出承诺，一定会为她带回珍珠和其他珠宝的时候，这个绝望的女王决定就此赌一把。但当时哥伦布并没有提到香料，因为在1492年香料还是"毒品"。（有的人为了肉豆蔻卖掉了一个岛屿，你不禁会想，这些人是不是用了太多肉豆蔻导致脑子坏掉了。）

伊莎贝拉将她自己最后一点珠宝当掉（不是王冠上的珠宝，那早就不见了）用以支付哥伦布整个花销的四分之一。剩下的部分来自私人赞助者[1]，但主要还是由于女王的慷慨解囊让其他人看到了她支持哥伦布的决心。[2]

但这并不是毫无理由的捐赠，就像是瓷器往往被当作你送给某人结婚20周年的礼物一样。

不要两手空空地回来

就这样，伟大的探索者哥伦布率领着三艘舰船——尼雅号、平塔号和圣玛丽亚号开始了漫漫的海上航行，最终到达了东方的香料和珠宝之地，这些是所有的小学生都会在课本里学到的知识。这差不多是真实的。但是这个版本的故事漏掉了一些最有趣的细节，比

---

[1]　实际上我的姓并不是"拉登"，而是"梅拉米德"。迈尔·梅拉米德是资助哥伦布第一次远航的金融家。他后来表示，当寻找宝藏的船只开始航行的时候，他和朋友们的投资还被欠着。这正好是伊莎贝拉和斐迪南下令强迫转信和驱赶犹太人出西班牙的时候。也许，那并不是我家里最好的时候。

[2]　在我的职业生涯早期，当我不再询问关于用金属器物来造假的事情之后，我最终成了卡恩公司珠宝鉴定部门古董鉴定业务的总管。其间一件最让人不可思议的事情是，有一天在我的桌子上出现了一件珠宝，它被认为曾属于伊莎贝拉女王。

鉴定这件珠宝的真假是我的工作。这是一个黄金手镯式的手链，上面镶嵌有红宝石，中间还有一颗很大的钻石。真正让人兴奋的是，上面没有南非产的祖母绿，这就表明这件古董属于哥伦布之前的时期。而且这是一件伊莎贝拉个人的珠宝，不是王室皇冠上的珠宝，很有可能是她为了资助航海而典当的一件珍品。我戴着它足足过了一个星期。

如，他四次航海探险中的第一次才是最成功的，虽然这次他甚至都没有到达陆地。

他在西班牙岛（即海地岛）登陆，并用西班牙的国名命名了该岛。他以为自己发现的是东印度的一部分，但那里并没有他所期待的祖母绿。[1]更让他失望的是，他既没有找到黄金，也没有找到珍珠，他向伊莎贝拉女王承诺的三样东西中的两样都没有。[2]他只在当地居民的首饰和珠宝里发现了很少量的黄金。当地居民解释说，这些黄金不是本地产的，而是他们跟来自很远地方的人交换得来的。这显然也不是哥伦布想要听到的结果。

我们可以想象他有多么的失望，在他拿走了一大笔能够支撑他进行这次遥远航行的资金，承诺找到一条直接通往东亚的贸易之路以后，他却来到了这个没有任何值钱东西的荒岛上。他拿走的是西班牙宗教裁判所时期国王的钱，这就像是拿到了暴徒的钱却还要让它看起来是从外婆那里拿到的一样。他能够拿什么东西回去向这些出钱的金主们交差？至少要对那个当掉珠宝的女王有所交代吧？那么眼下只有两条路：绑架或者奴役。整个西班牙岛能够给的东西也就只剩人了。哥伦布并不是我们在教科书里面学到的那样是个大英雄，所以他对这两个选择完全没有意见。于是，哥伦布得意扬扬地从西班牙岛回到了西班牙，他的船上装载着他绑架来的当地人以及

---

[1]　他认为西班牙离日本很近，而且对此深信不疑。

[2]　第三种是来自香料群岛的药。

从当地人那里偷来的黄金首饰，他将这些东西一并呈现给了朝廷。这些新大陆的人们就理应被奴役和转化吗？他们就像伊莎贝拉想的那样，是属于西班牙的吗？或者真的像哥伦布号称的那样，他们只是一种自然资源，现在将要属于西班牙所有吗？这些问题都是后来延续了几个世纪的大讨论。有的西班牙人对这些奴隶感兴趣；有的又对新大陆的各种资源感兴趣。伊莎贝拉更是非常激动地表示，她终于找到了一个全新的大陆：永恒之地。

购买一个通往天堂的阶梯

我们都知道，西班牙征服者们去到新大陆大肆掠夺。我们还知道有很多伪装的虔诚的传教士还去新大陆大肆让当地居民改信天主教。但是你可能没有意识到，这些传教士和征服者看似在从事着矛盾的差事，而其实，他们都是被同一个人派遣过去的：伊莎贝拉女王。

伊莎贝拉是一个很有野心的女人，她是历史上最著名的珠宝拥有者之一，主要还是因为她典当珠宝来资助哥伦布这个故事的广泛传播。她还是一个狂热的天主教徒。伊莎贝拉女王也是世界上极少数的能够凭借个人的愿望以及一己之力就重新塑造和改写了整个世界长达五百年的经济发展史的人之一，她的这个愿望就是：看到新大陆所有的居民都改信天主教，甚至不惜以武力相挟。

她那天主教铁血政策非常有名，除此之外，她似乎对自己的新所有物的感觉有些摇摆不定。当哥伦布第一次航海结束带着很少量的黄金以及很多的人回来的时候，在西班牙内部形成了意见完全相左的两派。法庭对这两种分裂的意见进行了长达五天的公开审判，这次的意见分裂随后让西班牙陷入了四分五裂的状态，最终以国王的退位为代价才得以平息。哥伦布认为欧洲人有着与生俱来的人种优势，因此具有上天赋予的权力来统治和奴役其他少数族裔，其中就包括北美和南美的土著。他还相信所有的黄金、白银和祖母绿宝石都应该从新大陆运回西班牙，那里的人也应该收归西班牙所有。

伊莎贝拉坚持认为那些土生土长的居民都是她的财产，而不是奴隶，而且必须全都转信天主教。实际上，她的感觉比上面这个理论还要来得深沉和古怪。她不仅坚持认为这些土著应该被好好地对待，从而像欧洲的居民那样被转化成为天主教徒，她还坚持认为这是在《新约》里面已经设计好的一个审判。她声称，这是耶稣回来之前的最后一次审判。她相信，如果西班牙将所有的新大陆居民都转化成为天主教徒的话，基督就会重新回到地球。

但此时又有事发生了：她查了一下资产，貌似自己又破产了。[①]你有抓住"破产"这个主题吗？伊莎贝拉，这个有时实际有

---

① 因为高利贷被罗马教廷规定为不合法，所以在15世纪的西班牙绝大多数的银行家都不是天主教徒，再后来他们就被国王驱逐到了其他的国家。将所有的这些以借贷为主要业务的银行家们都赶走似乎解决了所有经济上的问题，但其实这才恰恰是经济出现问题的开始。这样做能够带来短期的利益，债务和逾期未还的贷款随着银行家们一同消失了。但是这会带来长期的负面影响：没有人能够再借钱给人们了，而借贷则肩负着让经济健康运行的这个重要职能。

时虚伪的女王，只是简单地把自己的专注力都放在如何让基督重返人间以及如何转化那些土著身上了。但是她放弃了她最早提出的要平等友善地对待和转化土著的提议，默默地接受了要奴役、虐待土著并对他们实行种族屠杀的建议，从而大肆掠夺他们的珠宝、贵重金属以及其他的资源。

那么她是如何为这一切进行辩护的呢？我想说，这看似是一个聪明的理由，但事实上并不是。这其实是一个愚蠢的、自私的、经济上的逻辑。作为她计划购买一个通往天堂的阶梯这个愿望的一部分，她相信将南美洲的土著全都转化为天主教徒是非常重要的，因为她需要实现人人都平等地拥有这个信仰。但是，就像你所知道的那样，其实在这样的所谓信仰的掩盖下，她却做了另外一些更加重要的事情：奴役当地人，掠夺他们的黄金、白银和宝石运回西班牙，用以支持西班牙发起的所谓"圣战"，从而更好地实现对土著的天主教转化。这是不是很有讽刺意味呢？

西班牙掠夺了大量的奴隶和金钱，这使得它的国力大大增强，成了远胜于整个西欧的强大帝国。然后她又转头拥抱那些仍然活着的印第安人与美洲混血儿，鼓吹她自创的"天主面前人人平等"的理论，让他们都拥戴她成为所有人的女王，而她自己则负责将他们转化成为天主教徒。最终，连耶稣基督都会重返人间来庆祝不可一世的西班牙帝国的荣耀。很显然，在她的这个逻辑里，她是完全混乱、有问题的。

愚人之金

西班牙的国王与诸多的私人投资者们都在焦急地等待着哥伦布从东亚带着满船的珠宝、丝绸、香料与黄金胜利归来。但是他回来却跟大家说，他在海洋的中央找到了一片新大陆。虽然说这次的发现并不是一条通往亚洲的捷径，但是所有人还是非常兴奋和激动。然而他们一开始的热情在看到哥伦布带回来的只是原住民与蔬菜之后凉了半截。最终，他们还是从新大陆攫取和掠夺了难以计量的财宝，包括黄金、白银、珍珠和祖母绿，这也使得西班牙变成了一个超级富庶的国家。

更不用说哥伦布带回来的那么多全新的、具有很高价值的农产品了（忘掉香料吧，来跟咖啡、巧克力、烟草以及白色的魔鬼——甘蔗打声招呼吧）。但是西班牙一开始并不觉得它们有用。那么，当你花了巨资在某一样东西上，但又开始认为也许是上错了车的时候，你会做什么？很简单，让我们来回想一下罗兹和奥本海默在发现了太多实际上本身并没有价值的钻石，从而担心钻石市场会崩塌的时候，他们做了什么。

没错，就是说谎。编造谎言而且还要尽力让谎言显得真实，这样别人才会相信。这样的谎言有一个很好听的名字叫作"公共关系"。不论是关于人为制造钻石稀缺的故事，还是关于新大陆有着无尽宝藏的故事其实都是套路：就是用看似真实的谎言来达到某种目的。而其他关于南美丛林著名的黄金城埃尔多拉多的故事，以及伟大的探险家庞塞德莱昂讲述的位于佛罗里达的青春之泉的故事，也都是按照这个套路而成型的。

　　埃尔多拉多倒是真实的，但其并不是一个地方而是一个人，他是穆伊斯卡人的国王。据威利·戴尔所说："当一位新的首领掌权之后，他会在瓜达维达湖进行神圣而隆重的加冕仪式。王位继承人全身被涂上金粉，然后在湖中畅游。洗去金粉后，他的臣民纷纷献上黄金和宝石（祖母绿），这些宝物如同小山一样堆积在他的脚边。然后这位新国王将所有金银财宝丢入湖中，作为对太阳神的奉献。"①但是经过了长达几个世纪的流传与转述之后，原本的人名也变成了一个口口相传的神秘黄金城的地名。受到这些谣言的诱惑，寻宝的探险者们不断地涌入这片土地来寻找那个并不存在的黄金城。然而，他们却发现了生活在南面丛林里的土著以及分布在北面的泥土建造的印第安人村庄。巨大的失望没能改变大家寻宝的热情。

　　当这个关于用黄金建造整个城市的故事开始流传的时候，有很多人也就开始对这个故事深信不疑了。不过大家纷纷对于埃尔多拉多进行寻找的过程倒是也没有什么坏处。其实，当权者人为地系统地传播这个关于黄金城的故事，目的就是要吸引探险者们去到南美洲和中美洲，去找寻那些有可能真实存在的宝藏。

---

① 威利·戴尔：《埃尔多拉多的传说诱骗了沃尔特·雷利爵士》，《国家地理》2012年10月16日。

懂得利用我们在面对地位性商品时的弱点并在上面做文章，仍然是沿用至今的聪明而且有效的方法。比如，让很多人在空空如也的俱乐部或者酒吧外面排队等待进入。酒吧的目标是要让里面填满人。让大家在门口排队则表示里面已经满员了，而且同时还有那么多人在外面等着想要进去。这样就给更多人一个假象——这个酒吧是所有人都想去的，哪怕在外面排队也是值得的。最后，那些排队的人最终进去并填满了整个俱乐部，这个"真实的谎言"也达到了最初的目的。

西班牙人虽然没有要去填满一间俱乐部夜店，但他们却想要填满整个大陆。他们和数量众多的寻宝探险家们一起来到这个陌生的大陆找寻他们坚信一定存在的黄金城。很显然，他们最后成功了，有时候谎言也会变成现实，他们最终找到了到处都是宝藏的城市，只是这些宝藏不是黄金，而是绿色的宝石。

埃尔印加与祖母绿之城

加尔西拉索·德·拉·维加，通常被称为"埃尔印加"，在某种意义上说是祖母绿的命名者。他是印加帝国被废黜的公主帕拉·钦普·欧克洛①与西班牙殖民者加尔西拉索·德·拉·瓦尔加

---

① 加尔西拉索·德·拉·维加的母亲是印加帝国皇族的成员。她是印加帝国最后一任国王阿塔华帕的侄女，也是国王图帕克·印加·尤潘基的孙女。

斯将军的儿子，作为土著与入侵者联姻的后代，在当时是非常罕见的。但他并不是那些通过婚前性行为而产下的私生子。他的父母虽然没有在法律意义上正式结婚，但是他们被允许拥有独立的居所，所以小加尔西拉索得以在父母身边自由地长大。他能说西班牙语和华旗语，对自己身上同时流有印第安皇族与西班牙后裔的血脉而深感自豪。因此，他有一个快乐而幸运的童年，与父母也保持着非常有爱而亲近的关系。

加尔西拉索·德·拉·维加于1539年4月12日出生在秘鲁的库斯科，于1616年在西班牙的科尔多瓦去世。他的教名是戈麦斯·苏瓦雷斯·德·菲戈罗阿，但由于他在秘鲁被抚养成人，因此为了纪念他母亲的皇族子民，他更愿意让别人叫他"埃尔印加"。

埃尔印加是一位诗人，也是一名战士。同时他还是一名才华横溢的会多种语言的作家。他在西班牙的军队度过了自己荣耀的后半生，而他为西班牙文学所做出的巨大贡献更加被世人所称道。除了在写作和翻译领域的杰出成就之外，他还率先编写了整个秘鲁社会发展的编年史。他编撰了大部分最完整、最准确的印加历史与文化资料，并且还撰写了迄今为止最不具有偏见的印加社会与宗教发展的史料。这些作品的一手资料来源于他四处走访的经历，还有一些二手资料则来源于他父母的生活与记忆。

在埃尔印加的著作《印加王室评论》一书中，他记载了自己父亲的生平，这是一位在著名的征服者首领佩德罗·埃尔瓦拉多的军队中服役的军官。他的父亲与其他一些西班牙士兵一道陪同埃尔瓦拉多寻找在当时仍是神秘之地的秘鲁，尤其是要找到那传说中失落的黄金城：埃尔多拉多。

祖母绿鹦鹉

《印加王室评论》书中写道："曼塔山谷里的城市是整个地区的都城，在那里有一颗鸵鸟蛋大小的祖母绿。这是一枚圣物，接受着当地居民的膜拜。"[①]而且民众不仅仅把它当作偶像进行崇拜，还把它视为拥有生命的天神。书中有一章形容这颗祖母绿看起来像一枚蛋[②]，但是在民间传说中这颗祖母绿的形状是一只雕刻精美的鹦鹉，是由一整颗巨大的宝石雕刻而成的。埃尔印加写道："在一些重大的节日期间，这颗祖母绿会对公众进行展示，四面八方的印第安人会千里迢迢地赶来对它进行顶礼膜拜，同时会给它带来一些小的祖母绿作为贡品。

"这颗祖母绿如此这般被人们当作活着的天神进行崇拜，它有自己专属的神殿，里面还装有更多的金银财宝。这颗'活着的'祖母绿的部分贡品来自人们奉上的小一些的祖母绿宝石，这些小的宝石由整个城池的首领虔诚地奉上，在人们看来这些小的宝石是天神祖母绿的女儿。

---

① 克里斯·雷恩：《天堂的色彩》，耶鲁大学出版社2010年版，第26页。
② 这可能是由于翻译造成的歧义。第一手资料说它跟一枚鸵鸟蛋一样大。

"实际上，当地的人告诉埃尔瓦拉多和他的同伴们，祭司教诲大家，所有的祖母绿都是天神祖母绿的女儿，没有什么能比让女儿们都回到她的身边更能取悦她了。因此，当地的居民收集了相当数量的祖母绿用作祭祀，整个神殿里的祖母绿宝石堆积如山。埃尔瓦拉多和他的随从们（其中就包括埃尔印加的父亲）在攻打并征服秘鲁的过程中发现了这座神殿。"①

西班牙人并没有花太长时间便根据事实推断出了结论。他们要求进入神殿参观，不出所料，他们在里面发现了大量的祖母绿宝石，其精美绝伦的程度是在旧世界里从未见过的。

石头崇拜

这个故事从这里开始向着我们能预计到的方向展开：西班牙士兵们折磨并且屠杀当地的居民，大肆掠夺放置在神庙里的绿色宝石。由于西班牙征服者们以贪婪而著称，所以他们理所当然地想要找寻到那颗最大的祖母绿宝石，但"这颗被当地人作为神一般崇拜的宝石在西班牙人到来之时便神秘地人间蒸发了。不管西班牙人如何恐吓、威胁当地人，宝石再也没有出现过"②。

有趣的是，印加人在侵略者的枪口下会毫不迟疑地放弃黄金或

---

① 　克里斯·雷恩：《天堂的色彩》，耶鲁大学出版社2010年版，第26页。
② 　克里斯·雷恩：《天堂的色彩》，耶鲁大学出版社2010年版，第26页。

者白银，但在西班牙人征服当地数年后，他们在印加人身上用遍了各种刑讯手段，还是未能从他们的嘴里窃取到半点关于祖母绿矿藏地点的信息。直到十年之后，他们才知道了其中一个祖母绿矿的所在地，然而被藏起来的祖母绿"女神"依然下落不明。

西班牙人一度没有任何与印加人商谈购买宝石的余地。即使后来他们被允许与当地人进行宝石交易，也不能用玻璃珠子或者酒这些便宜的外国货来购买祖母绿。而他们最终还是发现了在南美洲历史上最让人梦寐以求的宝石母矿。

根据史料记载，印加人相信金银是太阳和月亮的汗水，所以他们很喜欢拥有金银，但并不会觉得它们很珍贵，更不会为之而献身。而祖母绿则是被阳光照耀的具有生命力的东西。[①]从科学的角度来说，祖母绿里有大量的铬离子聚集，因此在受到紫外线的照射以后会发出绿色的荧光。这种光线让印加人认为每一个宝石里面都储藏着源自神界的光芒，是活着的神的身体的一部分，因此他们对

---

① 印加人关于救世主的故事，其最完整的版本是由17世纪的方济各会的历史学家佩德罗·西蒙所记载。根据他的记载，印加人伟大的首领，格兰查查是这样诞生的：他的母亲是这个地区首领的女儿，她按照那位预言了格兰查查诞生的预言家的指示，在太阳升起的时候张开她的双腿躺在山顶上。

在经过了九个月阳光的洗礼之后，她产下了一个"古阿卡塔"（在奇布查语里的意思是"一颗巨大的、光芒万丈的祖母绿宝石"）。她就像抱着一个孩子那样抱着它，将它带回家里。过了几天之后，祖母绿竟然变成了一个婴儿。

西班牙人把格兰查查叫作"魔鬼的后代"，并且声称当这位暴君去世的时候，他是化成一道青烟消失的。

由此可见，每个人的故事都会有杜撰与美化的成分。

祖母绿特别地着迷。

绿眼睛的怪物

埃尔瓦拉多和他的同伴们在当时发现了祖母绿，但这并不意味着他们愿意将其分享给他人。这些欧洲人在哥伦比亚的祖母绿发现之旅非常奇妙，既不是在哥伦比亚，也不在西班牙，而是在介于人间与神圣之地的某个地方。

有一个叫作瑞吉纳多·佩德拉扎的贪婪的多米尼加修道士也跟着西班牙的征服者们一起去寻找秘鲁。虽然他们找到了很多让人叹为观止的祖母绿，但是佩德拉扎很聪明地说服了这些士兵，让他们相信真正的祖母绿即使被敲击，也不会被打碎。你可以想象这些西班牙士兵们得知他们千辛万苦偷来的祖母绿虽然漂亮，但只是一堆毫无价值的绿色石头之后的失望与愤怒之情。

这个修道士当然知道这些祖母绿的价值，因此他偷走了很多宝石，并且将它们缝在了自己穿的袍子里。他还计划将其他的祖母绿宝石偷偷走私运到巴拿马去，然后他的故事到这里就结束了，因为在几个月后，他死于一场发烧。当人们准备埋葬他的尸体时，才发现了这些藏着的祖母绿。这些人随即将祖母绿宝石都带回到了西班牙，准备用以"取悦他们的女王"[1]。

---

① 克里斯·雷恩：《天堂的色彩》，耶鲁大学出版社2010年版，第26页。

我敢打赌，意外发现修道士佩德拉扎掠夺的赃物仅仅是伊莎贝拉女王派遣"神圣的军队"前往新大陆获取利益的第一步。西班牙人认为印加王国那些偶像崇拜者与异教徒们都是崇拜魔鬼的人。他们与印加人所信奉的宗教教义的不同正好为西班牙人大肆抢夺、偷盗的行径做了表面上合理的粉饰：一直流行的理论是，"我们是好人，他们是坏人，我们有上帝站在这边支持我们"。但这背后还有更深入的潜台词。修道士佩德拉扎的盗窃行为不只是旧世界的君王与新大陆的财富之间"美好的际遇"，这实际上揭示了两个看似对立的宗教之间非常重要的相同点：不管拥有两个完全不同的宗教信仰的人（天主教的修道士与穆伊斯卡宗教的牧师）之间会发生怎样的冲突，最后的分析结果都会显示，他们其实都崇拜一样的绿色的神。

　　费尔南德斯·德·奥维多在他的《印第安自然历史》一书（他在此书中整理了祖母绿发现与开采的历史）中写道："直到我们的年代，才有人从基督徒那里听说并且发现了这个存在于自然界中价值连城的宝石，以及这片物产丰饶的土地。"[1]

　　西班牙人深知这些绿宝石的品质要比来自欧洲或者亚洲的任何一块绿宝石的品质都要好很多，因此他们试图要在新大陆找到出产这些宝石的地方。在之后的数十年间，西班牙人只是找到了一些很小的祖母绿矿带，这些矿藏并不适合开采，有的甚至已经在多年以

---

① 　克里斯·雷恩：《天堂的色彩》，耶鲁大学出版社2010年版，第26页。

前就被开采枯竭了。直到1543年，他们在一只被杀掉的母鸡的胃里发现了许多品质精美的小颗粒祖母绿宝石，这些西班牙人才知道真正的矿床就在不远处。

因此他们发动了与当地人的战争来争夺宝石，尤其是对一个名叫穆左的部落进行了铲除。这个部落非常凶悍，其名字就足以让人闻风丧胆。穆左人有吃人的习惯，经常用有毒的吹气飞镖攻击敌人。但是西班牙人有欧洲的瘟疫"助阵"，到了1560年，他们便征服了穆左及其相邻的部落，并且在原地建立起了一座新的城市，取名叫"特立尼达"。西班牙人认为，所有的祖母绿宝石都跟这些当地土著一样，应该被征服和没收。

"神灵"下凡

特立尼达城市周围被穆左人的村落所包围着，这些昔日让人害怕的勇士们如今变成了西班牙人的奴隶，缴纳着非常沉重的税负。然而，根据福雷·佩德罗·德·阿瓜多的记载，当时在那里开荒的两三百名西班牙人觉得他们才是真正受罪之人。他们并没有找到祖母绿矿，日常生活的后勤供给严重不足，其中一些人在征服当地人的战争中死去，并且他们也没有变成之前想象中的有钱人，更别说他们还要随时面对并且提防被他们夺取土地和自由的土著那渴望复仇的眼神。这些西班牙人将1563年的冬天称作"巨大的灾难"。

折磨、征服、奴役、探险——这些由战争带来的后果持续了数十年，直到他们找到了第一座主要的祖母绿矿。接下来奇迹发生了（就像许多奇迹都与天主教的牧师有关一样，这个故事也毫不例外）。在1564年的复活节周的某一天，一个西班牙人在城边闲逛的时候突然发现一颗完美的祖母绿宝石静静地躺在地上。兴奋与激动之情立即像野火一般传遍了整个城市，这些西班牙人终于意识到，他们建造的这座城市就正好在他们一直苦苦寻找的矿床的上面。

离城市最近的军营指挥官阿隆索·拉米雷斯赶到了。根据阿瓜多的说法，拉米雷斯"认为印第安人肯定知道祖母绿矿在哪里，只是没有人愿意告诉他们罢了。在这个时候，一个名叫胡安的小男孩站出来了，虽然他是土生土长的当地人，但是他却被拉米雷斯抚养长大，而且成了基督徒。他为了报答主人的养育之恩，答应带他去到自己的父母以及村子里其他人能够挖到祖母绿的地方"。很明显，"拉米雷斯并没有放过这个做大生意的契机，他及时地号召人们加入到他的队伍中来，同时还让一名地方法官来注册发现的矿藏。他的向导——那个印第安小男孩最终带领他们发现了矿藏"①。

这就是穆左祖母绿矿被发现的全过程——至少在佩德罗·德·阿瓜多的记载中是这样写的。最终，他们在印第安小男孩的带领下来到了哥伦比亚最大、最为神圣的祖母绿矿中。最终的结果证明了，过去长达十年的梦魇般的经历再加上一点点斯德哥尔摩症候群，这些都是值得的。这个故事还是关于天主教奇迹的经典故

---

① 克里斯·雷恩：《天堂的色彩》，耶鲁大学出版社2010年版，第56—58页。

事与案例。故事刚好发生在复活节期间，西班牙人被一个刚刚转信天主教的天真无邪的小男孩从废墟与绝望中拯救出来；他有着一颗仁厚的心，欣然放弃了他的同胞们誓死捍卫的祖母绿矿藏。虽然故事的真实性还有待检验，但这是西班牙人自己讲述的故事，而且他们也一直坚信这个故事是真实的。

来自天堂的硬币

西班牙人相信是上帝将新大陆取之不竭的财富赐予了他们，因为他们的信仰是正确的，他们应该拥有这些财富，而且上帝也希望他们来支配这些财富。他们坚信，因为上帝与他们同在，因此他们在新大陆犯下的种族灭绝的行径也一样会得到上帝的庇护与谅解。西班牙人的这种信念一直延续到了1588年才破灭，因为在那一年，来自大英帝国的"异教徒"女王伊丽莎白一世的海盗军团摧毁了西班牙海上舰队，对西班牙的经济以及统治地位造成了巨大的打击。但很不幸的是，西班牙统治者仍然觉得他们的想法是正确的。当我们在评价这个故事以及故事里的人物的时候，我们并不能脱离16世纪的经济和道德层面的逻辑关系来下结论。就像现在一样，财富与正义有时是矛盾的。而实际上，我们目前的经济与银行系统就起源于那个财富与正义相背离的年代。我们整个现代金融系统就是于1551年在西班牙的塞维利亚港开始建立的。也正是为了解决大量来自南美洲的财富涌入西班牙的问题，人们才创建了沿用至今的金融系统。

让我们回过头看看之前发生的事情，为什么在地理大发现的时代，在美洲进行贸易的时候，玻璃珠子会被当作货币与货物进行交换？因为正如我之前所说，这些珠子在欧洲并不值钱，但是在欧洲人发现、开拓、入侵并且殖民的美洲大陆却价值连城。他们能够利用自身作为欧洲人的优势，将这些再普通不过的东西在遥远的美洲大陆作为货币购买土地，在西非购买奴隶，在斯里兰卡购买蓝宝石。此类型的交易，即利用两个或者更多的不同市场之间的差别，在并没有进行大规模的投资的前提下攫取高额利润的行为被称为"套利交易"。这个词也许听起来很熟悉，它在我们的现代银行系统里面使用得相当普遍。这也是在西班牙快速地从新大陆将财宝输送回本国的历史环境下创造的。

西班牙人在新大陆大肆开采祖母绿宝石①并且运回西班牙，这是人类历史上第一次发生大规模的财富快速地在两个地方之间流动。没有任何现成的方法可以计算这些财富的价值，也没有方法可以对这些财富进行入库。塞维利亚港是从美洲返回的船只所停靠的唯一港口，在当时，港口完全被整船整船的金银财宝所堵塞。船只的货物清单——官方货物表——大部分都极不准确，究其原因，

①　此外，还有黄金和白银。

有统计错误、被盗、被贪污或者被走私等①，而通常以上原因都存在。清点祖母绿宝石成了一项特别有利可图的工作。由于祖母绿的高价值与小重量，极易隐藏与运输，因此它们成了黑市上最受人追捧的财宝。

除了伪造的货物清单以外，当时的南美洲与欧洲之间还不能进行及时的沟通，因此也无法对货物的尺寸以及到达的时间进行准确的描述。唯一可以确定的事情便是，一队又一队的船只从南美洲满载着祖母绿、黄金以及白银归来。每一年都比上一年的数量还要多。然而，让人觉得不可思议的是，这些船只运送的财宝到达西班牙以后反而变成了一道棘手的难题。如何去追踪这些财宝的去向？如何给它们估值？如何进行交易？

与此同时，还出现了另外一个让人头疼的难题，那就是伊莎贝拉和斐迪南的孙子——查理五世。就跟其他某些含着金汤匙长大的富家子弟一样，他从不需要考虑钱从何而来这个问题。他和他的儿子菲利普二世都不喜欢考虑钱的问题。他只是想当然地认为，金钱会源源不断地从某个地方来到他跟前。因此，他执政的时期完全可以媲美历史上仅有的几个奢华无度的时代，其花钱的速度远远大于财富累积的速度。他都把钱花去了哪里？难道是日夜无休的派对和

---

① 现代探险家梅尔·菲舍和他的团队证明，当他们发现西班牙船只阿托查号在海底的沉船遗骸时，该船的官方货物表上的货物要比实际的数量少得多——即使只和菲舍在海底找到的那些残留的货物相比仍然如此。

赌博，就像凡尔赛宫里举办的挥霍无度的豪华艳丽的宴会那样？这个答案不正确。又难道是，他都把钱花在了珠宝与建造皇宫上，就像奢侈品狂热分子罗曼诺夫沙皇那样？也不是。又或者是花在了基础设施的建设以及长时间的殖民扩张上面，就像英国的维多利亚女王那样？依然不是。他其实是追随着他的祖父母的足迹，将钱花在了"圣战"上。

我想，这就是"随心所欲"。就像所有依靠信托基金生活的富二代孩子一样，源源不断的财富会让他们变得过于自信。结果，他发动了一些在历史上最为血腥和昂贵却又毫无成果的战争（他的儿子菲利普二世更是有过之而无不及，直到他惨败于伊丽莎白一世的海盗军团之下）。查理五世在荷兰与地中海地区双线作战，同时打击新教徒与穆斯林。这些战争在造成了巨额的开支以后最终都陷入了僵局。他最后不得不代表西班牙帝国一次又一次地宣布破产，因为在这段时间里，他不得不等待从新大陆来的船只上装载的金银财宝来弥补他国库的亏空。

在过去投注未来

上面的故事与现代银行业有关系吗？答案是"有的"。西班牙帝国自称执行上帝的旨意，将敛财与战争进行到底。当权的统治者们，伊莎贝拉女王、查理五世以及菲利普二世都前仆后继地将大部分财力用到了打击异教徒的战争之中，而且他们都觉得金钱的来源永远不会枯竭。

虽然许多有钱人都会犯同样的错误，但是西班牙统治者们有着更加荒谬与危险的想法和结论，那就是他们坚信是上帝赋予了他们获取源源不断的财富的权力，而且上帝希望他们将这些财富都用在那些屠杀异教徒的战争之中。现实却是残酷的，金钱并不会取之不尽、用之不竭，因此西班牙一次又一次地陷入破产的境地。但他们是真的破产吗？大家都知道他们只需要等待几个星期，就会迎来满载着金银财宝的船只在塞维利亚港靠岸，船上会有大量的贵金属以及成吨的祖母绿宝石。

因此财富其实并不是问题，真正有问题的是现金流。西班牙统治者需要做的是找到一种方法，去最大化利用那些从南美洲和中美洲攫取的财富，特别是在新的船只到达之前搞到资金——因为他们总是很快就花光了所有现金，让财富变成了预算赤字。他们需要建立国际范围的信用体系。因此，在塞维利亚港口，我们的现代经济体系的雏形诞生了。他们找到了解决西班牙财政问题的方法——朱罗——世界上第一种计息的政府债券。正如记者鲁本·马丁内斯和卡尔·拜客记录的那样，这是短期国库券的始祖，也是美国经济发展的引擎。[①]欧洲的银行家们购买这些国债但却要承担着风险，他们之所以愿意这样做是因为他们知道，这些薄薄的纸片背后是由从

---

① 鲁本·马丁内斯、卡尔·拜客：《世界的碰撞：哥伦布时代之后的美洲外传》，PBS出版公司2010年版。

新世界来的源源不断的财富所支撑着的，因此他们并不担心这些债券的安全性。

你有听过一个概念叫作"搁置怀疑"么？一般说来，经济运行就好比一座剧院。从想象的价值到未来的价值，经济运行都有赖于搁置怀疑；用另外的话术来说，就是在特定情况下选择忽视某些现状的行为。比如在观看一部戏剧的时候，我们都觉得舞台上的演员看不见我们，也不知道我们在哪里。如果我们不这样认为的话，想象都会被打破，戏剧就无法进行下去了。从郁金香市场泡沫的破灭到房地产市场泡沫的破灭，有的人，进而延伸到每个人都在非常激烈地重述现实，从最开始的怀疑到后来的恐慌（这也叫作"消费者信心动摇"），从而导致经济在短时间内就会被摧毁；这也是导致银行与股票市场崩塌的原因。

朱罗是一张盖有正式章印的纸片，承诺现在借的钱在之后会连本带息一并奉还。西班牙人和他们的外国投资者们将运送财宝的船只视为库存；更重要的是，他们在这些库存上下赌注。他们在赌这些船只不会被海盗袭击，也不会因为坏天气而沉没，同时也在赌那些当时并没有电话、电报或者社交工具的殖民地在船只离开之前不会被火山爆发吞没，或者不会被愤怒的当地居民所占领。他们在赌这些船只会满载着金银财宝按时出现在西班牙的港口。

他们在赌一个未来。①那些纸质的债券是整个现代经济体系的源头。朱罗以及之后的债券完全改变了整个银行系统、借贷以及投资业。历史学家莎朗·汉农评价说："通过这样的方式，新大陆的人们的汗水、鲜血与勤劳为欧洲资本主义的兴起提供了源源不断的资金。"②

这一切都始于一颗巨大的祖母绿以及关于上帝的、有争议的见地。西班牙从美丽而稀有的闪耀着光芒的祖母绿宝石，走向了代表着未来价值的纸张。债券与投注未来代表想象中的价值，纸质货币最终会代替石头、珠子以及那些亮闪闪的金属，作为每个人都喜爱的想象中的货币单位。于是，就产生了搁置怀疑的现象。

集体妄想的消融

在16世纪中期，西班牙人在奇沃、穆左、索蒙多科等地开采了许多很大的祖母绿矿藏。没有人见过能与南美洲产的质量、数量以及色彩相媲美的祖母绿。由于印加人举行了哀悼仪式（大多数人都死于天花），于是西班牙人将印加人崇拜的神物敲碎，并且一次性地带走大约50万克拉的祖母绿。西班牙的探险家们——包括士兵以

---

① 从字面意思来说，他们一直都在把未来当作赌注。他们通过对天堂旨意的假设以及对"圣战"资金的支持，将自己的未来进行投注和投资。

② 鲁本·马丁内斯、卡尔·拜客：《世界的碰撞：哥伦布时代之后的美洲外传》，PBS出版公司2010年版。

及他们的随从和妻子、商人、妓女、其他所有的定居者——都将找到的祖母绿宝石以最快的速度运回西班牙。莎朗·汉农这样写道："因为其聚集了前所未有的财富，西班牙帝国在16世纪成了全世界仅有的超级大国。西班牙为欧洲其他国家设立了'议事日程'，其中就包括为数众多的、极其昂贵而且血腥的战争。得益于'祖母绿鹦鹉的女儿们'，西班牙在整整一个世纪期间都在对全世界进行着最大规模以及最强悍的侵略。"

但是没有底线的贪婪是没有好下场的。

就像那些用来与特拉华印第安人进行交易的玻璃珠子一样，想象中的价值可以成为一件美妙的事情，但是就像所有的幻想一样，它的吸引力来自它所代表的未定义的可能性。我们来谈谈未定义的可能性所带来的问题：集体妄想所拥有的平衡局面是非常脆弱的。这些妄想是极易变化的，在整整一个世纪里，这些妄想便是对于祖母绿所拥有的特殊价值的认知。最终，整个市场变得如此之饱和，以至于祖母绿的数量与质量都达到前所未有的顶峰，人类历史上还从未出现过这样的状况，因此祖母绿的价值一落千丈。在不到100年的时间里，一颗巨大的祖母绿宝石的价值从西班牙国王的王冠上所有宝石价值之和的1/12，一下子下滑到还不及皇冠上的黄金的价值。

维多利亚·芬利写的《珠宝秘史》一书中记载了这样一件事。在1652年，一名叫作托马斯·尼克斯的英国宝石匠记载了当时祖母绿由于供给数量的暴增从而导致价值暴跌的状况。尼克斯提到，一个西班牙人向一个珠宝商展示了一颗成色与切割工艺都非常好的祖母绿，这个珠宝商估价100达克特。之后西班牙人又拿出一颗更大、成色更加好的祖母绿，珠宝商于是估价300达克特。这个西班牙人后来将这个珠宝商带到他的住处，向他展示了整整一盒子的祖母绿。这个意大利人看见居然有这么多的祖母绿，于是就对西班牙人说："先生，这里的每一颗宝石都价值一顶皇冠（大约1/8达克特）。"①

我们把这样的情况称为快速的通货紧缩。这是与稀缺性影响相反的结果，也被称为市场饱和。这也是物价便宜的原因。任何一种东西，不管是祖母绿、石油还是玉米，只要供给过剩都会出现市场价格降低的状况。如果这种东西刚好是货币的话，那么结果就会是严重的通货膨胀。

由于持续地四处发动花费昂贵的战争镇压异教徒的反抗、击退奥斯曼帝国的入侵以及转化或者屠杀犹太人，西班牙王室背上了沉重的债务负担。与此同时，来自新大陆的财宝数量过剩导致的通货膨胀又进一步加深了经济危机。②

西班牙帝国很快就坍塌了，坍塌的速度与其扩张的速度一样快。从16世纪后期到17世纪早期，西班牙衰落的最主要的原因是查

---

① 维多利亚·芬利：《珠宝秘史》，兰登书屋2007年版，第225页。

② 鲁本·马丁内斯、卡尔·拜客：《世界的碰撞：哥伦布时代之后的美洲外传》，PBS出版公司2010年版。

理五世与菲利普二世将国库挥霍得一干二净。他们认为金钱会源源不断而来，虽然这样的想法是正确的，但是他们绝对没有想到有朝一日连钱也变得一文不值了。

最终，大部分的矿藏被关闭，有一些矿实际上已经"消失"一个多世纪了，也许是因为再也没有人去寻找它们。对于西班牙来说，全球性的扩张并没有为整个国家带来很多的好处。即使是在其最强盛的时期，国家聚集的财富也没有用来改善普通西班牙民众的生活条件。实际上，在西班牙鼎盛时期以及之后，西班牙人的平均生活水平在整个欧洲都算是很低的。整个帝国的兴盛期很短，但却四面树敌。到了16世纪末期，西班牙陷入了经济发展的最低谷。

构成这个故事的要素比那些在南美洲大陆上烧杀抢掠的贪婪的征服者还要危险得多，同时这些要素的力量也要比独裁体制下的君主强大得多，其价值也远高于哪怕有一个足球那么大的完美的祖母绿宝石。

这是一个关于宗教信仰与金钱的故事，讲述了二者之间复杂的关系。从"天堂"与"人间"的货币对比，到价值与所值的对比，这个故事还讲述了多种矛盾的信仰与理论之间的关联。这个故事改变了道义与财富之间的关系，并且阐释了宗教造就经济发展的过程，反过来，经济又成了新的宗教产生的基础。毕竟，还有什么货币能够比"上帝的旨意"更加虚化呢？

毒药的剂量

菲利普·奥瑞恩鲁斯·塞尔普拉斯特斯·孟巴斯特斯·翁·霍恩海姆是16世纪的一名神秘学家、占星家以及多门学科的科学家。他在16世纪30年代达到了人生的巅峰，与我们上面讲述的故事是同一时期。很显然，他需要改一下自己那冗长的名字，于是他把自己的名字改为"帕拉塞尔苏斯"。

对于大众而言，帕拉塞尔苏斯最出名的身份是"炼金术之父"，他研究如何将铅转化成黄金。更重要的是，他还是现代毒理学的先驱（不要与如何完好地保存尸体的防腐术搞混淆了），还是一名植物学家、化学家以及物理学家。他命名了锌这种元素。[①]他甚至还是"气体"与"化学"这两个科学术语的发明者。他走在了时代的前列，第一个提出精神疾病是人类身体疾病的一种。尽管他非常醉心于占星术与炼金术，但他非常不喜欢对于科学的草率行为。1530年，当他指出矿工身体病变的原因是由于吸收了矿藏里的毒素而不是什么来自山神的报复，整个学术界震惊了，因为在那时大家都认为是山神的报复而导致矿工生病的。

帕拉塞尔苏斯在谈到毒理学时最著名的一段话能够让大家很自然地联想到金钱。

---

① 约瑟夫·F.波泽雷卡：《帕拉塞尔苏斯：现代毒理学的先驱》，《毒理学》2000年第1期（总第53期）。

他说的核心意思是"剂量制造了毒药"[1]。他指出了这样一个事实：一种物质的剂量非常小的话是不足以对人体造成伤害的，铅汞都是如此。但如果一种物质的剂量远远超过正常范围，哪怕是氧气或者水，都会引起大脑的损伤甚至置人于死地。

我觉得帕拉塞尔苏斯也是一名经济学家。不管是在人体内还是政体内投毒，整个过程都需要特别精细的容器，才能调制出那让药物变成毒品、让喜爱变成疯狂的魔术般的剂量。

另外一位伟大的哲学家格劳乔·马克思承认，他会不在乎任何一间已经吸纳他成为会员的俱乐部。很显然，这个定律对于珠宝而言也是适用的。任何东西都是物以稀为贵，反之，如果这些东西最后变得触手可及，那它们就会变得一文不值。对于人类而言，稀缺性创造了价值，而价值又创造了财富。而同时，稀缺性与财富都可以变成好的或者坏的东西——可以成为药物或者毒药。太多或者太少的钱都可能促进或者毁坏经济的发展。

当其在市场上的供给过剩之时，祖母绿就会变得一文不值，这便是西班牙人的经济陷入深渊的临界点，此刻的财富本身变得不再有价值。就像1637年的郁金香泡沫一样，由稀缺性创造的高价值幻想破灭了。当人们意识到这些美丽的石头无处不在的时候，祖母绿的价值便随之而蒸发了。

---

[1] 他实际上说的是："所有的东西都是有毒的，没有东西是无毒的，仅仅是相应的剂量才让一样东西无毒。"

他们模糊了药物与毒药的界限，允许雄心变成贪婪、信仰变得激进、财富变成"正义"。直到现在，我们还会看见很多让人们变得贪婪而且让贪婪变成"公义"的怪现象。

这个故事不仅仅讲述了关于西班牙或者祖母绿宝石的来龙去脉，也不仅仅讲述关于鲜血与征服的历史。这是关于"绿灯通行"的故事。故事讲述了这个市场里的投机商、宗教狂热分子和其他那些看见"绿灯"从而找到"驾驶方向"的人。

这是自然的法则：剂量创造了毒药。

人类已知的最早出现的珠宝是由13个细小的贝壳穿成的串，上面钻有排列整齐的孔并且被染成了赭红色。虽然里面的串线估计在1000年以前就已经断裂了，但是这些美丽的小贝壳在摩洛哥东部的塔佛若特洞穴里面被发现时依然完好无损。

它们已经有8200年的历史。后来人们在南非的布隆伯斯洞穴里又发现了一串类似的饰品。当时的考古队队长，来自挪威卑尔根大学的教授克里斯托弗·亨仕伍德指出，这个发现让我们找到了证明我们祖先的抽象思维在逐渐形成的有力证据。"这些珠子具有象征性的意义，"他说道，"象征主义是后来一切的基础，包括岩洞艺术、个人饰品以及其他复杂的行为。"[1]

---

[1] http://news.bbs.co.uk/2/hi/science/nature/3629559.stm.

人们在以色列也发现了类似的贝壳，虽然具体的年代归属还没有最终确定，但是科学家判断，估计已经有10万到13.5万年的历史。装饰品并不是在人类诞生的那天起就有的，珠宝也不是在人类刚进化到可以直立行走的那天就成了全世界的欲望之物。珠宝首饰的出现也许是现代人类的行为与思想开始形成的标志。

装饰品本身是崇拜的一种形式。人类是如此醉心于珠宝，以至于不同文化背景的人们都会用能够用到的宝石来制作宗教物品——用于祭祀、陈列或者偶像崇拜，这样的行为从有记载的人类历史之前就已经开始进行了。这也是每一种人类的宗教在任何时候都具有的唯一共同点。

在第一章"欲望"里，我们研究了欲望是如何创造了我们对于价值的观念，以及我们对价值的观念又是如何进一步创造了我们对于财政价值的观念。我们曾经问过这样一个问题："一颗宝石价值几何？"在这一章里，我们会更加深入地探讨："珠宝究竟意味着什么？"一件珠宝对于一个人、一群人甚至对于历史的发展究竟代表着什么？

在文学艺术中，在好莱坞，在口头传说中，珠宝具有各种各样神奇的特质。有的被诅咒，有的被占有，有的是恶魔的化身，等等。但它们也有好的一面，因为它们也可以成为拥有强大力量的武器。于是各种围绕着宝石的力量而产生的迷信与崇拜将宝石运用于康复（heal）、占卜以及影响人们的生活。在第二章，我们不仅探讨珠宝在财富上如何实现它自身的价值，还会去探究珠宝是如何变成道德与情感上价值的象征，以及这些道德与情感的维度又是如何奇妙地强化了珠宝的这些价值。

接下来的两个故事有很多方面的内容，但是其核心的内容都是在讲述珠宝在道德维度的价值，即它们在社会以及道德上的意义。这些故事还讲述了欲望黑暗的一面：嫉妒以及嫉妒产生的毁灭性的后果。毕竟嫉妒是对于那些并不属于我们的东西，但是我们又认为自己比其他人更值得拥有的那些东西的欲望。

美丽的事物究竟有什么样的力量让我们如此为之倾倒？如果我们没有办法实现我们的欲望会发生什么？或者更为糟糕的情况是，当我们能够看到自己想要的东西但是却够不着的时候，以及从喜欢变成迷恋的时候，会发生什么？是什么将欲望变成了怨恨？在什么时候我们将"渴望拥有"的想法变成了"必须占有"的冲动？我们知道没有人能够拥有自己想要的所有东西，所以我们竭尽全力地去创造公平竞争的环境。

"夺走"探究的不仅仅是人们对某种东西的获取，还有对其的迷恋如何影响人们的行为。首先，我会用一个历史上特别引人注目的故事来讲述欲望是如何演变成为致命的根源的——影射、谎言、私下传播的悄悄话以及一条镶有巨大钻石的项链让一位王后以及她的法国倒台、灭亡。接下来的故事讲述了一颗完美的珍珠是如何让一对姐妹反目，最终影响了整个世界版图的重新划定。

之前的"欲望"是关于经济、国家和帝国是如何被缔造的，以及珠宝在塑造或者再塑造它们的过程中扮演了什么样的角色。那么接下来的"夺走"则是关于它们是如何分裂的，以及珠宝在其中一些历史上重要的、血腥的冲突与战争中所扮演的核心角色。

4 成名的重要性①
点燃法国大革命的项链

八卦是那些你喜欢听的关于你不喜欢的人的事。

——厄尔·威尔逊

我曾经相信如果没有王后，那么就不会有革命。

——托马斯·杰弗逊

玛丽·安托瓦内特至今仍是凡尔赛宫最巅峰时期的象征。大家

---

① 法国大革命爆发，实际上是由多个层面的原因导致的：经工业革命，资产阶级在经济上已经取得了不小的成绩，但仍属于第三等级，因此他们迫切要求在政治上取得发言权；在思想领域，法国已形成平等、自由的思想。同时，法国贵族已没落到只有等级的优势。此时，统治阶级已无法按旧的方式统治，被统治阶级已举步维艰，因此，大革命爆发。由此，以玛丽王后为代表的没落封建王朝走向终结。本书作者在创作时，出于本书的创作目的——展现珠宝以及人类的欲望在世界史进程中的"力量"，于是将目光更多地放在与珠宝有关的历史线索、后人对历史细节的探究、后人所推测的历史人物的品性以及心理需求（如第171页所阐述的"地位性嫉妒"）上。——译者注

习惯性地把她看成一个碌碌无为却又无比贪婪的女人，她对于奢华与浮夸生活的执着与她对苦难深重的人民的漠不关心形成了鲜明的对比。虽然这其中的很多故事并不真实，但是却丝毫不能减轻法国人民对她的痛恨，他们就像被迷住了一样，要坚决地推翻王后以及她的统治，人民起义的烈火在法国境内熊熊地燃烧开来。

那么法国大革命最根本的原因是什么呢？有很多。例如天气越来越糟糕，法国政府越来越腐败无能，以及在水深火热中挨饿受冻的民众目睹了权贵阶层变本加厉的剥削与压迫，于是双方的矛盾变得愈加不可调和，冲突一触即发。

但正如爆炸需要触媒催化一样，革命爆发也需要导火索。法国大革命的导火索来自一串项链的故事，那是一个讲述当时世界上最大的钻石项链被偷窃的故事。玛丽·安托瓦内特被指控通过盗用国库的公款推翻国王的统治，并且试图密谋反对主教以获取一串价值连城的项链。实际上，她自己并没有做这些事情，这些指控都是子虚乌有的罪名。虽然玛丽·安托瓦内特知道这条项链，但是在这个丑闻爆发之前，她却并没有购买这条项链，也没有让别人买来送给她，因为她觉得皇室的珠宝已经够她享用了。[①]

最后，真正的窃贼被发现并且被公诸于众，人们才知道王后是被冤枉的。但是到那个时候，这个事件对王后声誉以及对君主政体的破坏已经不可逆转了。玛丽·安托瓦内特成了凡尔赛宫的标志，

---

① 安东尼娅·弗雷泽：《玛丽·安托瓦内特：旅程》，英国凤凰出版社2001年版。

钻石成了她诸多邪恶暴行的标志，王后以及那条项链成了法国人民所遭受苦难的标志。她后来甚至被叫作"赤字夫人"，在人民的眼里她是罪大恶极的。那是一个流言最后会变成"事实"的地方，其最终的结果在历史上也是具有深远影响的。

正如流言会变成"事实"、珠宝会变成标志一样，民众也会变成一个符号。而正是这些符号充斥在我们对于价值和"值得"的认知中。"项链事件"是关于一个国家元首如何行为举止失格的故事，也是关于谣言如何在群众中散播的故事，还是关于权贵阶级以及普罗大众对于外貌的迷恋的故事，但更重要的是，这是关于符号与社会地位的权力的故事。

坐拥王冠

然而具有讽刺意味的是，虽然玛丽·安托瓦内特被大家当成法国大革命前的标志性人物，但她甚至都不是法国人。她于1755年11月2日出生于维也纳的哈布斯堡王宫。作为一个奥地利人，她在氛围并不友好的法国凡尔赛宫里被贴上了"多疑""不受待见"以及"卑贱"的标签。当时的奥匈帝国在其铁腕女王[①]，也就是玛丽的母亲玛利亚·特蕾莎高压严酷的统治之下正在慢慢地向外扩张，玛

[①] 其时，奥匈帝国尚未完全形成，玛利亚·特蕾莎应被称为奥地利大公、匈牙利女王、波西米亚女王。但为尊重原著，以下译文沿用"奥匈帝国""女王"等说法。——译者注

利亚在当时的欧洲是最有权势而且最难对付的君主之一。她有16个孩子，以至于她曾经声称，如果不是因为不断怀孕的话，自己一定会亲自披挂上战场。她毫不避讳地把她的孩子们比喻成整个欧洲版图上的棋子，这些孩子就像是她的附属品一般，对她又爱又怕。她的丈夫，神圣罗马帝国的皇帝弗兰茨一世虽然与妻子和孩子们相爱有加，然而他更多地沦为了女王的摆设。

正是玛利亚·特蕾莎女王坐镇哈布斯堡的王座，掌管着奥匈帝国的最高统治权，这是大家都深信不疑的事实。玛丽·安托瓦内特的母亲并不是一个彻头彻尾的坏人，相反，她是一位开明的专制者，就像是俄罗斯帝国的叶卡捷琳娜大帝一样，她发起了一系列的改革措施，其中就包括推行广泛的教育制度，废除了中世纪以来的农奴制度。但需要指明的是，这些改革措施的施行并不是因为她真心体恤人民，相反，她只是一位残酷的统治者。虽然她能够看到当下社会发展的趋势，但她从未动摇过自己对于专制主义治国的信仰——玛丽·安托瓦内特从她母亲那里也继承了这个信仰。

玛丽·安托瓦内特是玛利亚·特蕾莎女王长得最漂亮、但其他地方也最不引人注目的女儿。她没有她母亲那样的成为统治者的天赋，更别说组建政府了。除了没有远见以外，她也缺乏具有威慑力的庄严。

这个几乎被大家遗忘的第十五个孩子受教育的水平也不高，后来的人认为她除了音乐和舞蹈之外没有任何一技之长——这个结论的准确性还值得商榷。大家这样评价玛丽·安托瓦内特："她没有一直跳舞，但是她总是在错误的时间跳舞。"①

　　她一直都无忧无虑，也很美丽动人，但是没有人把她当作重要的人。她的母亲尤其看不起她，虽然她的生活被母亲完全主宰着。安托瓦内特有那么多年长而且聪明的兄弟姐妹，所以她一直都被大家所冷落，所忽略，直到有一天，她有一个姐姐突然患上天花而死去，在她母亲的棋盘上留下了一个空格，她的命运才发生了转机。在历史上，法国与奥地利是世仇。在17世纪中期，他们与其他一些彼此不对付的国家一起发动了一场旷日持久的战争，即历史上著名的"七年战争"。随着战争的结束，法国与奥地利在战争中结成的临时同盟也面临着土崩瓦解，在那时，奥地利需要一个长期稳定的方式来加强与法国之间的友好关系，例如一场政治婚姻。哪怕新娘只是一个半文盲的孩子，玛利亚·特蕾莎也不会去忽视政治婚姻的好处。而且不管公主是否有主见甚至缺陷，她生下来就应该要服从母亲。②因此，这位非常年轻、迷人而且涉世不深的公主被送到了也许是地球上最后一个她可以称之为"家"的地方：凡尔赛宫。

凡尔赛宫里货真价实的家庭主妇

　　1770年4月，14岁的安托瓦内特带着行李，坐船启程前往法

---

①　卡斯梅尔·斯特伊恩斯基：《18世纪——皇冠》（修订本），Forgotten Books 2013年版。

②　安东尼娅·弗雷泽：《玛丽·安托瓦内特：旅程》，英国凤凰出版社2001年版。

国。在那里，她将要嫁给法国国王路易十五那愚蠢的外孙，王位继承人，唯唯诺诺的路易十六。临行前，她的母亲告诫她要不惜一切代价去讨好国王和他的外孙，以及整个法国宫廷。

　　玛丽到达两国交界的地方时，举行了一场小型的典礼。法国的公使在那里迎接玛丽的到来，同时立即除去她所有的随身物品，从她的衣服、宠物到贴身随从和随身的纪念品。这一切都被换成了法国的东西，这也象征着她正式成为法国人，不再是奥地利人。①

　　不幸的是，这个做戏般的转化仪式并没有起到太大的作用。让人觉得讽刺的是，玛丽·安托瓦内特变成了浮华、奢侈以及卡通化女性的代表。当她离开维也纳的时候，她的形象就是一个假小子。实际上，虽然玛利亚·特蕾莎频繁地写信给住在凡尔赛宫的女儿，警告她要为了法国人打理好自己的容貌，但是特蕾莎最喜欢的安托瓦内特的肖像画却是她穿着一身猎装即将出发去打猎的画。简单的穿着以及假小子般的行为举止在维也纳是可以被接受的。玛利亚·特蕾莎说："简单的衣服更加适合具有崇高地位的人。"②在维也纳，能表现出权力和尊贵的外表比华丽的外表更加重要。

　　凡尔赛宫则恰恰相反。人们将值钱的玩意都穿在身上。你可以通过一个人头发的高度来判断这个人的地位，当然他们穿戴的珠宝的大小也会是一个重要标准。这不是一个新的趋势，珠宝一向都是

---

① 安东尼娅·弗雷泽：《玛丽·安托瓦内特：旅程》，英国凤凰出版社2001年版。

② 戴维·格鲁宾：《玛丽·安托瓦内特和法国大革命》，PBS出版公司2006年版。

用来展示财富的，而财富通常又是权力的象征。历史上所有禁止奢侈的法律（不管是用来规定谁能够穿紫色的布料，还是规定什么阶级的人才有资格拥有一枚订婚戒指，等等）都是用来在视觉上划分不同的经济阶层的。

但是正如他们做的其他所有事情一样，凡尔赛的习俗带来了疯狂。在某种程度上来说，他们将那些禁止奢侈的传统完全颠倒了过来：与其说是财富决定了资产，倒不如说是资产和他们无休止的炫耀影响了社会地位。

整个凡尔赛宫都充斥着一些根深蒂固的文化与氛围，包括明显的铺张浪费、八卦以及"邪恶的阴谋"。即使本来并没有什么实际的阴谋，但大家还是会发明一些阴谋。记住，当时的统治者与权贵阶层都是那些最无所事事的人。他们还能通过什么其他的方式来打发时间呢？看起来并不会是治理国家这样的工作。

从某种意义上来说，凡尔赛宫的人们发明了上演真实剧目的电视机——当然，并不是我们现在看的电视机。这更像是上演戏剧的剧院。玛丽·安托瓦内特每天早上都需要在无数的陌生人与熟人面前穿上她的华服，其中有一些幸运的人会为她选择穿什么衣服。她还需要在路易以及其他人的陪伴下面对着一堆观众进餐。她在寄回家的信中抱怨，她完全没有一刻是属于自己的，哪怕仅仅是涂个唇膏也是由仆人来帮她完成。

这位奥地利血统的公主认为，凡尔赛宫里面这些奇怪的、近乎于暴露癖的社交行为非常荒谬，她在公开的场合也这样对别人说。

但是她也许找错了抱怨的对象，她的这些言辞举动让她备受孤立，连之前别人对她仅有的一点点好感与支持也都没有了。她唯一的一个奥地利朋友——从维也纳来的一个导师，还是她母亲派来监视她一举一动的间谍，会向女王报告她所有的过错。

她的母亲在无数封信件里要求玛丽·安托瓦内特要向她周围的法国人学习，衣着要更加得体，举止要更加有度。她提醒女儿要时时观察法国那些看似愚蠢的风俗习惯，也要与那些年长的皇家贵族女性结交朋友——正是她们制定着宫廷的礼数。其中最为重要的要求是，玛丽·安托瓦内特要停止在公开场合嘲笑国王那淫荡愚蠢的情妇：杜贝里夫人。

这其实是她早年所犯的最大的错误之一。虽然除了路易十五国王之外没有人能够忍受曾是演员的杜贝里，然而她与国王就好像是黏在了一起一样如胶似漆。在宫里的其他人都知道这一点，所以都会很有礼貌地对待这位得宠的情妇。但是玛丽却发现这位杜贝里夫人举止怪异，又特别容易被国王那些尖酸刻薄的姐妹指使去做一些很无聊的事情。当玛利亚·特蕾莎女王得知她的女儿在这个事情上正在犯着一些原则性的错误时，随即要求她立即改正，再次提醒她最重要的任务是通过各种社交手段来取悦法国人，从而让奥地利的国家利益最大化。

玛丽·安托瓦内特的一生注定是悲剧的。她非常想家，在法国又被大家嫌弃。大家都把她叫作"奥地利女人"，后来又把她叫作"鸵鸟贱人"。这是法语里面的一个双关语，用来嘲笑她以非法国出身的身份来太过用力地取悦法国人，尤其是她通过选择法国的穿戴让自己看起来更像是法国人以后，大家更是肆无忌惮地嘲笑她。此时，她的丈夫路易十六除了做出甜蜜的样子外，大概也不会做其他的事情了。有史料这样形容他：他的举止并没有威严的王者气度，他看起来就像是一个农夫，在他的犁后面摇摇摆摆地走着。①他对于治理国家没有太大的兴趣与热情，他的社交技能也非常欠缺，更加奇怪的是，他对女孩也没什么太大的兴趣——至少对他那万里挑一的新婚妻子是没有兴趣的。除了那些必须参加的宴会与派对之外，他最迷恋的东西是造锁具与钥匙。是的，这不是开玩笑。

　　路易对他的祖父说，他深深地爱着自己的新婚妻子，只是需要多一点时间来克服自己的羞涩之情。②一开始大家非常惊讶地发现这桩婚事并不成功的时候，他的祖父（本身也是一个臭名昭著的好色之徒）坚持让路易自行处理这些事情。然而7年过去了，路易十五已经去世，路易十六继承了王位，这桩婚事仍然保持着最初的状态。路易十六在这7年间没有床笫之欢的原因也许永远都会是个谜，但是根据著名的传记文学家安东尼娅·弗雷泽的记载，路易十六确实有很严重的性方面的问题。于是这个问题便成了传遍凡尔赛宫与巴黎的八卦主题：他是同性恋吗？或者王后是同性恋？他是阳痿

----

①　戴维·格鲁宾：《玛丽·安托瓦内特和法国大革命》，PBS出版公司2006年版。

②　简·梅瑞尔、克里斯·菲尔斯特鲁普：《婚礼之夜：一段大众的历史》，普雷格出版社2011年版。

么？或许是王后的问题？当时人们都认为奥地利人有着性冷淡的传统。这些推测、谣言、八卦与当下明星们的私生活受到密切关注的程度相比，都是有过之而无不及。

路易十五在1774年突然去世，这也是玛丽·安托瓦内特到达凡尔赛宫的第四年，仍然是处女的她与她那懦弱的丈夫一同被加冕，成为王后。新的国王经常祷告："主啊，请保佑我们吧。我们还太年轻，无法承担治国的重任。"[①]

别废话。

形势立即开始变得糟糕。仅仅在数月之后，第一次著名的"面包暴动"在巴黎爆发了，在经历了农田连年颗粒无收之后，饥饿的农民聚集到一起要求政府救助。这个孤独的15岁女孩处于内忧外患的威胁之中，受困于失败的无性婚姻，甚至连呼吸都被母亲用信件牢牢地把控着，在这种情况下，她还能做什么？

摇滚歌星一般的派对

玛丽并没有实际的政治权力。实际上，除了展示魅力以外，她没有真正的职能。不管她做什么，她都会被声讨、被嫌弃，人们会认为她不育，说她性冷淡，甚至传言她一直都在和别人通奸。

她还被认为是奥地利派来的间谍——从某种程度上来说，这样

---

① 安东尼娅·弗雷泽：《玛丽·安托瓦内特：旅程》，英国凤凰出版社2001年版。

的说法是对的，虽然她最后证明自己并没有这样的能耐。她不是谍报女王玛塔·哈里，她的丈夫又很少抛头露面，所以她也很难发挥应有的裙带关系的作用。因此，奥地利人也并不把她放在眼里。最终，她成了一个失败者，虽然她的母亲一再提醒她不能失败。

于是玛丽开始做任何一个不开心的、没人管教的十五六岁富家小女孩都会做的事情：忽略那些反对者，开始流连于各种派对，一个接一个，无休无止。事实上大概有五六年的时间，她从不回家，因为派对永不落幕。作为一个缺乏关爱、备受欺辱的少女，她学会了反叛。根据历史学家西蒙·斯卡马所说，她开始拒绝听从阿姨的话，虽然所有皇宫的礼节都是她的阿姨制定的。①借着她的好朋友，朗巴勒公主的支持，她对于朝廷上任何人对她的指责或者非难都一笑而过。传记作家安东尼娅·弗雷泽声称她在补偿之前所受到的伤害，而西蒙·斯卡马则说，她的行为其实非常幼稚、不成熟。她用派对和花钱来慰藉她那颗孤独的心，让自己暂时脱离那些凡尔赛宫里日复一日都在上演着的危险游戏。但是她从来没有问过谁会来负责这些账单，以及他们会如何来支付这些账单。

许多关于玛丽的故事都在讲述她挥霍败家的恶劣行径，夜夜狂欢，迷恋华服等，这些故事都是真实的。但是这些故事只占她从16岁到22岁这一段人生经历中很小的一部分。她与丈夫之间的关系一直都很融洽、温暖，她也逐渐长大成为一个专一的母亲。作为一个

---

① 戴维·格鲁宾：《玛丽·安托瓦内特和法国大革命》，PBS出版公司2006年版。

成年人，她在家庭生活之外都在做一些温暖人心的慈善工作，并且支持艺术的发展。虽然出于政治或者经济的原因常常被忽略，但实际上在她大部分的生命中，她仍然是一个善良的母亲，一个好人，**也是一个没什么用但也没有害处的王后。**

但是当她坏起来的时候，她也会变得非常可怕。她那青春期的叛逆最终也是要付出代价的，她付出的代价便是丢掉了她的后冠，甚至付出了性命。她不分昼夜举办的派对在历史上流传了好几个世纪，她把当时在法国很流行的有1英尺高的蓬皮杜发型加到了3英尺，还把鸵鸟的羽毛和珠宝放在发冠上作装饰，有一次她甚至将一艘军舰的模型放在了头发上面。虽然整个凡尔赛宫里的人都对她这荒诞不经的发型翻着白眼，然而他们却拼了命地想要去模仿她。

而此时玛丽的母亲，这个曾经热切地希望她的女儿能够融入法国人的圈子并且取悦他们的女王，开始劝阻女儿不要表现得如此幼稚，此外，不能忽视法国人民对于经济民生问题的关注。

特蕾莎在很多信件里面警告她的女儿说：让大家变得跟我们一样是你独有的才能，你可以继续坚持。[①]同时特蕾莎也警告说，玛丽那些愚蠢的行为，包括与朋友们一起放荡嬉戏，完全忽视凡尔赛宫里的朝廷大臣，挥霍无度以及将每一个艺术家的作品都用高价买下，等等，这些行为也许会因为她还是一名少不更事的女孩而被原谅，但她最终是会对这一切付出代价的。她母亲总是有不祥的预

---

① 戴维·格鲁宾：《玛丽·安托瓦内特和法国大革命》，PBS出版公司2006年版。

感……

就像之前所说，玛利亚·特蕾莎拥有的聪明与政治敏锐正是她的女儿所完全缺乏的。她曾经写道，玛丽正在迈向灭亡。[1]同时她也非常生气，她的女儿除了打扮之外没有任何拿得出手的才能，甚至连引诱她那同样只有十几岁的丈夫都不会。这到底有多难？毕竟这是她被送到法国后唯一需要完成的任务。经过了7年的婚姻生活，他们终于开花结果，玛丽生了一个女儿，并也取名叫"玛利亚·特蕾莎"。从此，玛丽立即停止了之前那些派对女孩的所有行为——目中无人、烧钱挥霍，等等。

她迷上了一样新东西——简单的生活。

让他们吃蛋糕吧

让我们暂停一下，来看看凡尔赛宫那些复杂的文化。脱离了他们所处的环境来讨论象征与标志，是很抽象的。玛丽变成了一个符号，而"项链事件"又变成了玛丽这个符号的符号，或者说是她的统治走向衰败的符号。要真正了解这个符号的内涵，就需要更加深入地了解当时的大环境——法国人的愤怒情绪充斥着整个社会。

正如我之前所说，凡尔赛不是维也纳。玛丽·安托瓦内特拥有一段和其他王室成员一样的标准的童年时光。奥地利王室家族以及

---

[1]　戴维·格鲁宾：《玛丽·安托瓦内特和法国大革命》，PBS出版公司2006年版。

整个宫廷相对来说都比较低调。对于一个公主来说，玛丽成长的环境并不是特别压抑，甚至可以说是比较随意的。宫廷里的政治归政治，王室成员的私人生活归私人生活。那些正式的礼节只是在某些特定的场合才需要遵守，因为以实用主义为上的玛利亚·特蕾莎女王自己都很讨厌这些繁文缛节。整个王宫有两个楼翼，有点像白宫的布局：其中一个是用于办公的，另外一个则是王室成员居住的地方。玛丽出生的霍夫堡宫是现在奥地利总统居住的地方。

凡尔赛宫则不同，里面有无数的镜面墙壁[①]、切割水晶以及鎏金装饰，它是18世纪最奢华的荣耀之地——已经不能用"奢华"和"浮夸"来形容——这不是一个人的幻想，而是整个国家的讽刺剧。[②]在那个时候，法国的文化对于财富与权力的炫耀是高于一切的。最终，这样的风气导致了更加严重的问题，那就是大家把表面的现象与实际的情况画上了等号。奥地利王宫也许在豪华的程度上不及法国的王宫，但是哈布斯堡家族用权力与影响力弥补了其在外表上的不足。如果维也纳是华盛顿特区的话，那么凡尔赛就是好莱坞——拥有这个浮华之城的所有光鲜与亮丽。

当然，奥地利是18世纪的君主制国家，君主制生来就是有层级且不平等的。但是跟法国不一样，奥地利有工人阶级以及一个实干

---

① 在17世纪，一面镜子需要完好的玻璃以及珍贵的箔来衬底。一块巨大的镜子在当时是富裕阶层才能享用的奢侈品，并不是像墙纸那样随处可见，除非你住在凡尔赛宫。

② 值得一提的是，当今的奥地利总统住在霍夫堡宫，而最近想要使用凡尔赛宫用作旅游之外的用途的公众人物则是美国名媛金·卡戴珊。

型的政府。相比而言，社会与经济的不平等则是法国社会很严重的现象。这样的社会阶层结构并不是由玛丽发明的。二者八竿子打不着。法国在几个世纪里都运行着名为"三个等级"的系统：第一等级是神职人员，第二等级是贵族，第三等级则是平民。

历史学家西蒙·斯卡马指出："法国最根本的问题是整个国家的政体过于老旧，已经跟不上时代的发展了。"[1]三个等级所代表的三个群体是完全不平等的，这种"代表"本身是有问题的。三个等级及其代表的不平等的群体几百年以来并没有坐下来商议过任何事情。权贵阶层决定所有的事情，而其他人没有权利反对。大量的财富和权利集中在少数人的手中。这样的社会现状在当时是被广泛接受的，而且也是根深蒂固的。那么给第三等级的人留下的是什么呢？只有很少的东西。与奥地利不同的是，法国没有工作的阶层，只有饥饿的阶层。在某种程度上来说，第三等级只是勉强维持了几百年的光景。

然而一切都变了。应该说，情况变得更加糟糕。从"太阳王"路易十四开始，到不幸的路易十六与玛丽·安托瓦内特王后为止，法国贵族们无能的传统已经失去了控制。所有的东西都加以豪华的装饰，珠宝时常从贵族们那3英尺高的头发上掉下来。甚至有一个有名的故事[2]是说，玛丽花了非常高昂的价格做了一双镶有珠宝的

---

[1] 戴维·格鲁宾：《玛丽·安托瓦内特和法国大革命》，PBS出版公司2006年版。

[2] 这故事也许是编造的，也许不是。

缎面鞋子去参加派对，然而第二天这双鞋子便坏了，成了碎片，这使得玛丽非常愤怒。当她把吓得不轻的鞋匠叫到跟前，并且要求他解释为什么如此昂贵的鞋只穿了一次就坏成碎片的时候，鞋匠看着她，结结巴巴地说："这……夫人……是因为你穿着它们走路的缘故。"每天晚上都在举行着浮华的派对，派对上只吃了一点点的蛋糕甜点就被悉数扔掉。一些农民家的小孩子被关在高处的小屋子里，这些小屋子的地板上有很小的洞。这些饥饿的孩子需要从洞里撒下白面粉，在美丽的主人们从一个房间走到另外一个房间的时候用来装饰他们的假发。

末代国王与王后经历了一系列严酷的冬天以及短暂而潮湿的夏天。庄稼几乎没有收成，那些仅有的粮食还经常因为发霉而不得不被扔掉。牲畜也被冻死了。人们都在忍饥挨饿。瘟疫在村庄里肆意蔓延。第三等级的人生活在最底层。

与此同时，一项新的产业迅速地发展起来，我们把它叫作"小报传媒公司"。在伦敦和荷兰诞生了这样一批专门发行用政治漫画来揭露秘密和丑闻的报纸公司。一个习惯于憎恨的奥地利女王；一个可能是残疾的不称职的国王；法国花了大量的金钱来支持美国独立战争，就是为了打击法国最为鄙视的国家：英国。所有的这些故事被整合起来并加以耸人听闻的标题，就变成了极具煽动性的阅读材料。在法国大部分的历史中，三个等级的划分以及他们之间严格的等级制度都是被大家所认可和接受的。但是到了18世纪80年代，最后的三任君主将法国经济的不平等、过度的浮夸以及铺张浪费这些传统发扬到了近乎变态的高度，这些故事被新出现的媒体用夸张的手法加以报道，从而让不满的情绪在人群中悄然发酵，最终变成了民众公开的反对与抗议。

简约生活

玛丽·安托瓦内特穷其一生都在持续购买艺术品，积极地支持着艺术的发展。虽然她很少过问政事，但是她很热衷于各式各样的慈善活动，有的是她创办的，有的是她竭力支持的。但是随着她第一个孩子的到来，以前的玛丽消失不见了，那个光彩夺目的，成天都在有着绚丽烟花、珍禽异兽以及香槟喷泉的派对上饮酒作乐的玛丽不见了。路易给了她一个小小的行宫：特里亚农宫。特里亚农宫是由他的祖父为一个情妇建造的，这里最终成了玛丽最主要的住所。她将特里亚农宫改造成了乡村风格。她在那里和她的孩子们、闺蜜们以及客人们一起度过了大部分的时间。他们在那里摘花、野餐，和绵羊一起玩耍，沉浸在这时髦的、受到卢梭思想启迪的简约生活方式中。虽然她仍然会举办派对，但都是些小型的精致的派对，只会邀请最爱的和最亲近的人参加（有趣的是，但或者也许没那么有趣的是，她的丈夫只是偶尔才会被邀请）。你也许会说她人为地创造出了虚无的简约生活方式，其实她花的钱并不见得比之前在凡尔赛宫花得少，但是我还是要指出，在特里亚农宫里生活的玛丽·安托瓦内特与绝大多数人心目中的形象还是非常不一样的。

玛丽在特里亚农宫的隐居状态激怒了凡尔赛宫里的很多人，但其中最主要的原因却是他们没有被邀请参加玛丽举办的派对。毕竟所有的人都想成为其中最尊贵的客人，即使他们并不喜欢这些派对的主办者。玛丽身上唯一没有改变的特征就是对礼节的不屑一顾。最好的例子就是她拒绝在宫中逗留，也从不邀请那些重要的朝臣去她那田园般的居所——特里亚农宫，就像她拒绝顺从并且非正式地废除了那些在凡尔赛宫里存在已久的传统，比如在公开的场合下当着一群人吃喝或更衣，又比如任何一个人都可以来窥探她和她丈夫之间的窃窃私语。

作为一个始终走在潮流尖端的弄潮儿，她决定要将华丽优雅的衣着变成她流芳百世的标签。她开始戴帽沿宽大的帽子，穿舒适、宽松的长袍，用一根丝绸的腰带绑在腰间加以装饰。此时她身上的珠宝却变少了。跟以前一样，周围的人依然无休止地对她翻白眼、抱怨。然而这一切都无法阻止大家去模仿她，这跟人们总是去模仿自己讨厌的明星是一个道理。

与波旁王朝一起继续前行

人们为什么要做这些事情？那些模仿与竞争的动力来自哪里？嫉妒从某种意义上来说与地位性商品是一对"邪恶的孪生姐

妹"。①前文提及，也许你手指上的订婚戒指是你对于地位性商品追求的最高目标，但是别忘了你还有车，有高档的衣服，有房子，还有你购物的商场，它们是不是地位性商品呢？如果你的经济与社会地位都被地位性商品所约束，又会怎样呢？

康奈尔大学的教授，经济学家罗伯特·H.弗兰克在2011年出版的《达尔文经济》一书中探讨了这个问题。他的结论引导出了一个名为"支出瀑布"的模型——"我们不仅仅想要同与自己社会地位相同的人并肩同行，我们更想超越这些人"②，一个支出瀑布就好比军备竞赛一样。每一次购买行为都必然会有更强的回力，就像用不断增加的力道打击乒乓球，让它来回弹跳那样。跟赛马一样，人们在拼命地奔跑来竞争名次。毕竟是最适合的人才能"生存"，那些差不多适合的人就会遭到"淘汰"。人们基本上都是硬着头皮在竞争着。一个女人有一串钻石项链，她的竞争对手有一串钻石更大颗的项链。作为回应，于是第一个女人又戴了耳环。第二个女人需要更大的耳环。最终，完全买不起钻石的第三个人被迫也要去买一些珠宝加入到这场竞争当中来。这样的行为像野火一般烧遍了整个

---

① 地位性商品在经济学理论中意味着人们拥有的那些没有实际价值的炫耀性商品。它的价值只能在与其他人拥有的类似商品进行比较时才能体现。换句话说，你戴的1克拉的钻石看起来闪闪惹人爱，但当你看到你的朋友戴了2克拉的钻石时，你的钻石的价值顿时就黯然失色了。地位性商品很有趣的地方就在于，它会让我们觉得，我们需要同伴以及更优秀的人。

② 丹·阿里利、阿林·格鲁内森：《贪婪的代价》，《科学美国人》2013年第11、12月刊。

社会，以至于每个人都不计后果地奔向财政悬崖。还记得郁金香的故事么？

丹·阿里利和阿林·格鲁内森这样描述支出瀑布："这样的行为链条会导致所有阶层的人的消费支出远远超出他们实际的收入，导致负债的增加而最终破产。"[①]美国2008年金融危机的爆发有很多原因，但是消费者的支出瀑布以及借贷收支的失衡则是那次危机最主要的原因。支出瀑布也构成当时凡尔赛社会与经济模型的主要动因，甚至整个巴黎在一定程度上也都是如此。[②]他们将国家一步步推向了破产的边缘。当玛丽从无休无止的官中派对中抽身而出之后，那些想要与社会金字塔尖的权贵们拉近距离的疯狂的欲望却并没有停止。换言之，她从凡尔赛宫的社交活动中撤退让那些疯狂的欲望变得更加糟糕。

在特里亚农宫时期之前，那些复杂的礼节至少是被大家理解与接受的。但是后来王后改变了游戏规则。在那之前，每个人都知道要做什么来保持时尚权威以及被尊崇的形象。大家都在大把地花钱让自己看起来很有钱又有闲，用珠宝装点自己继而出现在派对上。然而，当那个在社会阶层金字塔顶端的女人突然离开了那个位置，她除去了华服，摘下了假发与珠宝，换上了稻草编织的帽子以及长

---

① 丹·阿里利、阿林·格鲁内森：《贪婪的代价》，《科学美国人》2013年第11、12月刊。

② 只不过美国不像那时的巴黎，还有那么多连吃的都买不起的人。

袍，她还将这种寒酸的穿着称为"时尚"，那么，她真的是在引领潮流吗？或者说，这是她在向往着童年时代无拘无束的宽松环境吗？没有人知道。也许她还没有真正地表现出来，也许她只是单纯地憎恨凡尔赛宫中的生活，也许她是真的喜爱绵羊以及田园生活。

真正要命的是，那些一开始就不喜欢玛丽的权贵此时对于玛丽的转变更加困惑，他们觉得玛丽的做法背叛了他们一直以来对于波旁王朝忠心耿耿的追随，因此他们变得愤怒无比。后来，甚至连农民也对这个荒谬的竞争感到非常失望与生气。

肮脏的法式小册子

写玛丽·安托瓦内特最著名的传记作家安东尼娅·弗雷泽女士写道："为什么大家要杀死王后？"弗雷泽坚持认为在法国以外的地方，哪怕是在法国雅各宾派进行统治的时期，也没有人希望法国人民处死王后。大家也许更愿意流放她，而不是杀死她。为什么大家要将大革命与她的死联系在一起？

她其实没有任何的实权，生活在法国将近20年的时间里，她没有做过任何实际的有关政治的决定。她的工作仅仅是繁衍后代。最终，她那行为举止奇怪的丈夫还是让她如愿以偿。我们也没有理由因为彼时才十几岁的她成天花费皇宫的钱举办派对而指责她，哪怕是她的高消费让法国陷入了经济危机。这场风暴其实已经酝酿近半个世纪的时间了。但是随着税负的不断增加（一部分被她丈夫用来支持美国独立战争①），人们连土地也都没了，恶劣的天气让庄稼的收成也变成了一场灾难，与此同时，好像全宇宙的人都在严厉地指责王后。人们痛恨政府，这不难理解。但是王后是如何变成替罪羊的呢？街边小报并不是其重要的原因。根据西蒙·斯卡马的说法，当时有另外一种影响很大的半合法、甚至可以说是完全不合法的走私"小册子文学"的生意，这些小册子来自荷兰、伦敦以及瑞士。②有一些新成立的公司专门靠制造、销售这些刊登丑闻的小册子来盈利。他们靠嗅探甚至杜撰一些故事来损害名人的形象，尤其是那些住在凡尔赛宫里的波旁王朝的王室成员们。他们将谣言和小道消息作为"事实"的来源，同时加入大众的观点又反过来宣传给大众，就像是奇异屋里的镜子一样，只不过更加扭曲与夸大。他们不仅将王室成员描绘成一帮好吃懒做、荒淫无耻之徒，还更加激进地将民众对王室成员的公开批评变成一项普遍合法的行为。

小册子文学，这个名字优雅的出版物很快便传遍了整个巴黎，整个法国，甚至到了其他的一些欧洲国家境内。这些所谓的小册子主要的内容是漫画（有的有图说，有的没有）；这些漫画充斥着描述统治者们是如何粗俗、淫荡以及无礼的内容。

这些内容异常恶毒，大多数是诽谤，然而皇室成员即使知道却

---

① 路易十六为美国独立战争提供枪支弹药。具有讽刺意味的是，哪怕他的国家处在水深火热之中，他也拒绝停止这样的行为。他主要的目的是要削弱英国的势力，次要目的是要摆脱软弱无能的对外形象。

② 戴维·格鲁宾：《玛丽·安托瓦内特和法国大革命》，PBS出版公司2006年版。

也没有任何的能力来阻止他们传播，哪怕国王已经明确下令要手下试图停止这些恶意的诽谤也没有作用。[1]但是这已不仅仅是地方性的问题了，它已在国际上传播开来。

得益于先进的印刷工艺，这些攻击变得无休无止，因此人们也越来越喜欢看这些内容。国王被描绘成一个蠢钝如猪的胖子，吃光了整个法国的食物。大家还嘲笑他，说他阳痿，是王后给他戴了绿帽子，所以他对待自己的孩子就跟对待畜生没什么两样。然而，王后却还是人们攻击的主要对象。在此前长达10年、20年的时间里，王后在小报的描述里都是时尚偶像。但小册子文学却描述她醉心于非凡的细节与怪诞的场景，从叛逆、亵渎、乱伦以及变态等各个角度来写所有的故事。

在漫画里，她被描述成一个不信仰上帝的、肥胖而贪钱的人，而且成天都在她那没用的丈夫耳边煽风点火，从最核心的部分摧毁整个法国。大家都把历史上最为臭名昭著的建议——让饥饿的农民"吃蛋糕吧"——归功于玛丽，但其实这是不对的。这个说法是路易十四的妻子玛格丽特·特蕾莎提出的。安东尼娅·弗雷泽说："这个说辞是非常冷酷而且无知的，而玛丽·安托瓦内特并不是这样的人。"

仅仅从财务的角度上来说，往火里扔一个汽油炸弹永远都是一个好主意，小报也深知刊登并且嘲讽王后全新的田园生活会更进一

---

[1]　戴维·格鲁宾：《玛丽·安托瓦内特和法国大革命》，PBS出版公司2006年版。

步地激起农民们的愤怒之情。

那是一个将神圣不可侵犯的君主往人性化方向转变的时代的开端。新兴的媒体将王子从天上拽入人间甚至是下水道，这样的舆论踩踏不仅让他们变得非常脆弱，更是把他们变成可有可无的对象。这是符号作用的反面：符号不仅仅与一个事物有价值的一面有关，它与事物没有价值的一面也是相关的。通过将君主刻画成荒谬的满身缺点的形象，这些街头小报实际上向大众传递了这样的信息：君主以前高高在上、不可撼动的权力实际上是可以被动摇的。

历史学家钱塔尔·托马斯指出："玛丽·安托瓦内特成了替罪羊。人们把所有的错都归罪于她。民意与舆论，这个新生事物一开始就展示出它所具有的强大力量，甚至可以创造一个全新的世界。"①当然，在人类历史上，通过画画来讲故事、描述世界的行为很早就有了。但是用那些让人愤怒的揭露隐私的报道来攻击统治阶级的生活则是前所未有的，这样的情形又与当时印刷媒体的飞速发展以及国际上极易让愤怒、轻视情绪爆发的大环境是密不可分的。

悲惨的王国

玛丽认为她在特里亚农宫找到了属于她的庇护所：虽然这是一座昂贵的、人工造的庇护所，但这始终是一座庇护所。一座人工

---

① 戴维·格鲁宾：《玛丽·安托瓦内特和法国大革命》，PBS出版公司2006年版。

造的村庄拔地而起，里面有河流、小溪与池塘，茅舍与小鸟点缀其中。草地上种着许多美丽的花，绵羊在其上散步，它们的脖子上系着蓝色的丝绸绑带。这景象简直就是法国乡村版的迪士尼乐园。

根据历史学家艾芙琳·乐福的说法，玛丽曾经说道："我只有在特里亚农宫才能做我自己。我不再是一个王后。"[①]这是多么迷人的感触啊，然而这是不切实际的。很不幸的是，她仍然是一个王后，哪怕当她完全走下宝座，离开凡尔赛宫，到特里亚农宫里过上不谙世事的田园生活之后，她被外界憎恨痛骂得更加厉害。

当法国郊外的农民看到漫画上对特里亚农宫的描述之后，他们感到异常的恶心。他们并不是唯一有这样感觉的人。那些权贵阶层，没错，就是那些之前还在模仿玛丽3英尺高的发饰以及钻石装饰的鞋子的人，同样对她深恶痛绝。

他们在玛丽的背后模仿她，同时又觊觎他们永远都没有办法收到的邀请函。谣言与不满开始一起沸腾。那些荒谬的故事在普通老百姓中也在大肆地传播，因此大众对王后的憎恨程度甚至超过了对权贵阶层。当然这并不是因为平民被王后的派对拒之门外，他们也从来没有奢望过要进入她的贵宾包房。这主要是因为，王后在宫里用人民的血汗钱模仿他们实际上非常劳累的生活方式。然后就发生了"项链事件"。

---

① 戴维·格鲁宾：《玛丽·安托瓦内特和法国大革命》，PBS出版公司2006年版。

恶劣的关系

路易十五（路易十六的祖父）委托法国的珠宝商"伯玛和伯森"设计制作一条真正美丽而且独一无二的钻石项链，他打算把项链送给他的情妇杜贝里夫人。这位夫人尤其喜爱珠宝，宝石越大她越喜欢，所以这个珠宝商花了好几年的时间才找齐了创作这条项链需要的2800克拉的钻石。但路易十五并没有付预付款，因为众所周知，他是国王。

不幸的是，国王在项链即将完工之时去世了。此时，珠宝商"伯玛和伯森"突然发现这条耗资过亿的钻石项链竟然砸在自己手里了[1]，于是试图向当时年仅19岁的新上台的王后玛丽·安托瓦内特兜售这条价值连城的项链。正是因为她之前给人的印象就是特别喜欢漂亮的东西，所以珠宝商才觉得有信心让玛丽成为这一串巨大的钻石项链的新买家。再说了，也没有其他人有这么多钱能够买得起。

不巧的是，玛丽知道这串项链是为了她的冤家杜贝里夫人设计的，所以她对项链毫无兴趣，这让本来就已经非常绝望的珠宝商更加无望。

具有讽刺意味的是，这条项链注定是为了"荡妇"而造的——有这样一个被王后鄙视的女人，她对于玛丽来说完全就是道德败坏的代表，就像之后公众认为玛丽是道德败坏的标志那样。在上面两

---

[1] 下文会论及，这笔资金为什么不可能算出一个确切的数字。

个对别人的看法中，珠宝都代表着拥有它的主人的情绪、性格以及所有的过失。在这个过程中，项链已经开始了从宝石向标志性符号的转换。

这个女人本名叫珍妮·圣-雷米，被称作拉莫特夫人。虽然出生于一个贫穷的农民家庭，但是珍妮一向对外声称她出身贵族家庭，因为她的父亲是亨利二世私生子的后代，这样的非法婚姻生出的后代自然是不会被王室和法律所承认的。但是她利用了这个事实以及她与生俱来的魅力，嫁给了一个级别比较低的贵族尼古拉斯·拉莫特，从此进入了凡尔赛宫。

珍妮最强烈的愿望就是接近王后并与她成为朋友。她寄希望于自己的魅力以及与亨利二世之间微弱的联系，希望在王后的社交圈子里找到属于她的一席之地。平时她能不能见到王后都很不确定，哪怕见到了，王后对她也是完全无视。因此，当绝望的珠宝商带着那串项链在宫里出现，抓住每一个可能的机会向王后推销项链的时候，珍妮看到了一个新的社交机会。

拉莫特夫人在本质上是一个骗子。跟每一个成功的骗子一样，她需要一个容易上当的人。于是，她找到了她的目标——红衣主教罗昂。罗昂是一名王子，他出生在法国一个最为古老而且富有的贵族家庭。在成为红衣主教以前，他在法国政府担任一些重要的职位，但这完全是因为他的高贵出身而并非他有什么杰出的才能。他自负又愚蠢，为了出名可以做任何事。

他绞尽脑汁想要接近凡尔赛宫社交圈里的那些重要人物，成为他们圈子里的一员。在路易十六与玛丽结婚之前，他曾经作为驻奥地利大使在维也纳住过一段时间。但当时他却做错了一件事情——极力反对路易十六的这门婚事。然而这桩婚事还是如约而至，毕竟这是玛利亚·特蕾莎女王的旨意，罗昂的反对显得如此微不足道。后来，罗昂意识到这种失礼反而让自己陷于被动，女王因此也不再信任他。

路易十五去世以后，玛丽正式成为法国的王后，罗昂主教意识到自己的地位岌岌可危，周围出现了越来越多的敌人对他虎视眈眈。戈达德·沃本在1890年在撰写关于项链事件丑闻的著作时写道："他曾经作为大使在维也纳生活，他在那里嘲笑过玛丽的母亲，玛利亚·特蕾莎女王；之后他又在凡尔赛宫批评过玛丽王后本人。"[1]

也就是说，除了早期反对玛丽嫁给路易十六之外，他还经常在公开的场合说当今王后和她母亲的坏话。沃本写道，他的这些行为遭到了王后强烈的憎恨，因为王后跟其他的年轻人一样，爱憎分明，任何情绪都会写在脸上。[2]

换句话说，玛丽也是一个刻薄的女孩，她非常清楚如何运用社交的手法来惩罚一个人。比如仅仅因为不喜欢杜贝里夫人，玛丽就能够用自己的方式对她行刑。在凡尔赛宫，社会地位就是生活。

---

① 戈达德·沃本：《著名的珍贵宝石的故事》，罗斯诺普出版公司1890年版。
② 戈达德·沃本：《著名的珍贵宝石的故事》，罗斯诺普出版公司1890年版。

当玛丽成为王后之后，罗昂停止了对玛利亚·特蕾莎的攻击，他开始意识到由于玛丽对他的敌意，凡尔赛宫里再也没有他的容身之地了，自己的前途、事业也基本上到此为止了。他对于自己被社交圈遗忘而感到绝望。与此同时，在宫里，珍妮得知玛丽公然拒绝购买那串钻石项链，而珠宝商又急于要将项链脱手。但是罗昂似乎与这一切的纷争都毫无关系，他甚至都不知道宫中究竟发生了什么事。

拉莫特夫人觉得罗昂就是那个很容易被骗的人。当她第一次接触罗昂的时候，就是利用他的关系骗走了一些玛丽王后拿来做慈善的钱。但是一直以来，她对于如何利用罗昂有着更为周密的计划。很快，她便让罗昂相信她是王后的密友之一，能够帮他修复他与王后之间冷冰冰的关系。当然她也需要一定的好处，那就是钱，她也要用钱才能疏通其中的关系。主教对此深信不疑。然而，她真正在密谋的却是一个惊天大案。主教慢慢地放下对她的戒备之心，并且将与王后修缮关系的全部希望都寄托在了她的身上；与此同时，拉莫特夫人一直在策划的事情，却是要去偷窃那串巨大的钻石项链，并且要让主教来"背黑锅"。

项链事件

拉莫特夫人获取了主教的信任之后，便鼓励他写信给王后。这是一个大胆的举动，却也是让主教更加信任她的一招妙棋（但实际上她并没有去做什么努力，因为她把主教的信都扔了）。她让自己的情夫雷多·德维莱特（另外一个骗子）伪造了王后的笔迹，以王后的名义给主教回信。他们甚至还伪造了王后的签名。但是拉莫特夫人犯了一个错误，她在书信的落款处写的是"法国的玛丽·安托瓦内特"，而在当时，王公贵族们写信是从来不留他们的姓氏的，只有平民才会留下姓氏。

这个致命的错误最终把拉莫特夫人送上了审判台。但是这个骗局还是成功地让主教上了当。人们向来都只相信他们认为是对的事情——主教欣喜若狂地认为他真的在和王后通信。他甚至都没有质疑这些回信的真实性。在这场让人震惊的骗局中，拉莫特夫人与德维莱特让罗昂相信，玛丽·安托瓦内特是真心想与他修缮关系，之前玛丽也只是因为主教太过吸引人而不得不与他保持一定的距离。主教对此深信不疑，主要原因还是在于，他真的太过自负和愚蠢，就像历史学家西蒙·斯卡马形容的那样："他的脑袋跟跳蚤的脑袋没什么两样。"[1]

主教一心认定他与玛丽之间的感情越来越好，他与这两位骗子之间来往的书信内容也越来越亲密。拉莫特夫人和德维莱特甚至要筹划主教与玛丽真实的会面。实际上，他们安排主教与一个名为妮可·德奥莉薇娅的妓女假扮的王后见面。[2]

在一个晚上，罗昂和这位假王后在凡尔赛宫花园的角落，一个

---

[1]　戴维·格鲁宾：《玛丽·安托瓦内特和法国大革命》，PBS出版公司2006年版。

[2]　至少在光线昏暗的地方，她的穿着很像王后。

名叫"维纳斯之林"的地方碰面了，当时光线非常昏暗。假王后给了罗昂一朵玫瑰花。主教单膝跪地，亲吻了她的裙摆，但是她还没来得及说话，他们的会面就被打断以至于匆匆忙忙结束了（故意制造慌乱来中断会面也是计划的一部分）。突如其来的声响让假王后假装受惊，随后就快速地跑开了，假装害怕被人发现。但是一头雾水的主教却没有看出任何端倪。

他有爱上她吗？没有人知道。他当然会表现得好像坠入了爱河一般。他更多是依靠那些书信来表达他的情感。而在最好的地位性商品——权力面前，他也是一个受害者。他不可救药地渴望能够和当今法国王后扯上关系。然而他却从来不去探究整个事情的细节，同时他也停止了对真相的质疑，最后导致他完全被拉莫特夫人玩弄于股掌之间。

拉莫特夫人完全控制了这位主教，她告诉主教，王后很想要得到一件非常特别的珠宝，就是那串巨大的钻石项链，而珠宝商正在寻找买家。尽管玛丽已经在多个公开的场合拒绝购买这条项链，但主教还是轻易地相信了拉莫特夫人的谎言。拉莫特夫人声称王后非常想得到那串项链，但是她不想让别人知道她买了它，因为当时王后正在从一个派对女孩向田园风的女孩转变形象。这是一个非常愚蠢的故事，而且是拉莫特夫人为主教编造的众多愚蠢故事中最"极品"的。当然，主教在漆黑的花园里与默不作声的妓女碰面以后，对这个故事自然也是深信不疑。

这个骗局是经典的障眼法，他们进一步说服主教以王后的名义买下这条项链，并且说王后随后就会把钱付给珠宝商。这个买卖需要一个具有皇家信用的人写一张欠条。此时的珠宝商几近破产，但他们多年的努力最终没有白费，他们得知终于有人成功说服倔强的王后购买这条项链，因而变得异常兴奋。每个人都需要相信一些事情。

所有人都按照拉莫特夫人所设计的那样去做了。珠宝商将项链交给了罗昂，他写了一张欠条交给了珠宝商，随即将项链托付给了王后的私人内侍。但是这位内侍正是拉莫特夫人的情夫德维莱特假扮的。他们一拿到项链就立即将上面的钻石摘取下来送到国外卖了，获得了一笔巨大的财富。这条项链从此就消失了，再也没有出现过。

民意法庭

这场骗局最终因为珠宝商要求偿还货款而被揭穿。他们一开始写了一封特别亲切的信给王后，说他们非常高兴王后最终还是买了那条项链。当这封信送到王后那里之后，她甚至看都没看一眼就直接把信撕碎、扔到火堆里烧了。但她后来又转念一想，让她的女仆康庞夫人去问问这个疯子一样的珠宝商到底想干吗。①康庞夫人跑去见了珠宝商，珠宝商告诉她说，因为项链在王后那里，所以她需

---

① 戈达德·沃本：《著名的珍贵宝石的故事》，罗斯诺普出版公司1890年版。

要付钱给他们，如果她现在没有那么多钱，他们也愿意再等等，王后可以晚些时候再付也不迟。康庞坚持声称王后根本不想要项链，而且项链也不在王后那里，之后仓皇地跑回去，将这件诡异的事情如实禀报王后。"她特别害怕有什么与此事相关的丑闻会毁了王后的声誉。"①这一点她想得没错。珠宝商听到康庞的话也急了，他们在想，罗昂和他的借条，以及王后最好的朋友拉莫特夫人到底在搞什么鬼？然而项链在那之前就消失很长时间了，虽然珠宝商比倒霉的主教抢先一步发现这是一个骗局，但一切依然为时已晚。

当整个事件被曝光以后，王后大怒。这倒不是因为她被那串既不属于她，她也不想要的项链"绑架"了，而是因为她被欺骗并且被利用了。她尤其对主教竟然臆想与她调情这件事感到特别生气。她觉得又一次有人玷污了她那美好的名字。但坦白说，她的名字也没有那么高贵，但无论如何，她还是跑去她那尊为国王的丈夫面前哭诉，并且要讨回公道。这一次，国王没有简单地逮捕并且处决了所有的涉案人员，而是决定将他们送去让公众审判，因此所有的法国人都可以看到他的妻子是如何天真无邪以至于受到了极为不公平的待遇。

不出所料，最终不幸的是玛丽王后，整个事件并没有像国王想象的那样发展下去。国王与王后一直等到圣母升天节，那天，主教正准备要给公众做一场弥撒，广场上人山人海，这时，国王下令让

---

① 戈达德·沃本：《著名的珍贵宝石的故事》，罗斯诺普出版公司1890年版。

卫兵当着大家的面立即逮捕主教。他被挟持着离开，被冠以叛国罪和盗窃罪。（还记得我曾经说过，玛丽一向都很擅长公开地惩罚那些她不喜欢的人吗？）

这位绝望的、愚蠢的主教最终还是搞清楚了事实的真相，他立即供出了拉莫特夫人以及她的同伙们。他哭着对国王与王后说，他也是骗局的受害者。[①]他甚至还愿意为失踪的项链进行赔偿。他还偷偷地给一个仆人传话，让其将他和假王后来往的信件都赶紧烧掉，以免被真王后看到，那就更加麻烦了。

主教、拉莫特夫人以及她的同伙们，包括涉事仆人和假扮玛丽王后的妓女统统被扔到了监狱里等候审判。这次审判成了许多人一生中难得一见的"公开表演"。一个肮脏的主教，一个有罪的王后，一场性丑闻，巨大的珠宝，骗子以及妓女，所有的角色都在了，唯独还差一个充当掩护的外国人。

民众也疯了。

然而王后本人并没有在审判的现场，当时的法国人并不知道这一点。虽然王后在整个盗窃事件里面是无辜的，但是大多数法国人依然相信玛丽王后与罗昂主教有奸情，并且侵吞钱财，还试图从珠宝商那里偷那串项链。还有一些人相信是她设计让别人偷走了项链，最终目的也是要彻底摧毁她的敌人：红衣主教。那些伪造的信件也让大众相信王后确实写了信件，它们也是重要的证据——证明王后私生活不

---

① 这也算是种补救。

161

检点、设计陷害别人、偷窃项链以及严重渎职。关于最终审判的话锋由消失的项链转到了对王后性格与声誉的讨论。

两个审判

街边小报对这次的项链事件格外关注，部分原因是，法语中珠宝一词（bijoux）会让人联想到法语中另外一个指向女人隐秘部位的短语（les bijoux indiscrets）。[①]在庭审期间，小报刊登了一幅描绘得细致入微的色情漫画，画上的王后尽力地张开双腿，接受所有在特里亚农宫的男性客人的膜拜，同时她最好的女性友人则居高临下地站在一边，手里拿着那串项链。[②]

这个丑闻变得越发下流、荒谬。最初谣言只是左右了民众的想法，后来开始变得"确凿"起来：她勾引并且毁灭了一个红衣主教；她满嘴谎言，操纵并且利用了国王；她侵吞了足以养活半个法国的钱财，仅仅就是为了去买那条曾经是给一个荡妇设计的钻石项链；而那位美丽可怜的法国女孩，珍妮·拉莫特，成了法国女性的骄傲——她是一位被王后腐败的行径所毁灭的女英雄。

这些故事没有一个是真实的。但有意思的是，与民众对她的印象恰恰相反，成年后的玛丽王后在财政支出上反而是很节俭的。

---

① 戴维·格鲁宾：《玛丽·安托瓦内特和法国大革命》，PBS出版公司2006年版。
② 安东尼娅·弗雷泽：《玛丽·安托瓦内特：旅程》，英国凤凰出版社2001年版。

她是要庇护自己？没错。这是她对一塌糊涂的法国经济的无视？是的。她是在开心地享受这美丽的无视？毫无疑问。尽管如此，当她得知自己的慈善举动开始有了成效，人们忍饥挨饿的程度有所减轻时，她对宫里的珠宝商说，不要再送钻石来了，这些钱应该被花在更有意义的地方。

珠宝扮演着很多不同的角色：它可以是装饰品，可以是货币，甚至可以是图腾。有时候珠宝还可以超越它作为符号的功能，成为它主人的象征（这就是我们为什么会把王冠作为国王与王后的象征）。

玛丽王后除了在财政支出上日趋保守之外，在性生活方面也很保守。大家应该还记得她对这条项链不齿的最重要原因——项链原本是给杜贝里夫人的，这个被玛丽认为是妓女的人怎么可以和她相提并论呢？杜贝里以及她的珠宝对于玛丽而言都是肮脏的。

但如果想卖出街边小报，这显然不是个好故事。历史学家钱塔尔·托马斯说："因为玛丽给人的印象是轻浮的，所以大家认为这才是项链事件会发生的原因。项链事件对玛丽来说是一个转折点。她从那时开始被大家谴责，而后永远谴责。"[1]虽然离玛丽被送上断头台还有几年的时间，项链事件审判的结果已经注定了她最后的命运。即使整个事件的真相已经大白，但是已经没有人再去关心有罪的坏人是否被抓了起来。那时候，大部分民众还认为王后依然过

---

[1]　戴维·格鲁宾：《玛丽·安托瓦内特和法国大革命》，PBS出版公司2006年版。

着醉生梦死的生活，其实他们并不知道，王后已经拒绝了王室珠宝商们按月提供的珠宝首饰，并且还建议将更多的钱用于救助贫苦的老百姓。他们也并不知道，"伯玛和伯森"被王后拒绝以后，还曾经试图向国王推销这串项链，想让国王买下送给他的妻子。但是玛丽再一次否决了这个建议，并且告诉她的国王丈夫，应该把钱用来还债以更好地支持美国独立战争。

后来在大革命爆发之时，项链事件演变成了关于玛丽·安托瓦内特最让人痛恨的事件。在她被砍头的前一天，针对她的审判几乎都在关注这个丑闻事件，且不说整个审判的形式有多么荒谬，其内容也基本上就是一场表演，完全无关正义。不出所料地，检察官再一次给她安上了盗窃珠宝的罪名，其中一次的盗窃事件还"发生"在她被困监狱之时，哪怕是窃贼后来已经被找到，但也不妨碍对玛丽的治罪。其他的一些指控都来源于之前的街边小报，上面的内容都被用来作为指控的证据。

人为制造的"事实"从来都不会平淡。1786年6月，这场世纪审判最终画上了句点，对这个事件里每个人的裁决都有了结果。8月，财政大臣告诉路易十六，法国君主已经完全陷入了破产的境地，这样的情形不能再维持下去了。到了年底，12月29日那天，名人会议召开，但是他们并没有找到解决这场危机的办法，所以最终不得已散会。

项链事件让法国人民对王后的忍受到了极限，他们开始称她为"债务王后"，同时，这个事件还成为君主政体结束的开端。

点燃法国大革命的项链

　　这串加速法国君主专制制度崩塌的项链只存在了很短一段时间，不仅仅因为"伯玛和伯森"没法为这款大师级的作品找到买家，更是因为窃贼们一拿到项链就把它拆了，把钻石拿出去单独出售。但是，这串项链的设计手稿还存在，人们做了一条一模一样的复制品（使用的不是真的钻石）。戈达德·沃本夫人在1890年完成的《著名的珍贵宝石的故事》一书中写道，这串由17颗如榛子一般大小的钻石做成的项链，真的是史无前例的珍品。

　　这条项链有着松散、优雅的三层装饰，被吊坠包围着，构成三条花环，并有足够的垂饰（呈简单的梨形、多个星形或无定形聚拢造型）环绕其外。其中最松散的垂饰，以极其有趣的链条形式从背面温柔地环绕铺下，流泻出两条较宽的三折饰条，它们看似自中心处打结（恰好围绕着一颗王后钻石），然后再次分离、散泻而出，看起来非常长，其中的流苏对于某些人来说都是一笔财富。其他两条难以名状的三折饰条，连同它们的流苏一起，（当项链被佩戴并处于静止状态时）组合成一大条双重的、难以名状的六折饰条，在后颈上一并细碎地泻下——我们可以幻想这画面——像一条轻轻摇曳着的北欧的欧若拉之火。[①]

　　这条项链已经不仅仅是项链了，更像是一件层叠的、用珠宝打

---

① 　戈达德·沃本：《著名的珍贵宝石的故事》，罗斯诺普出版公司1890年版。

造的衣服。其上一共镶嵌有647颗钻石，共计2800克拉①，最上面那一层是用17颗钻石做成的项圈，每一颗都很大。三条花环一样的钻石链子悬挂在上面，在每一条链子的交叉点上都挂有5颗巨大的梨形切割钻石。从上面这层项圈往下延伸的是四条垂下的钻石链子，可以从喉咙一直垂到腰部，上面全都是大颗的钻石，在每条垂坠链子的末端都用钻石流苏加以点缀。

这件饰品已经完全超越了传统意义里的项链，它更像是一件可以穿着的水晶吊灯。光钻石本身的重量就超过1.5磅。在当时，它可以算得上是全世界最昂贵的珠宝首饰了。实际上，它也许是历史上最昂贵的项链了吧。

不可比拟?

当今世界上价值最高的项链是由瑞士珠宝商莫昂沃德创作的。这件作品无论在尺寸上还是在闪耀的程度上都不及"伯玛和伯森"制作的那一条，但是更加适合佩戴。

现代的这条项链被称作"不可比拟的钻石项链"。这条项链的名字非常直白，毫无创意，其目的就是要展示上面那颗"不可比拟的钻石"：这是目前世界上最大的净度最高的钻石②，重达407.48

---

① 安东尼娅·弗雷泽：《玛丽·安托瓦内特：旅程》，英国凤凰出版社2001年版。

② 参见《吉尼斯世界纪录大全2015》。

克拉。^①2013年1月9日，"不可比拟的钻石项链"正式被授以"世界上最昂贵的项链"的称号，估价达5500万美元。^②"不可比拟的钻石"是世界上有史以来第三大切割钻石，曾经被史密森尼博物馆所收藏。这颗钻石几乎有一只婴儿的拳头那么大，颜色是金黄色，并且有着非常独特的切割造型——有棱角的水滴形。这颗罕见的钻石悬挂在两条长长的、极为耀眼的树枝状装饰条上。在树枝上应该长叶子和花蕾的地方镶嵌着90颗形状各异而无比纯净的白钻石，总重量为229.52克拉。

这是一条美丽的项链，但是它绝大部分的价值都来源于那颗"不可比拟的钻石"^③。但其实，如果这颗钻石只是被用作镇纸的话，那大家可能觉得它的价值也就只有一块镇纸那么高吧。

美，可说是"情人眼里出西施"，但其成本是可以——也是必须——被定价的。那么究竟哪条项链才是世界上最贵的项链呢？最终这是一个很难回答的问题。

---

① 超级大的钻石都有官方的名字。有的时候是以描述性的语言来命名，有的时候是以向某人致敬来命名。这些名字有时候会很荒谬。但无论是哪种命名方式都是为了让你知道，它们是货真价实的钻石。

② 安东尼·德马科：《不可比拟的吉尼斯世界纪录——最昂贵的项链，价值5500万美元》，《福布斯》2013年3月21日。

③ "不可比拟的钻石"被美国宝石学院评级为世界上最大的净度最高的钻石。

宝石的价值到底何在？

　　表面上，比较这两条项链的价值，只需简单地计算一下它们的价格与通胀就能够得出结果。一条项链是1768年在法国制作的，而另一条则是2012年在瑞士制作的。如果我们想要比较它们的价值，就应该知道前者在当时的价值，用现在的货币计算出这到底值多少钱。

　　这是一个简单的数学题，对吗？大错特错。商业作者约翰·斯蒂勒·戈登把这种将历史的价值转换成现代货币的做法定义为历史学家面对的世纪难题之一。[①]这不是一个简单的数字运算的过程。价值是一个非常不固定的概念。我们从之前讲述的在新大陆的祖母绿的故事中看到，宝石在前一天还价值连城，然而在第二天就会变得一文不值。为了简化我们要讨论的问题，让我们假设宝石在1772年有固定的、用美元来标价的价值。注意，是一颗宝石而不是一整串项链。[②]不管这颗宝石究竟值多少钱，我们都必须要探讨与之相关的另外一个问题，那就是，在当时其他东西值多少钱？一个鸡蛋值多少钱？一栋房子值多少钱？一个人工作一天多少钱？此外我们还需要了解，这个人会活多久，工作多久，吃多久的鸡蛋，在房子里住多久，他需要工作多久才能买得起一栋房子。

---

① 　约翰·斯蒂勒·戈登：《金钱与时间的难题》，《美国遗产杂志》1989年5月、6月刊。

② 　虽然我不断地掩饰自己，但仍然很明显地表现出，我非常想拥有它……

举个例子，我们来比较一下1772年一匹马的价格与现在一匹同类型的马的价格（用美元计价）。我们需要知道汇率。但是问题就在于，实际的价格是人们愿意认可的价值的反应，而且需要在一定的环境之下才有意义。如果脱离了环境，这些价格就没什么意义了。这个例子的难点就在于，马匹本身作为一个概念而不是一个商品，在今天就不如在1772年那么值钱。243年以前[1]，一匹马就是一辆车。它们中绝大部分还是奢华轿车。就像L.P.哈特利说的那样："往事犹若异乡。"[2]

弗吉尼亚大学的经济学副教授罗纳德·W.米切纳这样描述在不同历史时期评估价值的难题："翻译家无法回答这个问题，"他在一次采访中说，"现在和过去的差别太大了，以至于我们无法将二者进行比较。从21世纪的观点来看，在美洲大陆殖民地的生活就像是在另外一个星球上一样。"[3]他说，在殖民地时期的弗吉尼亚，一件工厂制造的商品的价值可以等同于在法国大革命之前一件珠宝的价值，类似的问题我们之前也遇到过——如何计算那些用来购买了曼哈顿的珠子的价值？如果要去计算那60荷兰盾的珠子在过去几百年间的利息，那也是毫无意义的。钱并没有改变，而是玻璃的价值变了，同样，曼哈顿的价值也变了。

---

① 　本书英文版成书于2015年。——译者注

② 　L.P.哈特利：《媒介》，克诺夫出版社1953版。

③ 　埃德·克鲁斯：《如何用今天的钱来计算过去事物的价值》，《威廉斯堡殖民地》2002年夏季刊。

这些价值都很自然地纠缠在一起，它们从来不会直上直下，更别说完全脱离彼此而独立存在。

　　现在，我们通过经济学来探讨宝石的价值。如果要问那些玻璃珠子在今天价值几何，是毫无意义的。与此同时，我们对于这条项链交易的细节也知之甚少，只知道红衣主教罗昂和拉莫特夫人与珠宝商商议的价格是约200万列弗①——这么多钱在当时差不多可以用来建造一座小型的宫殿，或者装备一艘军舰。这也是我们所说的"环境下的价值"。以下情形更能说明"环境下的价值"这一问题：这条项链面临的真正的问题是，当时整个欧洲都没有人买得起它。即使是玛丽王后，在多次拒绝购买项链之后，也建议珠宝商把项链拆了，单独出售那些钻石。那是历史上最昂贵的项链，但它昂贵到全世界都没有人买得起，那么它的价值何在？

　　曾经和我一起工作过的一位年长的当铺老板这样总结道：一件物品的价值总是等于一个人愿意为它付出的价格。如果没有买家，那么所有东西的价值都无从谈起。

　　可见，我们没有办法去计算迷恋的价值。在1780年的法国，那条项链的价值等于一场革命。

---

① 戈达德·沃本：《著名的珍贵宝石的故事》，罗斯诺普出版公司1890年版。

地位性嫉妒

大众普遍接受的"嫉妒"的定义来自乔治敦大学的W.杰罗德·帕罗特和肯塔基大学的理查德·史密斯的总结："嫉妒在一个人发现自己的才能、成就或者境遇等方面不如别人的时候就会产生，嫉妒的心理会让这个人希望得到这些自己没有的东西，或者希望别人失去他们已有的东西。"[①]

嫉妒其实有两种表现形式。第一种叫作"良性嫉妒"，其表现为当你喜欢其他人所拥有的东西时，你自己也特别想要拥有。第二种叫作"非良性嫉妒"，这是一种心理学现象，指当你喜欢别人的东西时，你自己并不想要拥有，只是简单地希望别人赶紧失去它。你自己并不想要那些很好的东西（比如车、房子、工作、妻子），只是想要把它们偷过来毁掉，让别人也无法拥有。

听起来不是很好，对吧？良性嫉妒是一种本能的心理反应。你看到了，于是很想要。拉莫特夫人就深受良性嫉妒的困扰。她想在王后的社交圈子里找到自己的一席之地，但却失败了，于是她开始想要钱，因为钱能够帮她买一个更高的社会地位。可以说，让其他受害者蒙受损失并不是她的本意和目的。而非良性嫉妒则有一些复杂，这也正是影响法国大革命的重要因素之一。这一点在后来的

---

① 西蒙·M.拉罕：《犯罪学：关于七个致命问题的心理学（他们为什么对你是友好的）》，Three Rivers Press 2012年版。

事态发展中也得到了充分证明：革命者在随后的恐怖统治中并不会佩戴他们从王室那里夺来的王冠。①在大革命前的"面包暴动"以及其他暴力事件中，人们为了能够有面包果腹才揭竿而起。民众为了温饱和正义而呐喊。同时，他们中的一些人只是想在政府中有平等的代表权。但是这些愤怒的民众却不会为了得到更好的珠宝而起义。②民众只想惩罚国王、王后以及其他贵族，将财富从他们身边夺走。

不拥有，便夺走。那么良性嫉妒是如何转化成为非良性嫉妒的呢？当人们认为自己可以和整个凡尔赛宫的人竞争，争相模仿玛丽王后所做的一切的时候，就有了这个转化的基础。就像玛丽的贴身侍女康庞夫人说的："当王后被大家指责的时候，大家还是在继续模仿她的所作所为。"③当人们对自己信心不足，或者说人们知道自己没有能力和别人竞争的时候，就会从心里产生另外一种很阴暗的想法，要想尽一切办法将别人有而自己没有的东西给夺走。但如果反过来，当别人抱有这样的想法时，作为被别人针对的对象，自己会觉得很生气。但是，人们对于公平大多持有双重标准，不是吗？

供应有限的商品是很有力量的：它能够创造出虚幻的价值，

---

① 他们将国王处决以后就立即拿走了皇宫里所有的珠宝，放在一个地方锁了起来。

② 他们也许这样想过。我是说，前提是如果有专门的时间或者地方来接受大家这个特别的请求的话。

③ 康庞、弗朗索瓦·巴里埃、迈涅：《玛丽·安托瓦内特的私人生活》，Scribner and Welford1884年版。

甚至还能创造出真实的价值。但如果这些商品是生活必需品（例如食品），供给又很紧缺（比如遭受十年的饥荒），那么一整套新的经济上的政策就会起到协同作用，而最终的后果也不仅仅是社会问题，而是会演变成严重的政治问题。

马卡龙是如何被压碎的

那么大家对于项链事件的热情是如何引爆了暴力革命的呢？在1786年到1789年之间到底发生了什么？其间发生了很多事，比如法国王室债务违约，最终宣布破产。传记作家安东尼娅·弗雷泽猜测，那个时候，"国王在面临压力的时候没有做出很好的回应"。这也许是对于当时的情形比较保守的描述。她还指出，"1787年，国王确实对当时法国国内的烂摊子束手无策"①。

到了1788年，统治者仍然没有找到相应的对策来解决国内的财政危机。而且在当时，如果不召开三级会议对国家改革议题进行投票的话，就没有办法去推进任何的重大事项。所以，在那一年的绝大部分时间里，三级会议与名人会议一直都在打口水战中度过，互相指责对方没有遵循惯有的会议传统对国家大事进行投票表决。同时，占整个国家99%人口的平民阶层所在的第三等级却没有派任何代表参加会议。最终在1789年，国王不得不下令解散会议。

---

① 戴维·格鲁宾：《玛丽·安托瓦内特和法国大革命》，PBS出版公司2006年版。

他在初夏时试着提出了一些改革建议，但是由于他拒绝让三级会议进行投票表决，所以这些提案也是毫无意义的。最终，第三等级的成员重新成立了自己的组织，取名叫"国民议会"，这是一个完全独立的倡导革命的政党。与此同时，天气越来越糟糕。

上帝的旨意

1788年的秋天又是一个让人绝望的季节，庄稼收成特别糟糕。到了1789年4月，食物短缺以及人们那微薄的工资最终成了巴黎发生血腥暴动的导火索。日益激化的社会矛盾、灾难一样的冬天以及颗粒无收的庄稼让路易十六的统治陷入了非常脆弱的境地。那么到底是谁在真正管理整个国家呢？没错，就是法国那个最遭人憎恨的女人！弗雷泽这样写道："玛丽意识到，为了她儿子的前途，为了整个国家的命运，她必须变得坚强，勇敢地站出来。"[1]玛丽其实不坏，只是她的形象在某种程度上被历史所歪曲，但是如果和治理一个处于分崩离析的边缘、经济深陷危机的国家相比的话，她确实更擅长举办各种派对以及佯装过她所向往的田园生活。王后试图要接过她丈夫的权杖来治理国家，但是却没有任何的经验，也没有足够的权威。

她的努力只能起到反作用，让情况变得更加糟糕。此时街边

---

① 戴维·格鲁宾：《玛丽·安托瓦内特和法国大革命》，PBS出版公司2006年版。

小报依然没有停止对玛丽的攻击，他们不再关注那些臆想出来的话题，包括玛丽那些怪异的性倾向以及喜欢用钻石装点食物的饮食习惯等，取而代之的则是将她描述为一个正在吞噬法国的怪物，正拿着鞭子抽打她那肥胖蠢钝的丈夫。

这是一个在法国历史上很有争议的时期。在这个特殊的时期中，不同的君主政体和不同的统治者共存，分别探寻成功的治国之道。这个时候，国民议会还没有开始号召大家推翻君主的统治。他们想要的是立宪，剥夺贵族们的特权，这与君主立宪政体的诉求一致。

但是玛丽王后断然拒绝了这一请求。而她的丈夫此时则报以观望的态度，部分原因是，他几乎对所有的事情都是持观望态度，另一部分原因是，他比他的妻子聪明。但是最终的情况是，国王的心理状况过于脆弱，所以王后夺取了决定权。跟她母亲一样，她认为在秩序与混乱之间唯一存在的东西就是君主的体制。她相信那些"暴徒"聚集在巴黎会威胁到国家的稳定与安全，因此她下令让军队封锁了整个城市以及通往凡尔赛宫的道路。

历史学家钱塔尔·托马斯认为，玛丽王后对当时法国的变化完全熟视无睹。[①]当她感觉恐慌并命令军队在巴黎城区与凡尔赛宫之间大规模移动时，她并没有想要挑起大家的矛盾，而是要尽量避免已有的矛盾。但是她的行为却适得其反，她这样显示自己权力的行为并没有起到恐吓民众的作用，也没有起到告诫大家君主政体的终

---

① 戴维·格鲁宾：《玛丽·安托瓦内特和法国大革命》，PBS出版公司2006年版。

极权威的作用。国民议会从中看到的是，王权在利用军队向民众进行赤裸裸的挑衅。

法式祝酒

1789年7月14日，民众像暴风一般席卷了整个巴黎的街道，他们的目标是解放巴士底狱，这是波旁王朝统治时期专制王权镇压民众的象征。民众攻占巴士底狱并不是要去做什么实际的事情，而是要将其作为推翻政府至高无上的绝对权威的胜利象征。在10英里外的凡尔赛宫，路易十六在半夜2点被他的服装师叫醒，并得知巴士底狱已经被攻占了。

路易十六还得知市长已经被杀了，其头颅被愤怒的民众们挂在一根竿子上游街示众。他问道："这是一场起义吗？"据说别人给他的回答是："不，陛下，这是一场革命。"在接下来的一周之内，媒体纷纷宣布获得自由的权利。王室对媒体不再有监视权，一大波内容污秽的小报开始发行。里面大部分的内容都是关于王后和她那些堕落的故事的。暴力与色情的画面充斥着所有小报，这些故事离现实的距离越来越远。钱塔尔·托马斯说，它们是一个极富黑暗幻想的世界，充满了仇恨。[1]大概两周后，大约7000名妇女组成的队伍开始向凡尔赛宫进军，并且成功地进入宫中。她们将凡尔赛

---

① 戴维·格鲁宾：《玛丽·安托瓦内特和法国大革命》，PBS出版公司2006年版。

宫翻了个底朝天，目的只有一个：找到王后。在这个过程中，她们杀死了很多卫兵和贵族人士，对身边的各种奇珍异宝也毫无兴趣。最终，这些沾满了鲜血的女人们在王后逃走之后不久来到了她的寝宫，她们操起自己的矛、刀和其他各种武器，对着她的床狠狠地刺了许多遍，以防止她躲在床垫里。

与此同时，珍妮·拉莫特也从监狱里逃了出来，化装成一个男孩潜逃到了伦敦。1789年晚些时候，跟所有过气的名人最喜欢做的事情一样，她出版了一本名为《回忆与证明》的书。在书中，她又一次攻击王后，并且编造了一个关于项链事件的故事，这个故事比她在庭审时讲的版本还要离谱，她甚至还刊登了一些伪造的信件。这本书获得了公众的追捧，她因此成了人们心目中的女英雄，法国新政府还给她签发了一纸免罪状。由于所有的欧洲国家都联合起来反对法国的暴乱，因此所有的法国人都团结起来反对王后。因为法国人要站在同一战线上，所以玛丽王后成了众矢之的。[1]正如安东尼娅·弗雷泽指出的那样，人们没有理由杀掉没有实权的王后，况且法庭也找不到王后犯罪的真实证据。[2]钱塔尔·托马斯说，玛丽王后是替罪羊。在她被审判的时候，所有的罪名都直接来源于以前街边小报上面那些子虚乌有的指控，所以她更像是一只被牺牲的小绵羊。

---

① 　戴维·格鲁宾：《玛丽·安托瓦内特和法国大革命》，PBS出版公司2006年版。

② 　戴维·格鲁宾：《玛丽·安托瓦内特和法国大革命》，PBS出版公司2006年版。

诅咒！

这条项链闪耀的背后是很多悬而未决的故事，它到底去了哪里？它被卖给了谁？除此之外还有好多美丽的传说在历史的长河中熠熠发光，等待着人们去发现和探寻。人们在很长一段时间之内都在传玛丽王后的珠宝都是被诅咒过的，而且人们也愿意去相信这个关于诅咒的故事。因为王后最终落得了一个非常悲惨的结局。

有很多人对此深信不疑。为什么大家会轻而易举地相信她的珠宝附有神秘的不好的东西呢？这些珠宝不属于这些人的丈夫，不属于他们的朋友，甚至都不属于他们的任何一位先辈。大家已经不记得这位让穷人去吃蛋糕的王后，更别说记得她曾丢失的耳环长什么样了。那么，为什么大家就这么相信她的那些钻石上面有邪恶的东西呢？很简单，她已经不再是一个人，而是一个符号。实际上，她仍然是一个象征富有的标志。人类认同整个世界里自然的平衡。当这个平衡被打破之后，就会有灾难降临。如果一个人拥有的东西太多就会被认为在道德上是错误的。与王后本身相比，珠宝是更容易被上升到道德层面的东西。所有的不义之财都会被看成它们的主人用来毁掉人们在道德层面的信任的工具，哪怕这些只是大家想象出来的东西。

那么，这些"被诅咒"的钻石在被拉莫特夫人和她的情人处理掉之后去了哪里呢？其中的绝大部分钻石在伦敦和巴黎分别被卖给了不同的珠宝商。它们之后的去向就是一个谜了，因为这些买家在得知他们在买卖一件被偷盗的东西之后，就会迅速地抹掉一切证据。安东尼娅·弗雷泽说："我们无从得知这些钻石最终的下落，有一些貌似被多塞特公爵买下并收藏。"但是唯一有明确去向的钻石是其中22颗"最美的钻石"，"它们被苏瑟兰德公爵夫人做成了一条简单的项链，这条项链曾经于1955年在凡尔赛宫展出"①。

苏瑟兰德钻石项链似乎成了那条惊艳世纪的旷世之作项链最终的归宿。②但是那条"伯玛和伯森"制作的钻石项链并不是唯一一件属于玛丽王后的珠宝作品。在她的丈夫被砍头（与他的孩子和妻子相比，这样的刑罚已经算是让他有尊严、体面的了）之后，凡尔赛宫里的大部分财宝（包括王冠）都被转移到了巴黎的古董仓库里，那里被认为是安全的藏宝之地。然而最终的结果表明那里其实一点都不安全。

在1792年9月的一个晚上，那时玛丽王后正在监狱里等待被行刑，一群喝醉酒的盗贼对这些皇家的财宝进行了盗窃。前面三晚，他们的盗窃行为都没有被发现，于是他们更加胆大，在第四晚还带了很多吃的喝的去彻夜狂欢。这非常具有法式风格……第二天早

---

① 安东尼娅·弗雷泽：《玛丽·安托瓦内特：旅程》，英国凤凰出版社2001年版。

② 关于苏瑟兰德钻石项链上的钻石是否就是原来的钻石，其实是有一些争论的。因为这些钻石的切割是不规则的形状，而原本项链的草图显示这些钻石是很完美的圆形。但它们是非常大颗的钻石，因此当代的珠宝商维莱特解释说，因为这些钻石在原来的项链上镶嵌的时候，周围的爪在钻石的边缘造成了凹陷和缺损，所以任何一个专业的珠宝商在拿到这些有缺损的钻石以后都会重新打磨、切割，在保持它们的大小的前提下去掉这些瑕疵，这样的工序会让钻石的形状看起来有点不规则。

上，当国家的卫兵发现国库被盗的时候，他们还发现有一些窃贼居然喝醉酒，躺在仓库里睡大觉。[1]

有一些珠宝被追回来了，但是有一件无价之宝，一颗名为"法国之蓝"的钻石则再也没有被找到。

"法国之蓝"

"法国之蓝"是国库里最值钱的皇冠上的珠宝，它是一颗宝蓝色的钻石，在阳光下会发出令人眩晕而着迷的红色光芒。与大多数玛丽的珠宝一样，人们认为它也带有诅咒。在17世纪中叶[2]，一个名为让·巴提斯特·塔维尼尔的法国探险家、珠宝商人在印度的丛林里闯进了一座当地的印度教神庙，整个过程与印第安纳·琼斯的探险经历颇有几分相似。这个神庙的中央有一尊巨大的神像，看起来应该是破坏神湿婆[3]，据说他有三只眼睛，会以跳舞的方式来创造或者毁灭世界。这尊神像的第三只眼睛上便镶嵌着一颗巨大的蓝色钻石，塔维尼尔将这颗珍贵的钻石挖了下来，带回了法国。他找人将钻石进行切割和抛光，然后卖给了"太阳王"路易十四。路

---

① 维多利亚·芬利：《珠宝秘史》，兰登书屋2007年版。

② 我们不是很清楚，他到底是在第几次亚洲之行期间拿到这颗钻石的。他在1631年到1668年之间去过6次亚洲。

③ 关于这尊印度教的神像到底是哪位神，存在争议。维多利亚·芬利认为其最有可能是湿婆。

易十四将这颗钻石镶嵌在一套精致的珠宝里，并且把它传给了继承者——路易十六以及玛丽王后。

大家都说玛丽经常佩戴各种珠宝首饰，同时，大多数相信"法国之蓝"被诅咒的人认为诅咒的根源来自玛丽王后恐怖的死状；又或者这些诅咒来自印度，有可能是他们毁坏了宗教的神像，所以才背上了神的诅咒。据说，塔维尼尔便是这个"诅咒显灵"的第一批"受害者"之一，他卖了很多珍贵的宝石给"太阳王"，但是在南特敕令被终止之后，他以胡格诺教徒的身份被驱逐出了法国，身无分文地客死异乡，有可能连尸体也被野狗给撕碎吃掉了。

"法国之蓝"于1792年在巴黎国库被盗之后就再也没有出现过了，至少没有作为一个整体出现过。这颗钻石相当稀有，不光是由于它重达69克拉，更是因为它那罕见的宝蓝色以及奇特的红色荧光。在20年后的1812年，有一颗与"法国之蓝"一样，但只有45.52克拉的钻石到了伦敦的钻石商人丹尼尔·伊莱亚森手里。很明显，这就是失踪的"法国之蓝"，有人将它重新切割，试图掩盖它本来的身份。

这颗钻石几易其主，最终被富有的荷兰银行家亨利·菲利普·霍普买了下来。1823年，这颗"法国之蓝"的留存部分被起名为"希望之星"，并在当年第一次出现在世人面前。霍普将这颗钻石传给了他的后代，但他的子孙最终为了摆脱破产而不得不将钻石卖掉。这颗钻石被霍普那败家的子孙在1910年卖给了法国的珠宝商皮埃尔·卡地亚，它终于回到了法国。就像"伯玛和伯森"一样，卡地亚同样找不到买家购买这么宝贵的一颗钻石，他找遍了整个欧洲和东方，依然没有结果。

　　就在他对这一项投资懊悔不已之时，他终于成功地找到了买家：来自美国的金发富家女艾芙琳·沃什·麦克莱恩。艾芙琳跟年轻的玛丽王后有几分相似，她也特别醉心于组织各式各样的派对，全年无休。当时恰逢爵士乐发展的高峰期，她花钱如流水举办派对，甚至还用香槟来洗澡。在一次新年派对上，她站在楼梯上看着楼下的客人，全身上下除了"希望之星"钻石做成的项链以外，一丝不挂。

　　她甚至把这颗钻石戴在她家狗的脖子上。[1]有人警告她说，"希望之星"是被下了诅咒的，但是她却一笑置之，说自己其实在搜集各种诅咒，这颗钻石能够证明，哪怕会给别人带来厄运的东西，在她这里一样可以带来好运。巧的是，在她买下钻石后的仅仅几年，她的两个孩子中的一个就因为发烧而死去，而当时她正戴着那颗闪亮的钻石在看肯塔基赛马比赛。她唯一的女儿死了，而她的丈夫最终沉溺于酒精、赌博和借高利贷无法自拔，他挥霍掉了他们几乎所有的财产，最后死在了一个精神病院里。她的余生一直都在懊悔悲伤中度过，这里面既有对家庭的愧疚，也有对堕落生活方式的悔恨。但是她依然选择了通过滥用药物来麻醉自己，最终在60岁的时候死于可卡因与兴奋剂的过量使用。直到最后，她依然对那颗

---

[1]　维多利亚·芬利：《珠宝秘史》，兰登书屋2007年版。

宝蓝色的钻石念念不忘。

　　麦克莱恩悲剧的一生让"希望之星"成为全世界最著名的钻石之一，后来珠宝商海瑞·温斯顿从她那里将这颗钻石买了下来。但就跟前几任主人一样，他也找不到人来买这颗过于昂贵的钻石。从那时起，关于"希望之星"钻石的诅咒故事开始变得愈发有趣。并不是有不好的事情落在了海瑞·温斯顿的头上，他过得挺好的，有趣的是，正是海瑞·温斯顿本人将这颗钻石与诅咒的故事传播了出去，广而告之，让很多人都知道了这个故事。既然没有人想买这颗钻石，那么温斯顿就给钻石再加点料，让它变得更加与众不同，这与戴比尔斯通过编撰一个故事来讲述订婚戒指与人们情感之间的连接，从而让这些小而无色的钻石变得特别的手法有着异曲同工之妙。因为，不管人们是否觉得从情感上需要钻石，每个人都想成为这个故事的一部分。

　　他向大众讲述了很多故事，有关于塔维尼尔的，关于霍普的，关于可怜的艾芙琳·麦克莱恩的，以及关于最特别的玛丽王后的，等等。他将这颗钻石巡回展出，把钻石打造成了一个明星。那些富有的名人争先恐后地跑来一睹它的风采，这颗无与伦比的但又让人望而生畏的钻石让所有人都惊叹不已。

　　这个方法非常奏效：这颗钻石从无人问津演变成了后来真正的无价之宝。最后，温斯顿不得不将这颗钻石捐赠给了美国国家历史博物馆，一直到现在，它仍然存放在陈列柜里独自闪耀着。他说这是一个慷慨的捐赠行动，目的是要鼓励其他人将他们最好的珠宝都捐给国家。[1]温斯顿因为这次捐赠而在这座著名的博物馆里获得了一个展馆的冠名权，此外，由于他对国税局声称这颗钻石的价值是不可估量的，因此政府给予了他也许是历史上最大规模的税收抵扣。

后记：唯一的诅咒

这个讲述"诅咒"的故事最有趣的地方不在于它是虚构的，而在于它并不是原创的。这个故事不是海瑞·温斯顿首创的。[2]这是一个很普通的故事，很多人都在说，它是在很长一段时间内，大家都在说的关于那些臭名昭著的珠宝的故事。

"黑色奥洛夫"，最初是一颗重达195克拉的黑色钻石[3]，相传它也是被一伙大胆的强盗从一尊梵天的塑像上偷得的，这颗钻石是梵天的眼睛。按照"标准传说"的说法，这颗钻石也是被下了诅咒的。1932年，这颗钻石的第一任主人J.W.帕里斯从纽约市中心的一栋摩天大楼楼顶跳了下去。在那之后不久，拥有这颗钻石的两位俄国公主[4]同样也从窗台上跳下而身亡。

---

① 维多利亚·芬利：《珠宝秘史》，兰登书屋2007年版。

② 这个故事也不是塔维尼尔和卡地亚编撰的。

③ 这颗钻石现在被切割成了67.5克拉。

④ 两位公主分别是列昂妮娜·加利特森-巴里亚金斯基，以及娜佳·武金-奥洛夫。

另外一颗194克拉的"白色奥洛夫"钻石也有着相似的故事。①它的历史可以追溯到1783年，当时为一个名为路易斯·迪唐斯的胡格诺派士兵所拥有。据说，这颗钻石是由一名在印度的法国士兵从一座印度教神庙里的梵天塑像上偷来的。这名士兵假装转而信奉印度教，从而偷偷地溜到庙里的内室，然后偷走了神像的一只眼睛。②这颗钻石被取名为"奥洛夫王子"，与娜佳·武金-奥洛夫同名，也正是她，把这颗钻石送给了俄国的叶卡捷琳娜二世女王。她的继承者们在十月革命中丢掉了俄国的王位和财富。

我最喜欢的是关于一颗名为"科努尔"的钻石的故事，它无比巨大，无比璀璨。它其中一个主人巴布尔国王③这样形容它的价值——全世界所有人一天吃的食物的价值总和。真见鬼。很不幸，由于这颗钻石年代久远，历经鲜血浸染及悲惨的历史，所以人们认为"谁拥有了这颗钻石就将拥有全世界，但同时这个人也会知道由这颗钻石带来的所有的灾难"④。

你有觉察到这些故事的共同点吗？

很明显，那就是所有的超大钻石都是"被诅咒"的，而大多数这样的钻石都是"被盗走的印度教神像的眼睛"。故事中关于印度

---

① 戈达德·沃本：《著名的珍贵宝石的故事》，罗斯诺普出版公司1890年版。

② 维多利亚·芬利：《珠宝秘史》，兰登书屋2007年版。

③ 巴布尔国王，是印度次大陆莫卧儿帝国的开国君主。——译者注

④ 过去人们传说，只有神和女人才能佩戴珠宝而不被惩罚。依这种观点，这颗钻石最好的结局也许是献给维多利亚女王，因为她在当时也是印度的女王。

的部分很好理解，在历史上，最大最好的钻石都来自印度的戈尔康达地区。但是为什么这些故事都有神像的元素？这些盗贼真的是同时出现在同一个地点吗？那些耸人听闻的传奇故事是否都来源于同一件事呢？又或者这些只是杜撰的故事，有些人只是要用这样的故事来突出那些令人神往的地方与令人敬畏的宗教，从而撺掇人们去买下这些特别昂贵的宝石而已。我们很难说清楚这其中到底是什么原因。

我觉得"偷钻石"才是这些故事里最让人着迷的部分。没有人会承认自己偷了钻石（珍妮·拉莫特从来都没有承认过，确实很无耻）。但那些关于盗贼、欲望以及"诅咒"的故事却是放之四海而皆准的，这是因为这些故事反映的是，当我们面对一大堆金光闪闪的财宝时最真实的想法。而珠宝这么巨大的财富只需要一只手就可以握住。所有关于钻石被诅咒的故事都有着相同的原因：它们都是道德层次的故事。又或许只是因为，我们无法想象一个人能够独自拥有这么漂亮、价值如此巨大的东西。所以人们才假设，这些财富背后有着很多神秘的能量，甚至还发明了钻石被诅咒的故事来解释财富不均的事实。在"希望之星"这个故事里，人们杜撰了关于诅咒、死亡与不幸的故事；而在项链事件中，人们则是引发了暴力动乱，并且掀起了导致一个历史时代灭亡的序曲。

那么，玛丽王后的钻石有被"诅咒"过吗？也许所有的大钻石都被"诅咒"过。坏事情总是会发生在那些拥有、觊觎以及寻找这些钻石的人们身上。回头看那条引爆了法国大革命的项链：德维莱特被流放了；拉莫特虽然从监狱里逃了出来，还写了一本书，但是最终还是在伦敦跳窗（或者是被人从窗子里扔出去）身亡；而玛丽王后和杜贝里夫人都丢了脑袋；珠宝商破产了；被压迫的人翻了身；大革命最后还让拿破仑横空出世。也许，最真实的"诅咒"其实是贪婪。

5 水手，你好
兄弟姐妹之间的纷争，以及一颗巨大
的珍珠是如何影响国家命运的
（1786）

我的敌人的敌人，就是我的朋友。

——谚语

当海盗要比加入海军有趣得多。

——史蒂夫·乔布斯

"流浪者"珍珠到今天为止仍然是世界上最著名的珍珠。这颗完美的梨形白珍珠异常巨大，差不多有200格令重[①]，约等于10克，几乎可以铺满整个手掌。这可能是在西方世界发现的相同质量里面最大的珍珠了。它也是已经发现的最大直径的梨形珍珠。在珍珠文化普及之前，这颗珍珠可以算得上是一个奇迹了，难怪很多人为了

---

① 尼尔·H.兰德曼等：《关于珍珠的自然历史》，哈利·N.艾布拉姆斯出版社2001年版。

它而大打出手。

　　它名字"La Peregrina"的意思是"旅行者"或者"流浪者"。之所以这样命名，是因为这颗珍珠在很长的时间内都在不同的国家之间和不同的人手中辗转。16世纪中叶，"流浪者"珍珠在巴拿马湾的圣玛格丽塔岛的海边被一个奴隶发现，这个奴隶随即将这它交给了当时管理巴拿马的西班牙殖民者长官堂佩德罗·德特梅斯。后来，德特梅斯还因为这颗珍珠而让这名奴隶重新获得了自由。[①]

　　这颗珍珠被看作献给西班牙国王最好的礼物，所以它被带离了新大陆。在西班牙，我们的老朋友加尔西拉索·德·拉·维加，即埃尔印加，记载了他在塞维利亚港口亲眼见到这颗珍珠时的情形。他说这是巴拿马的行政长官迭戈·德特梅斯从新大陆带来的一颗珍珠，准备献给菲利普二世（当时他还是王储）。这颗珍珠的形状、大小以及整体的状态都像极了一颗完美的马斯克丁梨。[②]珍珠的上半部分比较长，其形状特别像梨。底部也像梨那样有一个小小的凹陷。中间部分很大很圆，看起来像一枚很大的鸽子蛋。

　　"流浪者"珍珠在到达西班牙后不久，又开始了新的"流浪之旅"。当时，西班牙正在与英格兰联姻，因此菲利普将这颗珍珠送给了英格兰的玛丽一世女王作为订婚礼物。已经年近40但还是处女的玛丽女王欣然接受了菲利普的求婚以及订婚之礼。菲利普将珍珠

---

① 　乔治·弗雷德里克·孔兹：《珍珠之书》，世纪出版社1908版。

② 　马斯克丁是一种小的梨。

悬挂在一颗精美的正方形钻石上，让这颗珍珠看起来相当之大，非常之美。玛丽女王被菲利普国王以及他送的珍珠给深深地迷倒了。在这之后的每一幅玛丽女王的画像里，你都可以看到这颗珍珠，有时候是嵌在胸针上，有时候又是挂在项链上。所有的人都爱上了这颗珍珠，尤其是女王的小妹妹——伊丽莎白——更是无法自拔。

在现代，"流浪者"珍珠被世人所知的原因则来自另一个伊丽莎白——珍珠最近的主人，伊丽莎白·泰勒。她的丈夫，理查德·伯登在1969年买下了这颗珍珠，作为情人节的礼物送给了她。但是前一位伊丽莎白对这颗美得不可方物的珍珠至死不渝的追求却改变了整个世界的版图。①

---

① "流浪者"珍珠在一个多世纪的岁月里辗转于多个国家以及皇室之间，与很多美丽或者丑陋的女人一起出现在画像中，也有很多不同的意见一直都在争论珍珠的来源。目前在伦敦有另外一颗珍珠也引起了大家的关注，有时候被大家称为"玛丽·都铎"珍珠。它的主人是邦德街的珠宝行"Symbolic & Chase"，它在2013年的伦敦大师精品展上首次被展出。这颗珍珠简直就是完美无瑕，它的形状不完全对称，有点像一个茄子，但真的是非常美丽。他们声称，玛丽女王的肖像画里戴的是他们这颗珍珠，而不是大家通常认为的"流浪者"珍珠。因此我去了纽约同弗雷德·莱顿公司的CEO格雷格·奎亚特探讨这个问题。弗雷德·莱顿为顾客打造世界上最好的珠宝作品，而且这家公司在这场争论里面并没有利益关系。

格雷格说，通过画像来判断究竟是哪颗珍珠是不准确的，因为有时候画家会故意把画中的物品画得跟实物有差距。比如，被画者可能想让画家把自己的鼻子画得小一点，或者把钻石画得大一点。虽然格雷格说以上这些说法都有道理，但他相信，这颗被大家认为是"流浪者"的珍珠，就是当年玛丽·都铎拿到的那一颗。

异教徒与海盗的女金主

　　大概在1560年的某个时候，伊丽莎白一世开始觊觎"流浪者"珍珠。玛丽在结婚之后没几年就去世了，她死前交代要把珍珠还给菲利普，不同意让她痛恨的妹妹将珍珠连同皇冠以及其他的珠宝一同继承过去。而此时的菲利普却立即向伊丽莎白求婚，因为他认为二人是姐妹，都一样好。

　　自那以后，新继位的伊丽莎白一世女王开始实施一项新的政策，准许英国的海军打劫西班牙的海上船只，掠夺船上满载的来自新大陆的财宝。最后，她甚至亲自参与其中，她的所谓武装民船其实就是海盗，这些海盗受到女王的赦免，并且被招进皇家的军队对西班牙的商船进行袭击和抢夺，从西非的海岸一直到美洲大陆的东岸都有他们的身影出没。他们展开统一的行动去抢夺所有的珍珠，就是为了要搜寻与"流浪者"珍珠类似的大家伙。

　　在这几十年之间，最初产生的良性嫉妒最终演变成了对金银财宝的疯狂掠夺。海盗，这个在之前会被严惩的行当，现在摇身一变成了英格兰的一项强国富国的策略。英格兰的海军也正是由这个时候伊丽莎白女王的武装民船脱胎演变而来，很多令人闻风丧胆的海盗现在成了国家与民族的英雄。

　　最终，西班牙对英格兰无休无止的海盗掠夺忍无可忍了，而且西班牙对英格兰数十年的轻蔑、冒犯，以及两国之间源自宗教信仰的冲突也耿耿于怀，因此菲利普二世成立了世界上最庞大的海军舰队：无敌舰队。这不仅仅是由战舰组成的舰队，它更像是一个移动的海上战场，有成千上万的士兵、水手、大炮以及装甲部队装载于船上。菲利普二世利用无敌舰队发起了远征英格兰的战争，妄图推翻伊丽莎白女王的统治，因为西班牙国王认为她既是异教徒，又是海盗，简直就是十恶不赦。

这支不可战胜的无敌舰队到后来却未能到达英格兰的海岸线。英国人用他们混有海盗的海军以及新的战舰和战术很快就打败了西班牙的舰队。无敌舰队的失败也宣告了西班牙海上统治地位的衰落，欧洲大陆国家之间的力量对比开始了新的一轮洗牌，英国开始慢慢地成为世界的霸主，即日后的"日不落"帝国。

但是英格兰国内也有着根深蒂固而且稀疏平常的矛盾，那就是手足争夺王位的斗争。

问题缠身的老爸

除了"混蛋"，没有更好的词能够用来形容亨利八世了。他有两个女儿，玛丽和伊丽莎白。玛丽是长女，是他和第一任妻子，即来自西班牙的虔诚的天主教王后阿拉贡的凯瑟琳所生。伊丽莎白则是他的第二任妻子，即信奉新教的安妮·博林所生。当他毅然决然地将凯瑟琳抛弃而与安妮结婚的时候，他把玛丽也抛弃了。你知道他们说什么吗？他们说，有小孩的离婚总是异常艰难。亨利八世完全就是一个混蛋，他自那以后就再也没有让这个悲痛的母亲与她的女儿见面。他的话就是法律，是圣旨。几年后凯瑟琳郁郁而终，到死也未能再见到她的女儿。伊丽莎白和她的母亲安妮在亨利国王的宠爱之下过了数年的好日子，然而最后也没有落得一个好下场，甚至比凯瑟琳母女的境遇还要糟糕。

亨利后来又娶过四任妻子，但都是一开始宠爱，后来以死亡而告终。他对婚姻出尔反尔的态度、铺张浪费的生活以及与罗马教廷关系的破裂让整个国家都陷入了崩溃的边缘，他的孩子们也在为了王位继承而激烈地斗争着，他的王国也正在被欧洲大陆强大的西班牙帝国虎视眈眈地注视着。

最终，亨利八世两个女儿之间持续的斗争，以及她们分别在位统治英格兰的方式的不同，很好地反映了当时新旧时代交替期间的冲突与矛盾，同时也埋下了日后历史矛盾的种子。这个矛盾最终激化到永久地将这些历史时期分割成了两个阶段，其中一个归属于之前暗淡无光的旧时代，而另外一个时期则大踏步地向前发展，进入了现代的商业时代，被人们称为"黄金时代"。而这一切居然源自对一颗珍珠的争夺。

把玩最爱

在都铎王朝时期，珠宝不仅仅是装饰品，它们还是传播的工具。当然，珠宝是财富与社会地位的象征，除此之外，珠宝在当时还具有传播一个人的等级、社会关系、家庭和朋友关系以及政治忠诚度的功能。很多时候，珠宝交换被当作外交手段，它可以用来达成重大的交易，签订外交条约，或者在公开以及私下的场合表示赞成或者反对。它们还被用于人与人之间的沟通，甚至被当作信物与合同。在现代社会里，我们依然传承着部分这样的传统，比如王冠与订婚戒指，这些物品仍然保留着它们具有的象征性价值。

亨利八世从来不掩饰自己的喜怒哀乐。当他宠爱安妮·博林的时候，他送了无数价值连城的珠宝给这位皇后，但都被拒绝了。安妮只想要凯瑟琳的珠宝，其他的珠宝都让她提不起兴趣。后来，在简·西摩终于给他生了第一个儿子爱德华之后，他也用各式各样的珠宝来表达对这个独子的爱。爱德华在给父亲的一封信里这样写道："我也想谢谢你给我这么多珍贵的礼物，有项链、戒指、珠宝镶嵌的纽扣、胸针、华服以及其他很多的东西；这些礼物带着你深深的父爱来到我身边，我知道如果你不爱我，你是不会给我这些珠宝作为礼物的。"[1]

虽然爱德华的生活一团糟，但起码他的地位比他那两个同父异母的姐姐要高很多。虽然她们的父亲偶尔也会关心一下姐妹两个，但大多数时候两姐妹是被关在父爱的大门之外的。亨利八世的大女儿玛丽是非常虔诚的天主教徒，但很自以为是，观念狭隘而又冷酷。她继承了她妈妈的血统，更像是一个西班牙人，而非英格兰人。

---

[1] 迈克尔·法夸尔：《宫门背后：英国王室五个世纪的故事，关于性、冒险、恶习、背叛以及讽刺》，兰登书屋2011年版。

玛丽如果跟她父亲一样不服管教又爱耍性子的话，只会让事情变得更糟。很明显，在玛丽的父母分开以后，她完全得不到父亲的宠爱。而伊丽莎白则不同，虽然她在日后管理国家的过程中与她那喜欢炫耀、目中无人的父亲有几分相似，但是在年轻的时候，她却展现出了非常聪明、迷人、爱摆布别人的特质，这些都是她从母亲那里继承过来的。她非常聪慧、漂亮，具有领导者的气质，她在14岁的时候就会说6种语言，非常讨人喜爱。

　　和玛丽不同的是，她是彻彻底底的英格兰人，同时又受过良好的教育，天资聪颖，在道德上也有一定的灵活性。她长得很像她的母亲①，有修长的脖子以及独具迷幻气质的黑眼珠。但因为连着两个女儿都像已故的妻子，亨利八世觉得跟女儿们在一起也不太舒服和自在，这也许就是他对女儿们的爱飘忽不定的原因吧。但幸运的是，对于国王来说，为人父母并不是他们的首要任务。亨利有了新的妻子来担当这个角色。

继母与禽兽

　　当亨利抛弃凯瑟琳投向安妮的怀抱时，前王后依然坚信她在道义上、法律上以及精神上都是站得住脚的。她因此拒绝承认那份宣

① 正因为如此，大家对最为著名的一幅安妮·博林的画像至今都还有争议。有的人说，这其实是安妮的女儿伊丽莎白的画像，只不过她戴了母亲的项链而已。

布自己与国王的婚姻无效的判决书。玛丽跟她母亲的想法一样，并且拒绝抛弃她的母亲，因此亨利便剥夺了她的继承权。他收回了玛丽的头衔与财产，并且将其全部赐予了伊丽莎白。更让其感到耻辱的是，他还让玛丽成为用人去照顾她还在襁褓中的妹妹。

安妮一向都把玛丽看成眼中钉、肉中刺，尤其是她迟迟未能给国王诞下一名男孩。所以，安妮甚至游说国王将玛丽处死，还说不是玛丽死就是她亡。[1]根据传记作家特雷西·波曼的记载，安妮想尽了一切办法来削弱玛丽的地位，同时将玛丽所有的东西都夺走并且送给伊丽莎白。

这其中甚至包括玛丽的名字——安妮强烈地争辩说，她刚生的女儿应该取名叫玛丽。[2]这样一来，两个女孩之间的战争从小就是不可避免的了，她们会争抢所有的东西。之后故事的发展颇像经典的"女巫继母"的故事，玛丽在照顾妹妹的时候，安妮要想法设法恶毒地对待这位被废黜的公主。而伊丽莎白则在母亲安妮的庇护之下享尽了一切的荣华富贵，甚至她的靠枕都是镶黄金的。与此同时，安妮要确保玛丽一无所有，以配合她被废除之后的低贱身

---

① 特雷西·波曼：《伊丽莎白的女人们：塑造了"童贞女王"的朋友、对手以及敌人》，兰登书屋2010年版。

② 特雷西·波曼：《伊丽莎白的女人们：塑造了"童贞女王"的朋友、对手以及敌人》，兰登书屋2010年版。

份。①

伊丽莎白和安妮享受亨利宠爱数年之后，最终也被国王弃于一边了。就在安妮怀上儿子但流产了之后，亨利便开始找方法来冷落她了。当他听到有谣言说，这位风情万种的王后对自己不忠时，他感到机会来了。这位最不让人喜欢的王后树敌众多，这时候敌人们纷纷站出来说，王后有将近100位情人，其中还包括她的亲哥哥，乔治·博林。包括她哥哥在内的很多不幸的男人因为这个谣言被处死了。

安妮顶着王后的荣誉接受了满是谎言的审判，她在法庭上被指控犯有通奸、乱伦以及叛国等罪名。在那以后，她几乎都被关在伦敦塔的监狱里，当轮到她出庭的时候，她断然否认了所有的罪名。但是，她那些所谓的"情人们"却在严刑拷打之下做出了很多针对安妮的子虚乌有的"坦白"与指控。

亨利声称，安妮对他施了魔法迷惑了他，实际上他们从来没有真正地结过婚。正因如此，他甚至都不需要正式地剥夺伊丽莎白的继承权。他开始叫她为野种，因为安妮有这么多情人，所以他开始质疑自己究竟是不是伊丽莎白的亲生父亲。安妮完蛋了。她最终被判有罪，在1536年5月19日被处死。在她带来的诸多变化中，最引

---

① 特雷西·波曼：《伊丽莎白的女人们：塑造了"童贞女王"的朋友、对手以及敌人》，兰登书屋2010年版。

人注目的当属她是英格兰历史上第一个被斩首的王后。[1]在安妮被处死之后的24小时之内，简·西摩与亨利八世订婚，11天之后，他们正式结为夫妻。

简·西摩也没能活多久。她是唯一一个仅仅在位一年半的王后，但她在这么短的时间内却成功地为国王生下了一个男孩，爱德华。在爱德华出生两周后，简就去世了。同时，亨利的女儿们也渐渐远离了他的生活，因为在接下来的9年里，亨利又娶了三任妻子。

国王为简的离去哀悼了几年。之后，他终于同意与克里维斯的安妮结婚。这位安妮是新教同盟的公主。当时的欧洲正处于宗教改革时期，宗教战争绵延不绝。英格兰在很多方面同时得罪了新教徒与天主教徒，所以这个时候，它需要明确，自己究竟站在哪一边。

亨利与克里维斯的安妮结婚的目的是要建立政治上的联盟（这个计策是他那能干的首相建议的）。但是当亨利与安妮见面之后，他将联盟一事忘得一干二净。他说安妮就是"弗兰德斯母马"[2]，毫无亮点，因此拒绝与之结婚。他非常生气，最后需要大臣们不断地安抚，他才平息怒火。但最终，他还是和这位有点矮胖的德国女人在1540年1月结了婚。她和她那聪明的继女伊丽莎白生活在一起，而玛丽则开始被新教徒所影响，两个公主在一起生活、成长，直到多年以后安妮去世才分开。她的思想观念很传统、很朴实，而

---

① 罗伯特·莱西：《英国历史大事记》，Back Bay Books/ Little Brown出版公司2007年版。

② 罗伯特·莱西：《英国历史大事记》，Back Bay Books/ Little Brown出版公司2007年版。

她的的确确是一个好的继母，也是一个安分守己的妻子。

尽管如此，亨利仍然表示不喜欢有关于她的一切，据说国王看见她就会阳痿。他想摆脱这段婚姻。安妮比她的前任们要聪明许多，她开心地同意了国王的要求。这段婚姻在婚礼举行6个月之后就草草结束了。为了感谢她的大度，亨利赐予了她一座宫殿、用人以及"国王姐妹"的皇家头衔。

他赶走了唯一一个对孩子们很好的继母。仅仅过了16天，他就和他的第五任妻子凯瑟琳·霍华德结婚了。她是安妮·博林的表妹，是一个私生活非常混乱、没有头脑的少女。在她与国王两年半的婚姻生活中，她从来没有去努力做个贤惠的王后，但是却证明了她是一个美丽又恶毒的继母。（她比玛丽要年轻差不多10岁，玛丽公然表示反对她。）为了打击玛丽这个不尊重自己的继女，凯瑟琳遣散了玛丽的女佣，而且试图在公开场合侮辱她。

但是亨利却深深地迷恋上了凯瑟琳，这又是典型的年老的蠢货与年轻的小妞在一起的桥段，亨利还将她比喻成"没有刺的玫瑰"。在经典的桥段里，年老的蠢货会用金钱、礼物、宠爱将他的玩物层层包围，同时还会有一根长长的绳子把她们给拴住，甚至长到可以捆住她们。所有人都非常之开心，以至于都忘记了她在婚前与那么多人交往过，而她在婚后也并没有收敛，还是继续在外面拈花惹草。考虑到这位火辣的少女嫁给了一个肥胖而又情绪化的老人，同时这位老人还有着很强的性欲和一条溃烂着的瘸腿[1]，你就很难指责她去别处找伴侣了。

但是，亨利会。

在1541年11月之前，所有的人都知道或者怀疑她的行为不检点，有的人甚至还因此勒索她，作为闭嘴的交换条件。最终，大主教克兰麦[2]终于看不下去了，因为针对王后通奸的证据是如此之确凿，于是他选择了向国王告发此事。跟王后的表姐安妮的案件不同，亨利完全不愿意相信对凯瑟琳的所有指控。虽然他下令进一步调查，但这也许是因为，他确认王后是无辜的。

相反地，当所有的事实都被查出来之后，真相比亨利想象中的要糟糕得多。但他在性生活上依旧迷恋着凯瑟琳，于是他经过异常艰难的过程才做出了以下决定[3]：当卫兵前去逮捕并且收押王后的时候，她还试图请求丈夫饶恕自己，但此时的国王却选择了沉默。她被士兵拽着头发，从长长的走廊上拖了出去。这一幕被所有的人，包括伊丽莎白都看在眼里。[4]1542年2月13日，这位王后在格林塔被处死。

---

[1]　亨利在壮年的时候，因为在马上用长矛比武发生意外而受伤。他的伤口一直在溃烂、流血、流脓，没有完全痊愈，因此他完全没有魅力。

[2]　安妮·博林的老神父最终成了英格兰的大主教。他得以与安妮一起获得了很高的地位。

[3]　罗伯特·莱西：《英国历史大事记》，Back Bay Books/ Little Brown出版公司2007年版。

[4]　苏珊·罗纳德：《海盗女王：伊丽莎白一世的海盗冒险以及帝国的黎明》，英国历史出版社2007年版。

她被埋在伦敦塔内的圣彼得·温库拉礼拜堂，离她表姐安妮·博林的墓不远。玛丽非常开心看她被带走，但是伊丽莎白却因为这个事件而受到严重的心理创伤，从此告诉世人，她将终身不嫁。[①]

亨利的第六任，也是最后一任妻子叫凯瑟琳·帕尔，她年纪不小，已经守寡两次，在31岁的时候就成了继母。她在国王身边更像是一个生活上的伴侣。她受到过非常良好的教育，知书达理，同时在宗教改革的理念上相当激进。最为重要的是，她懂得使用外交手段来与国王和平相处，她也很聪明，不会试图去操纵国王。她对伊丽莎白有着深远的影响，在亨利去世之后，她仍然继续将伊丽莎白和爱德华视为己出。

除了给予伊丽莎白和她的弟弟细致的照顾和良好的教育之外，凯瑟琳·帕尔最重要的贡献是，她最终成功地修复了亨利与两个女儿的关系，并且将两姐妹重新放在了王位继承的系统里。在这点上来说，她不仅仅让她们再度成为姐妹，更是分别给了两姐妹一人一顶皇冠。

---

① 特雷西·波曼：《伊丽莎白的女人们：塑造了"童贞女王"的朋友、对手以及敌人》，兰登书屋2010年版。

"血腥玛丽"和"童贞女王"

经过了数十年的虐待之后，你也许会认为这两个同父异母的姐妹都会痛恨她们那变态的父亲。但事实却恰恰相反，她们反而很崇拜他。她们只是互相憎恨对方。玛丽憎恨伊丽莎白以及她的母亲安妮。

同时她还憎恨新教徒。正是她对新教徒的血腥镇压让她有了"血腥玛丽"这个著名的称号。她指责她的第一位继母和妹妹让她财富与运气尽失，过了很多年悲惨的生活。当她登上王位以后，她也试图对妹妹采取宽容的政策，但是并没有维持很久。很快，她把自己受到的委屈与蔑视都归罪于她的小妹妹。伊丽莎白此时向玛丽有意地接近一些，因为很明显，她不喜欢自己任人摆布。而她那好猜忌的姐姐命令她待在家里，类似于高级版的囚禁于室。为了避免玩火自焚，伊丽莎白也乖乖地照做，她尽可能多地待在家里，哪里都不去。但是随着时间的推移，她逐渐地有了与她母亲在几十年前一样的想法：玛丽是一个难题，她与玛丽之间有一个人必须死。只需说两个女人之间多半不和就够了。玛丽和伊丽莎白之间也正是如此。

正如我之前提到的，玛丽比较严厉而且虔诚，而伊丽莎白则是光芒四射。她还非常年轻漂亮，但她的姐姐很显然不是这样。作为统治者和思想者，她们也是完全不同的。伊丽莎白是天生的政治家，是非常具有改革意识的思想家。她接受了非常好的教育，也是一个无可辩驳的高智商的人。她希望能够将国家带入下一个光明的新世纪。而玛丽有的是与生俱来的忠诚以及希望通过教会为母亲报仇的欲望，因此她竭力要让国家回到过去。她坚信整个世界只有回到英格兰打败罗马之前的旧秩序，才能够永久和平。

玛丽对宗教极其狂热，就像她的家族所坚持的那样，她完全不能容忍新教以及其他非天主教的宗教（更别说那些假的转化者了）。她跟她的母亲一样，在许多方面都可以看出她对宗教极为虔诚，其中包括精神上的谦卑以及慷慨这些好的性格。然而不幸的是，就像她的父亲一样，她在中年时，不知道从几时开始变得疯狂而再无理智可言。

在她三十几岁的时候，这位之前长期受苦的信徒开始变得偏执多疑、脾气古怪、有暴力倾向，以及有妄想症。她坚信她的妹妹在设计陷害她。而实际上，她觉得每一个人都在设计陷害她。她将很多她认为是异教徒的人活活烧死，因此落得了一个"血腥玛丽"的称呼。伴随着自我防卫（并不是说那些大规模屠杀的行为属于正当防卫），她在一生中都深受折磨，不仅在伊丽莎白母亲安妮·博林的手中如此，更有历史的潮流以及想要为自己谋取利益的继母们"轮番上阵"。伊丽莎白也有同样的问题，不仅有年长的姐姐会来惩罚她，而且有一整座皇宫的贵族都说她是私生子，说她母亲是"妓女"，这样的情形一直持续到她登基之后才有所收敛。很少有人在英格兰的都铎王朝很容易就能够生存下来。但是姐妹两人都成功地活了下来，而且都登上了王位。在年轻时所经受的严峻考验，让玛丽变得多疑而冷酷，同时却让伊丽莎白变得聪明而且有着很强的适应能力。

在亨利去世的1547年之前，整个国家四分五裂，战争不断。亨利对本国修道院的镇压行为，包括剥夺其权力、土地和财产（他将这些财产重新分给他自己和其他权贵），让英格兰与罗马教廷的关系极为紧张，还让英格兰的君主权力凌驾于教会之上，这无疑是在新教徒与天主教徒之间紧张的关系上面火上浇油。亨利做的唯一一件清醒的事情是关于他的继承权问题的。记住，他有一个病恹恹的儿子，爱德华。因为他的第一任和第二任妻子在他与简·西摩结婚的时候就已经死了（从安妮的经历看，这是迟早的事），因此爱德华在法律上是拥有继承权的。他是男孩，又被法律所承认，因此他就是未来的君主。由于他还是一个小孩，因此在接下来不到十年的时间里，宫廷里发生了各种如摄政、权力争夺、政变阴谋之类的故事。直到最后，爱德华由于患肺结核而死去。

天主教徒与新教徒对于玛丽·都铎将会是爱德华的继任者这一事实而深感不安。这对于新教徒来说是很可怕的，因为他们能够预感大难即将来临；这也让天主教徒们很生气，他们真心不希望看到一个女人成为国王，哪怕她对天主教极为虔诚。虽然如此，"她是一个女人，也是都铎王朝的女人，在绝大多数英格兰人的眼中，她才是真正的王位继承者。"①换句话说，在那个时候，即1553年的夏天，她看起来是最好的人选来继承王位，于是玛丽在人民的支持下登上了权力的巅峰宝座②，正如一句拉丁语说的——"Vox populi, vox dei"，意思是"人民的声音就是上帝的声音"。

　　她的声望并没有持续多久，但在有限的时间内看起来还是很美好的。她表现得非常宽宏大量，不计前嫌，甚至还邀请她的死对头妹妹伊丽莎白和她并肩骑行在从乡村回宫殿的路上。传记作家特雷西·波曼如此形容这个场景："玛丽热情地拥抱她那同父异母的妹妹，并且挨个亲吻她的女侍。随后她给了每个女侍一件珠宝作为礼物。她给伊丽莎白的是一串镶有黄金的白色珊瑚珠子组成的项链，上面还有红宝石和钻石作为装饰。在随后的庆祝仪式中，这位新登基的女王将妹妹排在了自己之后的最靠前的位置，而且从头到尾都让她陪在自己的身边。表面上看，玛丽的登基修复了两姐妹之间的旧伤口，她们能够彼此尊重、和谐地生活在一起。但实际上，这更是加剧了她们之间的关系进一步破灭。"③

　　当玛丽和伊丽莎白在伦敦的街道上骑行的时候，"不和谐的种

---

① 特雷西·波曼：《伊丽莎白的女人们：塑造了"童贞女王"的朋友、对手以及敌人》，兰登书屋2010年版。

② 在玛丽登基之前，简·格雷曾被短暂地推上王位，但很快被废黜，她被称为"九日女王"。

③ 特雷西·波曼：《伊丽莎白的女人们：塑造了"童贞女王"的朋友、对手以及敌人》，兰登书屋2010年版。

子已经在悄然地生根发芽了"①。玛丽开始变得行为古怪，喜怒无常，而且与人民对其的期望渐行渐远。

她的表现既不像一个强权的君主，也不像一个迷人的女王。"玛丽缺少她父亲所拥有的取悦民众的能力，当她穿过人群的时候，对民众欢呼声的反应极为奇怪，表现得特别疏远和冷漠。当一群贫穷的孩子为她唱诗的时候，她竟然没有对孩子们说一个字。"②但是伊丽莎白则跟她的父亲比较像，她懂得如何在民众面前表现成一个受人爱戴的人，而且她也和她母亲一样长得美丽动人。波曼还写道："相比之下，伊丽莎白则继承了亨利八世很善于营造良好公众形象的天赋，她通过优雅地对民众挥手或者点头，吸引大家的注意，博得大家的好感，群众里的每个人都觉得伊丽莎白是在对自己致敬。"③

伊丽莎白的声望是靠她的外表和气质支撑起来的，她窃取了玛丽的光环，让自己一步步走向胜利。大家描述说，她有着不可抵抗的美丽让所有的男人都为之倾倒，这点跟安妮·博林非常像。波曼写道："她的个子比姐姐要高，她的姐姐只是中等身材。"换言

---

① 特雷西·波曼：《伊丽莎白的女人们：塑造了"童贞女王"的朋友、对手以及敌人》，兰登书屋2010年版。
② 特雷西·波曼：《伊丽莎白的女人们：塑造了"童贞女王"的朋友、对手以及敌人》，兰登书屋2010年版。
③ 特雷西·波曼：《伊丽莎白的女人们：塑造了"童贞女王"的朋友、对手以及敌人》，兰登书屋2010年版。

之，玛丽很矮，哪怕放在16世纪也是如此。更糟糕的是，"虽然玛丽才三十几岁，但是她看起来非常老相。她内心的挣扎与悲哀让她青春年华不再，而她永远都紧闭着的双唇也无法让她看起来更年轻"[①]。玛丽的声望持续的时间很短，此外，大家将她和伊丽莎白以及安妮之间进行的比较从来没有停止过。这也就成了一对姐妹花最终反目成仇的开端。

两个女孩，一颗珍珠

两姐妹之间的关系越来越糟，对于玛丽这位女王来说，日子也不太好过。玛丽陷入了深度的偏执狂躁，由于她在宫中安插的很多伊丽莎白的敌人（比如西班牙的大使，他希望在这个信奉新教的公主继承王位之前就摧毁她）不断向她打小报告说有人想要暗算、陷害她，因此她更是深陷其中而不可自拔，觉得人人都要加害于她。此外，玛丽上台之后做的第一件事情，就是给议会送了一张传票，声称亨利八世与她母亲的婚姻是合法的，重新在法律上认同了自己的地位从而削弱了伊丽莎白的地位。而且玛丽主张信奉天主教，她将整个王宫以及整个王国都变成了天主教的大本营。伊丽莎白拒绝参加任何公开的教会活动，而且她也拒绝转而信奉天主教，她只是

[①] 特雷西·波曼：《伊丽莎白的女人们：塑造了"童贞女王"的朋友、对手以及敌人》，兰登书屋2010年版。

偶尔假装会参加一些活动，而玛丽每次都因为相信妹妹的谎言而上当受骗。这样就让高高在上的女王显得特别愚蠢，这些事情也让她对暗自得意的小妹妹憎恨有加。

最终她们之间的关系变得越来越糟糕，以至于伊丽莎白感觉到自己需要消失一阵子来避避风头。她请求玛丽允许她离开王宫，前往她在乡下的家里暂住一段时间。不幸的是，她刚一离开，小托马斯·怀特爵士（安妮的情人——诗人托马斯·怀特的儿子）便率领一众新教徒开始了反对玛丽女王的叛乱。伊丽莎白与这一场起义完全没有关系，而小托马斯·怀特在被处死之前也撇清了伊丽莎白和这场叛乱之间的关系，然而玛丽却拒绝相信她的妹妹是清白无辜的。玛丽最信任的行政长官从第一天起，就一直在她耳边说伊丽莎白的坏话，而且玛丽一直都生活在重压之下，当时她在民众中的声望也跌到了谷底，你可以想象她得有多么紧张不安。仅仅是"伊丽莎白参与了叛乱"这条谣言，就足以让她再次陷入偏执慌乱的境地。

女王最终决定将她的妹妹关入大牢，让她像母亲安妮·博林那样被囚禁在伦敦塔的监狱，一直到死。伊丽莎白也很明白她可能面临的结局会是什么样。作为公众恐慌事件中一个罕见的事例，伊丽莎白拒绝走出送她到伦敦塔的船舱，之后又拒绝进入伦敦塔，只是默默地在黑暗中坐在大门外，任凭天上下着倾盆大雨。最终，她控制住自己的情绪，同意被送到监狱里关押。她在伦敦塔的监狱里从1554年3月只待到同年5月就被放了出来，虽然在这三个月里她一直都在被恐吓以及审问，但最终没有任何的证据证明伊丽莎白参与了这场叛乱。尽管玛丽非常想处死妹妹，但她的愿望还是没能实现。因为从法律的角度来说，如果她处死了伊丽莎白，那么其行为与谋杀无异。最终，玛丽释放了伊丽莎白，同意她只待在重兵看守的家里。

与此同时，由于玛丽的虔诚，她同意了一个女人不能独自掌管国家大权的说法，而且她当时已经37岁了，留给她在婚姻这个市场上的时间也已经不多了，于是她赶紧开始找一个国王。毫无意外地，她嫁给了西班牙的王储菲利普，她说在第一眼看到他的画像时，就立即爱上了他。她是如此深爱着这位西班牙王储，以至于无法容忍任何反对这门婚事的意见。①她也许是没有注意到，也或者是不关心，她其实惹恼了包括权贵和平民在内的大多数人。一个西班牙王后也许可以被接受，但一个西班牙国王可就未必了。西班牙在新大陆掠夺了大量财富，因此在当时，西班牙是世界的权力中心，而仇外的英国人则感觉此时英国会完全降服于西班牙的统治。如果玛丽和菲利普的联姻时间再久一点的话，很有可能这样的担心会变成事实。

这桩婚事的准备工作在有条不紊地进行着，事实很快就验证了，玛丽真的不会拒绝菲利普的请求。正是菲利普坚持让玛丽释放伊丽莎白，不要再继续软禁她，要把她带到宫中来，与她和解。玛丽很不喜欢这个建议，但是却不得不同意菲利普的想法。毕竟玛丽

---

① 特雷西·波曼：《伊丽莎白的女人们：塑造了"童贞女王"的朋友、对手以及敌人》，兰登书屋2010年版。

深深地陶醉在这一场如真似幻的爱情中。菲利普非常英俊迷人，比她小11岁。她在菲利普面前表现得像一个情窦初开的十几岁的少女，几乎完全忘记了自己已经37岁这个事实，有点傻傻地分不清理想与现实的差距。她的行政官们最终也承认了这门婚事，只不过他们此时又坚持要起草婚前协议，其中就包括"英国人不得被征召入伍参加西班牙发起的战争"以及"菲利普不能独立行使国王的权力，也不能将皇冠据为己有"等条款。最终的结果表明，玛丽并没有强制执行其中大多数的规定。[1]

但在那个时候，是菲利普将"流浪者"珍珠送给了玛丽当作结婚礼物的，这颗珍珠也由此成了英国王宫的瑰宝。[2]没有人见过比它更美的珍珠了。那个时候，人们还不太能测算出珍珠的年龄，但它仍然被认为是世界上最完美、最珍贵的珍珠。伊丽莎白一看到它，就完全不能将眼睛移开了。

美丽和其他寄生条件

珍珠从人类开始使用工具的时代起，就已经是一种价值高昂的宝物了。人们认为珍珠是最古老的宝石之一，它们的化石在石器时

---

[1]　玛丽授予菲利普二世"并肩王"的称号，意思是二人联合掌权。后来，他用英国的国库资金来支持在两个国家发动的"圣战"，还坚持要英国人与西班牙一道入侵法国。

[2]　维多利亚·芬利：《珠宝秘史》，兰登书屋2007年版。

代的墓葬里被发现过。珍珠不需要切割或者打磨就已经很美了，这也是珍珠能够最早得到人们青睐的原因之一。在世界上很多古代的文化里，珍珠与关于月亮的传说是紧密联系在一起的，而且珍珠还喻示着爱、纯洁以及完美无瑕。在古代近东的部分地区，人们相信珍珠是女神在月光下相守千年滴落的泪珠。

用珍珠来彰显统治者与贵族的社会地位及身份的做法可以追溯到远古时期。在古罗马时代，恺撒大帝就曾经下令，只有特定的社会阶层才能够佩戴珍珠。在中世纪的法国、意大利和德国，这样的风俗又卷土重来，只有贵族阶层才能拥有珍珠。在英格兰，爱德华三世更加离谱，他不仅下令规定哪些人不能佩戴什么宝石，还为每个社会阶层都规定了他们分别只能佩戴什么样的装饰品。

除了炫耀性消费品之外，在很长一段时期之内，珍珠还被视为神的代表而用在宗教的祭祀中。只要是有代表女性的神出现的地方，就会有珍珠。在罗马，珍珠代表着爱神维纳斯，她也是从海里的贝壳中诞生的。[①]在古希腊的故事里，人们认为珍珠是在爱与美之神阿佛洛狄忒从海里诞生之时，从她的身上滴下来的水珠幻化而成的。人们认为珍珠保留了女神独有的气质：光彩照人而且无比纯净。此外，珍珠还被看作埃及女神伊西斯的象征。在中国，珍珠是古代四大美人之一的西施的象征。珠宝与宗教之间的关联在全世界都是很普遍的。每一种宗教文化所表现的方式可能不一样，但其内

---

① 尼尔·H.兰德曼等：《关于珍珠的自然历史》，哈利·N.艾布拉姆斯出版社2001年版。

涵却都是一致的：闪耀与天神同在。

不管供给与需求之间的关系如何变化，珍珠始终很难被找到，因为珍珠只存在于海底的另一种动物的体内。与其他的宝石不同，珍珠不是石头。它们是另外一种动物进行某种生理性活动的时候产生的副产品。很有趣，对吧？实际上它们是两种动物的副产品。大多数人只听说过沙砾会刺激蚌分泌出珍珠汁，进而使其慢慢地在体内长出珍珠。这个故事是正确的，但是在某些情况下，即使没有沙砾也同样能够产生珍珠。珍珠的形成过程就像是砌垒砖墙一样，由很多层珍珠质组成，这个过程使得珍珠成了唯一一种不是晶体的珠宝，它是从活体组织里分泌的物质组成的，就像是人体内的肾结石一样。

除了进沙子以外，蚌[①]还会被感染，或者被一种很小的虫子寄生在体内，又或者是其他的碎屑物质掉进了壳里，这个时候，蚌没有办法将这些东西赶出体外，那它们就启动了自我保护的体系：分泌珍珠质将这些异物层层包裹起来，直到这些外来入侵者对身体不再有害。人们甚至还发现过一些非常小的鱼或者其他的海洋小生物跑进了蚌的壳里面，结果最后被包裹成了珍珠，而且还保留着它们原来的形状。

母亲的天性是惊人的。构成珍珠的物质大部分都是多晶型的碳酸钙，这些碳酸钙以两种形态存在：霰石与方解石。方解石在这两

---

① 所有软体动物，几乎都会制造形态各异的珍珠，有一些比蚌的珍珠还要值钱。

种多晶型中性态更稳定。霰石与方解石是由同样的物质组成的，但是各自的分子排列不尽相同，所以这两种多晶型的物理形态很不一样。就像钻石与石墨一样，形成哪种物质完全取决于碳原子的排列顺序。实际上，霰石在极高温的条件下会转化成方解石①。

但碳酸钙并不是珍珠的全部成分。珍珠有大概10%—14%的成分是贝壳硬蛋白，是由多糖和蛋白质组成的。还有2%—4%的成分是水分（所以不能将珍珠加热）。珍珠是由很多层珍珠质组成的，就像洋葱那样。蚌用一层又一层的珍珠质将外来的寄生虫和沙子包裹起来，最终成了珍珠之母。

与洋葱不同的是，珍珠的结构层是不规则的。因为珍珠的每一层物质都不会等到上一层完全形成之后再建造下一层，而是通过一种名为生物矿化的作用过程让两种完全不同的物质变得跟砖和砂浆一样去构建每一层。霰石形成了六边形的晶体"砖头"，而贝壳硬蛋白则像是砂浆一样不规则地往里浇灌，从而形成了一层又一层的珍珠结构层。

这些晶体"砖头"不同的厚度和排列方式以及"砂浆"的量共同决定了珍珠的光泽和晕彩。珍珠的光泽来源于它镜子一般的曲面，它的表面非常坚硬，不会被刮花。曲面越平整，表面越无瑕，光泽度就会越好，光芒也会更加闪亮。但是珍珠远远不止于闪耀。一颗珍珠是由上百万层晶体和生物组织构建而成的，所以光线不单

———————————

① 必须将霰石加热到380℃—470℃才会把它转化为方解石。

单在表面反射。在六边形的晶体"砖头"之间有着上百万个细小的缝隙，当光线透过珍珠表面的时候，就像是阳光从碎屑墙穿过那样。光线一旦进入珍珠里面，立即像是在水底那样漫射开来，让珍珠看起来特别光彩透亮。换言之，珍珠的光芒其实是来自珍珠内部。因为那些"砖头"并不是呈完全的直线排列，所以光线会在珍珠里产生一种叫"衍射"的光学现象。

当光线的光子穿过珍珠表面的时候，它们经过那些不规则摆放的晶体"砖头"时就会像弹球一样散射开来。因为"砖头"是透明的而"砂浆"是不透明的，其颜色有可能是从白到黑之间任意一种，因此珍珠的外表看起来会千差万别。简而言之，珍珠的美如此独到就是因为它们拥有人类的眼睛定义美丽的一切标准。

它们以"衍射"或者"晕彩"的方式而闪亮；它们因为有着坚硬的反射表面而闪耀；它们由于光线进入之后的漫射而夺目。它们足够美丽，以至于让你忘记了其实它是一个包裹着寄生虫的组织残留物。

就是要炫耀

珍珠从来都是非常稀有而难找到的，因此在稀缺性影响以及供需理论当中，珍珠便意味着金钱。但是"流浪者"珍珠却远不止于金钱。为什么菲利普没有送一颗红宝石或者是钻石给他的未婚妻呢？为什么没有送一颗巨大的祖母绿？毕竟这是西班牙帝国，送祖母绿显得更加合理。但是实际上，西班牙不仅仅掠夺祖母绿。一开始，哥伦布得到的王室承诺是说，在他发现的任何一片土地上找到的财宝的10%都可以归他所有。但是他却没办法说出他在那里究竟找到了多少钱财而最终跌入了耻辱的境地。在他失去的诸多东西中（例如自由），他与王室签订的对发现的财产进行分成的协议被幸运地保存了下来。诚然，他与王室缔结的协议被修改成为经典的"皇家税"的模式，即在新大陆找到的所有财产的20%将直接归王室所有。

那里究竟有什么财宝呢？在新大陆发现的珍珠数量是如此之大，以至于美洲被称为"珍珠大陆"。16世纪也成了"珍珠的伟大世纪"。据芝加哥菲尔德自然历史博物馆的馆长说，"在1515年到1545年间用来流通的珍珠的数量比之前或者之后任一历史时期都要大得多"[①]。在珍珠文明之前的年代里，"流浪者"珍珠确实是送给女王的礼物的不二之选。珍珠在历史上一直都是最有价值的宝石，因为它的供给有太多的不确定性，因此在16世纪以前，它们几乎是专为王室而存在的。因为它那独有的光学特质以及它们神秘的、鲜活的起源，珍珠从来都是与神秘和性感联系在一起的，再加上它们那令人陶醉的白色，珍珠自古以来就象征着女性、童贞以及神圣的基督。

一颗巨大的珍珠是献给这位刚上位而又虔诚地信奉着天主教的

---

① 尼尔·H.兰德曼等：《关于珍珠的自然历史》，哈利·N.艾布拉姆斯出版社2001年版。

女王最好的礼物。女王携37岁的处子之身即将下嫁，而同时她又对自己的王位是否稳固有一丝丝不安全感。但是这并不是前述问题最真实的答案。珍珠来自新大陆，最重要的是西班牙占有了新大陆。就像其他任何一枚订婚戒指一样，"流浪者"珍珠"希望被其他人看见"的意义与"取悦新娘"的意义是完全一致的。一颗巨大的珍珠来自西班牙的未婚夫，向玛丽以及英格兰的每一个人都传递着再清楚不过的信息，但这个信息无关于双方都信奉的天主教，也无关于要成为并肩王的意图，更无关于玛丽那年近40岁的处子之身。

这是一个关于财富、权力以及称霸世界的故事。不管玛丽是否清楚这一点，但整个国家的其他人都清楚，而这并没有让这位新的女王以及她的新国王在贫穷的英格兰人中间受到爱戴与欢迎。王室举办了一场豪华的罗马天主教式的婚礼，大约有20车的黄金从西班牙运到了伦敦的街道上，但是这一切也是徒劳的。[①]整个英国从朝廷到民间的反西班牙情绪日益高涨。幸运的是，这段婚姻并没能持续多久，不仅短，而且非常悲剧性。

最糟糕的三角恋

玛丽和菲利普在1554年7月25日正式结婚，玛丽为这桩婚事感

---

① 彼得·阿克罗伊德：《都铎王朝：从亨利八世到伊丽莎白一世期间的英格兰历史》，《英格兰历史（第2卷）》，圣马丁出版社2013年版。

到非常欣喜，然而菲利普却恨死了英国的一切，从天气到人，无一幸免。而在这桩外交婚事里，他尤其讨厌的正好是他的新婚妻子。玛丽比他大11岁，在菲利普的眼里，玛丽就是一个依赖性很强的平庸女子。而且英国的议会还拒绝让菲利普和玛丽联合掌权。对于西班牙国王的儿子来说，沦为女王的配偶简直是一个天大的耻辱。[1]

但这并不意味着玛丽就不会对她的丈夫言听计从，于是乎英国的朝廷官员们对此都非常愤怒。甚至有传言说玛丽希望解散议会，将王位传给她的丈夫。[2]菲利浦和朝廷之间的矛盾日渐加深，在玛丽女王结婚之后几个月这个矛盾达到了巅峰。而就在这个时候，女王宣布她怀孕了。根据她的描述，她的的确确看起来像是怀孕了。她的例假也停了，甚至好像开始分泌乳汁了。但实际上她并没有怀孕。

在经过了数月的期待与准备并且要正式宣布这个喜讯的时候，大家发现玛丽并没有怀孕。这起乌龙怀孕事件对她而言又是一次公开的羞辱，历史学家们后来猜测她其实是患了泌乳素瘤[3]，所以才有之前说的那些类似怀孕的症状。从那以后，玛丽彻底疯了。在

----

[1]　彼得·阿克罗伊德：《都铎王朝：从亨利八世到伊丽莎白一世期间的英格兰历史》，《英格兰历史（第2卷）》，圣马丁出版社2013年版。

[2]　彼得·阿克罗伊德：《都铎王朝：从亨利八世到伊丽莎白一世期间的英格兰历史》，《英格兰历史（第2卷）》，圣马丁出版社2013年版。

[3]　泌乳素瘤是长在脑下垂体里的一种肿瘤，会让身体产生类似于怀孕的一系列症状。除此之外，患者还会有偏头痛、情绪不稳定以及逐渐失明等症状，而这些症状在玛丽身上也都出现过。

1554年—1555年期间，她不仅对罗马教廷有诸多不满，而且更是大肆地折磨和屠杀新教徒，将300多名新教徒活活烧死，甚至连西班牙王室也觉得她做得太过分了。直到她那醉心于"圣战"的丈夫告诉她"你需要歇歇了"[1]，她才罢手。在1555年的4月，伊丽莎白再度被软禁在家里，直到她那没有怀孕的姐姐玛丽去做假分娩。玛丽把伊丽莎白从伍德斯托克叫到伦敦的白厅——玛丽的身边。这看似满是姐妹情深，但实际上，伊丽莎白只是待在那儿，以防玛丽在分娩时出意外。

整个故事有趣的点在于，菲利普在伊丽莎白达到后没几天便私下与她会面。伊丽莎白让他很着迷[2]，菲利普送了一颗价值4000达克特的大钻石给她作为礼物。[3]（粗略地估计一下，在今天来看大概等于2300万美元——作为赠送给初识的小姨子的礼物，这还不赖。）

在那之后，据说他坚持要妻子原谅伊丽莎白。在菲利普的坚持下，玛丽只好与伊丽莎白达成了和解，也有可能只是面子上假装一下而已，但至少她还是这样做了。到后来当玛丽躺在床上快要死去的时候，菲利普甚至以玛丽没有孩子为理由要求她立伊丽莎白为王

---

[1]　罗伯特·莱西：《英国历史大事记》，Back Bay Books/ Little Brown出版公司2007年版。

[2]　苏珊·罗纳德：《海盗女王：伊丽莎白一世及其海盗冒险，以及帝国的曙光》，哈珀·柯林斯出版集团2009年版。

[3]　彼得·阿克罗伊德：《都铎王朝：从亨利八世到伊丽莎白一世期间的英格兰历史》，《英格兰历史（第2卷）》，圣马丁出版社2013年版。

位的继承人。

　　几年之后，伊丽莎白跟别人说，菲利普自从第一次见到她的时候就爱上了她。菲利普对这个说法不置可否。也许他们两个有默契，从而刻意安排了类似的情境让别人以为他们会一见钟情，但实际上并不是这样。但是在菲利普见到伊丽莎白之前，他确实认为玛丽是一个很无聊的人。也许菲利普爱上了伊丽莎白，也许他喜欢四处拈花惹草，也许他只是想得更远一些，想要攀附上英格兰的下一个女王。这些都不重要，因为不管怎样大家都知道，菲利普想要的是伊丽莎白而不是玛丽。

　　到了8月，人们非常懊恼地发现玛丽根本就没有怀孕。9月4日，菲利普也离开了王宫前往别处去执行任务。①他整整两年没有回去，在这段时间里，伊丽莎白又回到了她自己的家里待着，而玛丽则变得更加歇斯底里，时而哭泣，时而敲打自己，还在私下里诅咒她那"恶毒"的妹妹。菲利普为了寻求英国支持西班牙哈布斯堡王朝入侵法国的战争，在1557年回到王宫待了一个月。当然玛丽倾其所有（就是金钱）来支持她的丈夫，全然不顾婚前协议里禁止她支持西班牙进行战争的条款。但这次菲利普的到访不仅仅让她损失了很多钱财，这就像是第二次假怀孕事件，同时还让英格兰失去了

────────────

① 实际上，菲利普运气非常好，他当时非常及时地有了回西班牙执掌大权的借口。当时，他的父亲，国王查理五世选择了退位前往修道院安然度过余生，也许是对他们在南美洲的所作所为感到愧疚。

在法国大陆的唯一领地：加来港。

经历了这么多事件以后，玛丽变成了整个欧洲都在嘲笑的对象，大部分的人民都憎恨她，她的丈夫也抛弃她，她那年轻漂亮的妹妹也让她黯然失色，玛丽看起来就像是一个笑话，身体与心理遭受双重折磨，玛丽开始走向死亡。同年9月，当菲利普得知玛丽即将去世的消息之后，他立即派了一名外交使节去向伊丽莎白求婚。

坏血统

可见，玛丽喜欢菲利普，菲利普又钟情于伊丽莎白，而伊丽莎白的眼中却只有皇室家族的珠宝。好一个三角恋爱关系……对于菲利普来说，与玛丽的婚姻完全是出于政治上的需求而已。据他的朋友鲁伊·戈麦斯·德席尔瓦说："要接受这桩婚事需要有非常强大的信仰才行。"[①]因此直到玛丽在婚礼之后几年去世，他也没有去破坏这段婚姻。而实际上，他转头立即向玛丽的小妹妹伊丽莎白求婚。（就品位而言，这就跟杀死了自己的原配妻子，然后去和她那水性杨花的还未成年的文盲表妹结婚的那位亨利八世简直如出一辙。但是别忘了，这就是都铎王朝。）但是伊丽莎白已经发誓自己不会结婚，同时还觉得这个求婚于公于私都非常地让人讨厌，于是

---

① 迈克尔·法夸尔：《宫门背后：英国王室五个世纪的故事，关于性、冒险、恶习、背叛以及讽刺》，兰登书屋2011年版。

她拒绝了。

这两姐妹穷其一生都在彼此怨恨，其原因大家也都清楚了。但是让大家有些迷惑不解的是，为什么英格兰与西班牙之间有那么深的仇恨？两个国家之间在数十年之间都处于冷战的状态。但这究竟是为什么呢？为什么英格兰人与西班牙人之间相互仇恨得如此之深？这其中的答案则要追溯到亨利八世这位君主，正是因为他没有妥善地处理好他的妻子们和女儿们之间的关系才导致了两国关系的紧张，这样的关系日积月累，从而导致了几十年以后英西战争的爆发。

亨利在1534年颁布的《最高权力法案》是他决心与来自西班牙的凯瑟琳王后离婚的重要依据。但最终这个法案成了国王打击天主教会的指令。教会的土地、财富以及珠宝被抢掠并分给了王室和贵族。

《最高权力法案》是英格兰有组织有步骤取消天主教的行动中很重要的部分，这个法案让英格兰的贵族变得非常富有，但同时也在英格兰和西班牙之间埋下了仇恨的种子。当亨利为了那个年轻的"狐狸精"（安妮）而把阿拉贡的凯瑟琳抛弃之后，西班牙人觉得这简直就是奇耻大辱。但更让西班牙感到愤怒的是亨利竟然和天主教廷划清界限，肆意抢夺教堂和修道院的财物，同时还称自己就是英格兰的教皇。

在那之后，亨利又继续不断地结婚，离婚，再结婚，再离婚；和其他国家之间的联盟也是在建立与破坏之间来回地摇摆；同时他还恐吓他的小孩，以臆想出来的叛国罪处死了身边半数以上的朋友。而此时西班牙认为亨利的这些行为对天主教其实并没有实质性的威胁，他只不过是一个疯子罢了，因此他们和英格兰之间的关系才稍微缓和了一些。再后来，玛丽在亨利的儿子短命的执政之后终于登上了王位，西班牙这才松了一口气。玛丽在她在位期间完成了两项重要的任务：其中一项是引导英格兰与罗马达成了和解，让天主教重新回归英格兰；另外一项则是通过教会的帮助宣布她父母的离婚协议无效，重新追认了她母亲的地位。

她甚至全然不顾英格兰人民的反对，毅然嫁给了西班牙王位的继承人。但是英格兰人不喜欢菲利普，而菲利普又不喜欢玛丽，玛丽不能怀孕，不久之后就死了。在玛丽去世之后，伊丽莎白继承了王位。她公开声称她不会结婚。

于是两个国家的关系又回到了最初那种紧张的状态，但这次的情形相对来说又比较复杂，因为其中掺杂着伊丽莎白与菲利普两位君主的一些个人情感和恩怨，比他们各自的父亲，即英格兰的亨利八世与西班牙的查理五世在位期间的关系要复杂许多。双方并不想公开地挑起事端，所以在很多年里，它们都处于冷战的状态。西班牙当时主宰着海上的霸权，同时宣布英格兰人在新大陆进行的任何贸易或者开拓的活动都是非法的。然而此时的伊丽莎白欣然地享受着来自菲利普对她穷追猛打式的求婚，但是心却完全不为之所动，故意以此来嘲笑他的痴情。与此同时，菲利普还发动了长达数十年的所谓"圣战"来打击从英国玛丽女王当政期间逃到荷兰的新教徒。而作为报复，伊丽莎白女王则在海上持续发动对西班牙船只的偷袭，抢夺船上的财宝并且将这些船毁掉，让它们沉入海底。

实际上，英格兰和西班牙之间结怨最根本的两大原因之一便是英格兰海狗（实际上就是海盗，只是西班牙人用"海狗"称呼他们）在海上对西班牙的商船进行大肆的攻击与掠夺。伊丽莎白一开始只是容忍这些海盗的所作所为，但到了后来她想要得到与"流浪者"类似的珍珠的时候，她决定正式地雇佣他们，而这些海盗则成了世界上顶尖海军的前身。

你不能将它据为己有，但是你可以带走它

玛丽的的确确很刻薄又善妒，但她并不蠢。她没有子嗣，后又被丈夫抛弃，当她知道自己最终将孤独地死去之时，才不得已心怀怨恨地将王位传给了伊丽莎白，也只有这样才能将英格兰从内战的边缘拯救回来。即便如此，她依然要给她的妹妹设置更多的障碍，这其中就包括要千方百计地阻挠伊丽莎白得到她最想要的东西。她在遗嘱里强调，虽然伊丽莎白即将继承王位，但是菲利普必须收回所有送给玛丽的珠宝，包括"流浪者"。

实际上，在他们短暂的婚姻生活里，菲利普送了好些非常名贵的珠宝给玛丽。例如在1554年，他让拉斯纳瓦斯侯爵带着铺满了整个桌面的钻石送去了英格兰，这些钻石摆成了一朵玫瑰的形状，非常漂亮，价值1000达克特。同时还有一串由18颗精心切割的钻石镶

嵌而成的项链，价值3万达克特。另外还有一串有一颗巨大的珍珠吊坠的钻石项链。这件珠宝可以说是历史上数一数二的顶级珠宝，价值达2.5万达克特。[①]由此可见，在菲利普见到玛丽之前确实送了很多珍贵的珠宝给她，然后在两人见面以后就很少甚至几乎没有这样大手笔地送礼了。尽管如此，菲利普前前后后送了很多非常贵重的珠宝给玛丽，这些都是属于王室的合法财富。她最终留下遗嘱要把它们全部归还给菲利普，而他最想要带回西班牙的一件珠宝则正是伊丽莎白最喜欢的"流浪者"珍珠。这真是一个天大的错误。

宗教偶像与时尚偶像

正如每一位说唱歌手知道的那样，闪亮就等于权力。尚未结婚的伊丽莎白想要炫耀一下，她虽然单身却有着至高无上的权力。珍珠除了代表着柔美、纯净和神圣之外，还象征着婚姻。这个传统可以追溯到几千年前的古印度，相传印度教有一个叫克利须那的神发现了有史以来的第一颗象征纯净和爱的珍珠，他把这颗珍珠送给了他的女儿作为结婚的礼物。其他许多国家，包括美国也都有将珍珠与婚礼联系在一起的传统。

由于珍珠被广泛地视为纯净的化身，所以它们又与基督教的传播有着密切的联系。基督教最终将珍珠看成圣母马利亚的象征，以

---

① 安德烈斯·穆诺兹：《菲利普的英格兰之旅》，1877年版。

及纯净得没有被污染过的灵魂的象征。《新约》上记载，通往天堂的门就是由一颗珍珠做成的。这也不难理解为什么新继位的童贞女王要选择珍珠作为自己的象征了。伊丽莎白的画像和有关于她的文字记载，都让大家了解到她那些前无古人后无来者的大量的珍珠收藏。她的朝廷里的男男女女都以佩戴珍珠为荣，当然最好的珍珠还是会给女王留着。女王日常的穿着非常沉重，你简直无法想象她是怎么把这么沉重的饰品穿在身上的；她甚至都无法站立起来，因为她身上挂满了各式各样的沉重的珍珠。虽然她并没有得到梦寐以求的"流浪者"珍珠，但她还是想尽办法找到了一些类似的珍珠以了却心愿。

我们在很多女王的画像上面都会看到她佩戴着各式各样的胸针和项链，上面都嵌有一颗巨大的方形钻石以及一颗巨大的珍珠：这些都是玛丽的珠宝。一方面，她强烈地表达出自己内心对玛丽善意的妒忌——她十分想要"流浪者"，但是一件具有相同价值的复制品在当下对她来说也是能够接受的。而另一方面，她又通过掠夺对手西班牙的财富来向自己的人民展示她的成功。她喜欢把自己称作"王子"，所以她需要展示出自己强悍的一面。除了保护自己的人民，为人民争取最大化的利益之外，伊丽莎白还有着自己的野心，那就是征服世界。她的人民也深知女王的野心。举个例子，在英格兰与西班牙之间关系紧张到顶点的时候，有一个特别忠诚的英格兰贵族在西班牙大使面前将一颗价值1.5万英镑的珍珠从自己天鹅绒裤子的口袋里掏了出来，弄碎成粉末之后放到了一杯酒里面，在祝他敬爱的伊丽莎白女王和西班牙的菲利普国王百年好合之后一口干了它。

　　坚信源自好印象的力量，伊丽莎白在朝廷里只会对那些极具魅力的人有好感。她制定了在朝廷里的穿衣规则，在细节上规定朝廷里的每一个人应该穿什么。就像新娘的想法一样，她需要周围的伴娘都看起来非常漂亮，但是却不能比她漂亮。有一个很著名的故事是说，霍华德夫人穿着镶有珍珠刺绣的天鹅绒长裙来到宫中，当伊丽莎白看到之后就被这件华服迷住了，于是向霍华德夫人借这件衣服。霍华德夫人没有别的选择，只好将衣服借给了女王。但霍华德夫人比伊丽莎白要矮很多，所以裙子对女王而言并不合身。于是霍华德夫人被告知，如果伊丽莎白不能穿这件礼服，那么宫中的其他人也不许穿。①

　　就很多方面而言，伊丽莎白都是做市场营销的天才，而她要推广的产品恰恰正是她自己。这不仅仅是因为她拥有数量众多的珍珠，而是她特意将珍珠变成了她出众的治理国家能力的象征。

　　不要忘记伊丽莎白作为女性的君主是有先天劣势的，人们会自然地认为她比较软弱，能力也不够，而且容易被女性性别的局限性所左右。但是伊丽莎白对结婚毫无兴趣，她也不能容忍身边多出一个丈夫或者国王来左右她的王权，更不能容忍英格兰被一个外来的

---

① 基·哈克尼、戴安娜·艾德金斯：《人民与珍珠：奇迹的共存》，哈珀·柯林斯出版集团2000年版。

掌权者所左右。于是伊丽莎白决定，与其像她大姐玛丽那样躲在丈夫身后，还不如走向台前，面对公众，让自己变得更加有威望。她要将自己变成人民的偶像，因为那时英格兰人民缺乏自己信服的偶像。伊丽莎白通过将自己打扮成圣母马利亚的形象逐渐占据了人民的心，成功地转变成了人民的偶像。

她经常声称，自己不需要丈夫是因为她已经嫁给了英格兰王国。[①]她喜欢穿白色衣服，浑身上下用重达数磅的珍珠做装饰。虽然大家对她实际的爱情生活有争议，但是她在公众面前一直都非常严苛地保持着自己处女的形象，一直到死。在她四十几岁的时候，"伊丽莎白式的崇拜"大肆盛行，所有关于她的画像都必须要遵照固定的官方模板来进行创作。

他们的注意力都集中在用珍珠来代表她的贞洁、她对基督教的虔诚以及她身为女性独有的气质。[②]因此伊丽莎白将自己的形象一部分打造成为人民的公仆，而另一部分则是人世间的神灵，这样的融合非常有效地中和了外界对这位英格兰君主的性别、婚姻状况以及信奉的宗教的质疑与批评。女王小心翼翼地经营并且长期维持着她的公众形象。对其标志性的画像做出规定也还只是刚刚开始。她还在每一年夏天发动群众游行，让群众表达对童贞女王的敬意。同时，她把自己的登基之日变成了全国的公众假期，全然不顾这一天

---

① 罗伯特·莱西：《英国历史大事记》，Back Bay Books/ Little Brown出版公司2007年版。
② 罗伯特·莱西：《英国历史大事记》，Back Bay Books/ Little Brown出版公司2007年版。

在天主教盛行的欧洲还是圣雨果日这一事实。她还继承了她父亲举办骑士比武比赛的传统，同时对比赛还进行了相应的重大改革。在亨利统治时期，所有的比赛都是只有男子才能参加。伊丽莎白将这些比赛变成了更加新奇刺激的全民狂欢活动，旨在利用宏大的、如骑士与亚瑟王一般的气势以及精神来团结整个英格兰的人民。

根据约翰·盖伊的记载："新教徒们融合了典雅的爱情、骑士的精神以及经典的传统为一体的宣传攻势打造了属于伊丽莎白自己的传奇，她已然成了一位宗教改革的贞洁斗士，被所有的骑士们在新的'类宗教'节日里膜拜。"①

在很多方面，伊丽莎白一世的故事刚好是悲惨的玛丽·安托瓦内特故事的反面。这位法国王后同样与珠宝有诸多的关联，但她们俩却有着不同的结局。这两个女人在各自生活的年代都被大家视为偶像。但是与玛丽王后那些风流韵事、财政危机以及道德沦丧的反面典型不同，伊丽莎白则完全掌握了公众的看法，并且能够很好地利用这些看法为自己服务。她运用了大家对于珠宝的很多正面观点和看法来打造自己积极向善的正面形象。

克利奥帕特拉用祖母绿来让自己变得富有而强大。伊丽莎白用珍珠让自己看起来更贞洁和神圣。同样的游戏，不用的角度。但是

---

① 约翰·盖伊：《苏格兰女王：玛丽·斯图尔特的真实人生》，马里纳出版社2005年版。

祖母绿属于埃及，而珍珠却不属于英格兰。它们属于西班牙。①而西班牙确是不可侵犯的。

女王陛下的公开秘密

当伊丽莎白继承王位的时候，英格兰的基础设施非常落后，整个国家也处在宗教内战的边缘，同时还有来自国外的军事威胁，总之这就是一个烂摊子。而最糟糕的是，菲利普还用英格兰的国库资金来资助自己发动的战争（最具灾难性的战役便是加来港之战），最后却无法还清债务。因此英格兰几近破产。一个女孩在此时要做什么才能力挽狂澜呢？如果那个女孩是伊丽莎白一世，答案则是：雇佣海盗。

这里的"海盗"也可被称为"私掠船员"。严格说来，一名私掠船员是一名平民，换句话说他不是一名被认可的海军军官。私掠船员在战争时期是会被政府授权来攻击外国船只的。对私掠船员授权对于任何国家来说都是非常高效的，这样能够在战争期间最大限度地动员额外的人力和船只对敌对方进行打击，而不需要在和平时期出钱来养着他们。这跟拿钱去打仗的海军类似，但实际上他们是自己供养自己。任何掠夺来的钱或者有价值的金银财宝都可以归私

---

① 好吧，它们实际上是属于新大陆的人民。但是他们在两个小节之前失去了这些珍珠，所以我们不要偏题了。

掠船所有，因此私掠船员成了政府军队有力的补充。

如果要说私掠船员与海盗的区别那真是见仁见智了。从实际的目的来看，海盗与私掠船员做着同样的事情：恐吓、抢劫以及击沉敌船。唯一可以分辨的差别在于，私掠船员通常拥有政府颁发的授权书来做这些事情。此外，私掠船员还让政府可以节省很大一笔军队的开支，他们还得缴税。伊丽莎白不是第一个也不是最后一个在战时雇佣私掠船员的君主。但是她对待私掠船员的行动有所创新，她在相对和平的时期仍然授权他们在海上进行私掠活动。一开始，伊丽莎白与私掠船员之间的雇佣关系建立在彼此心照不宣的默许的基础上，到后来他们之间则有了正式的（或者口头的）协议与合同。她将这些私掠船员作为英格兰皇家海军力量的补充，准许这些海盗或者类海盗拥有英国海军没有的法律豁免权，作为交换他们为自己服务的条件。

她给私掠船员们下了命令，让他们去攻击、抢夺并且击沉每一艘他们遇到的西班牙船只。她特别要求他们从这些西班牙的商船上为她带回尽可能多的珍珠。[1]她故意让英格兰与西班牙两国之间的关系日益恶化，同时她又为英格兰攫取了巨额的财富。她为私掠船员抢到手的财富制定的抽成标准是三分之一，比西班牙王室对新大陆的企业采取五分之一的抽成比例高多了（我猜一般非法的勾当抽成比例都会比较高），因此罗马教廷最终称她为异教徒与海盗背后

---

① 尼尔·H.兰德曼等：《关于珍珠的自然历史》，哈利·N.艾布拉姆斯出版社2001年版。

的女赞助人。①

这些对西班牙船只的攻击逐渐演变成了国家的防御行为。伊丽莎白最信任的船长之一，华特·罗利爵士指出，任何打击西班牙的行动都会让英格兰变得更加安全。有的海狗将这些海上私掠行动称为"绅士们的冒险"，这种"冒险"有着不同的形式和人员组成，有来自贵族家庭的没有什么继承权的非长子，也有一无所有的罪犯，还有一些只是为了寻找一点刺激和钱财的普通人。他们热情高涨，都希望能够参与到那些让人振奋的海上战役中去，而且他们总是拿着各种珠宝作为礼物献给伊丽莎白女王。

有一些特别成功的绅士冒险者，例如弗朗西斯·德雷克爵士，女王在他自己的船只的甲板上册封他为骑士；又例如华特·罗利爵士，女王以他的名字来命名弗吉尼亚的殖民地。这些人在朝廷里也占据着显赫的地位。他们勇往直前，无所畏惧，没有法律的约束，招摇过市而又深得女王陛下的欢心，这也正是他们成为伊丽莎白女王脱胎于海盗的海军的奠基石。

在伊丽莎白统治的时期，她在背后大力支持这些绅士冒险者们，并且用加官进爵甚至眉来眼去的调情鼓励他们去放手一搏，当然最实际的还是，法律在他们面前就是一纸空文，没有任何的效力。但是伊丽莎白自己却躲在似是而非的否认中。当西班牙人怒不可遏地找

---

① 苏珊·罗纳德：《海盗女王：伊丽莎白一世及其海盗冒险，以及帝国的曙光》，哈珀·柯林斯出版集团2009年版。

到女王寻求正义的时候，她只是表达了自己的遗憾之情，同时声称自己对这些可怕而又邪恶的海盗们完全没有控制力，但其实大家都知道这些私掠船员都是效忠女王的。她还经常一边否认自己与这些海盗行为之间的联系，否认自己应负的责任，一边又佩戴着海盗们献给她的抢来的珠宝，比如由弗朗西斯·德雷克献给她的一顶非常华丽的由祖母绿与黄金做成的皇冠和一个钻石做成的十字架。①

正是从这个时候开始，西班牙，准确地说应该是菲利普国王开始思考如何对付这些最终被称为"英格兰公司"的组织。他的想法是要发动一场不宣而战的战争，从海上入侵英格兰，打击这个弱小的国家，罢黜那个资助异教徒和海盗的混蛋女王，从而让自己顺利变成英格兰的国王。

他的最终目标是要推翻这个异教徒建立的政府，防止来自荷兰的新教徒在未来可能对英格兰发动的攻击，而最重要的是阻止财富从西班牙的口袋流入英格兰之手。

你的东西是我的，西班牙的东西也是我的

伊丽莎白的欲望与她姐姐的欲望有很大的不同。玛丽生前对伊丽莎白的非良性嫉妒最终表现为确保伊丽莎白无法拥有她想要得到的珍珠。而伊丽莎白则并不在乎西班牙所拥有的财富，西班牙的损

---

① 萨莉·E.莫舍：《人民和他们的语境：16世纪的世界大事记》，n.p.2001年版。

失并没有让她感到任何的不安。但最终，她确实是想要得到所有西班牙拥有的东西——从殖民地到现金财富都是如此。从这个角度上来看，她的嫉妒是"良性"的，虽然这些嫉妒造成的后果并不那么友善与和平。

在一段时间之内，单一的抢夺成了英格兰在新大陆探险的最基本的手段。深得伊丽莎白赏识的华特·罗利爵士被派往美洲大陆的罗阿诺克，即在今天的弗吉尼亚建立第一个殖民地[①]。弗吉尼亚也是用了"童贞女王"（Virginia）这个名字来命名。这也是英格兰攻击西班牙殖民地和海上船只的开始。她派出臭名昭著的海盗头子弗朗西斯·德雷克和约翰·霍金斯在非洲的西海岸大肆掠夺过往的西班牙和葡萄牙船只，不断地破坏原有的贸易线路和根据地。

最大规模的海盗行动是由著名的恶人弗朗西斯·德雷克发起的。1585年，德雷克，又名埃尔德拉科（西班牙人这样称呼他），带领21艘船和差不多2000人前往美洲。除了骚扰和抢夺运送宝藏的船只以外，他们还登陆并且攻击西班牙的殖民地。德雷克从哥伦比亚打到佛罗里达，在西班牙的势力范围里劫持了很多人质。与传统的海盗行径一样，德雷克要求西班牙用赎金交换人质。因此他成了英格兰的英雄，同时他的船只金鹿号也成了英格兰的荣耀象征。

---

① 从严格意义上来说，用现代的标准来看，罗阿诺克位于北卡罗来纳，而不是弗吉尼亚。但在当时伊丽莎白颁发给罗利的许可证上写的"弗吉尼亚"包括了从卡罗来纳到佛罗里达的一整片广袤的土地。

在1577年到1580年期间，德雷克完成了世界航海史上最富盛名的一次环球海盗航行。[①]这并不是普通的环球航行，德雷克在整个航程中都不停地掠夺财富。有一次，他甚至在西班牙的领地加利福尼亚登陆，声称这片土地是属于他尊敬的女王的。当他完成这趟非官方的环球航行的壮举之后，无数的人都聚集在一起庆祝他的回归。在金鹿号的甲板上，伊丽莎白女王拿着一把剑指着他的喉咙，开玩笑地问民众，她是否应该将这个恶棍杀死。在场的人无不齐声喊"不要"，于是她用这把剑册封德雷克为骑士。

西班牙的商船想尽一切办法来躲避英格兰海盗的攻击，甚至试着伪装他们的货物以不被发现。但是聪明的英格兰海盗早有所准备，他们通过观察船只吃水的深浅来判断上面是否装有贵重的金银财宝。那些移动缓慢、笨重的商船完全不如英格兰那些移动迅速、轻盈而且全副武装的海盗船灵活，于是从新大陆运回西班牙的钱财在海上就从西班牙人的手里流到了英格兰人的手里。就像是一个底部有窟窿的口袋一样，慢慢地，西班牙流失的现金越来越多。（我在这里举个例子来说明到底有多少财富从西班牙流到了英格兰。在1585年的一次攻击行动中，海盗们抢到的珍珠数量极多，伊丽莎白不得不用一整个柜橱才装下它们，留给自己慢慢享用。[②]）

---

① 德雷克是继麦哲伦之后第二个成功完成环球航海的人。

② 苏珊·罗纳德：《海盗女王：伊丽莎白一世及其海盗冒险，以及帝国的曙光》，哈珀·柯林斯出版集团2009年版。

伊丽莎白女王颠覆性地公开利用海盗的行为让海盗军团变得更加肆无忌惮。海盗已经变成了英格兰对外政策的一个重要部分，同时也成了国家的象征之一。这些对女王怀着无比崇敬之心的冒险家们已经成了国家的英雄，随着他们成功的故事变得家喻户晓，他们拿到的在海上肆意妄为的许可变得越来越多。而此时的女王也不再费心地继续否认她自己与这些海上强盗行径之间的关联了——这些一开始帮助女王寻找珍珠的行动已经演变成具有多重目的的综合性行动了，其中包括海上的军事防御、贸易拓展以及最重要的"收割来自海上的财富"，等等。

　　英格兰的良性嫉妒获得了回报，这个之前还只是死水一潭的国家开始奏响了全球扩张的号角。在16世纪，有一件事情是西班牙帝国绝对不能容忍的，那就是损失金钱，这在西班牙帝国的眼里简直比他们一向憎恨的宗教多样性还要糟糕。

"治国之道"与"舞台艺术"

　　在伊丽莎白当政的早期，西班牙的菲利普国王就公开表示过对她的爱慕之情，但同时又为她那些宗教异端的行为而感到惋惜。[①]在1570年之前，菲利普国王的爱慕之情就慢慢地枯竭了。虽然绝大

---

①　　苏珊·罗纳德：《海盗女王：伊丽莎白一世及其海盗冒险，以及帝国的曙光》，哈珀·柯林斯出版集团2009年版。

多数英格兰人民都很爱慕伊丽莎白，但还是有少部分选择信仰天主教的人更加愿意听从梵蒂冈教廷的命令。1570年，这些人收到了一个来自教会的模棱两可的命令，内容是关于英格兰的伊丽莎白女王利用海盗去寻找珍珠的行动的，说是要号召所有的虔诚的天主教徒们武装集合起来杀掉女王。这个让人震惊的命令是用宗教修辞手法表达出来的，它的内容实际上是关于金钱以及让权力失衡的海盗军团的。

在那段时期之前，欧洲的宗教分裂已经达到了巅峰状态。而最根本的分裂则发生在1568年，伊丽莎白最信任的老臣塞西尔在那一年下令，让海盗们开始攻击打劫菲利普国王的商船，英格兰的海盗们从船上抢走了成吨的黄金，这些黄金本来是国王用来供西班牙与荷兰开战的军饷。塞西尔的举动不仅违背了伊丽莎白要避免宗教冲突的政策，而且还让全世界的人（当然也包括菲利普国王）知道，任何英格兰人都是不值得被信任的，因为他们都是海盗。在那之后不久，即同年的2月，教皇庇护五世颁布了一封诏书，不仅宣布将英格兰女王逐出教会，还宣称在欧洲所有的天主教国家眼里，这位女王已经被罢黜了。更重要的是，这封诏书还宣告了所有拒绝效忠女王的人民无罪。在5月之前，如果你是英格兰的天主教徒，那么你是可以忽略女王的存在的。

这封诏书还在不经意之间与苏格兰女王玛丽所策划的推翻伊丽莎白女王的阴谋不谋而合。苏格兰的玛丽女王是伊丽莎白的表妹，年轻又性感。她不像伊丽莎白那样一直都像公关公司一般小心翼翼地经营着自己的形象，她非常喜欢表现自我。她是一名天主教徒，但是并不会像玛丽·都铎那样热衷于暴力手段。她不仅是苏格兰的女王，还是英格兰王位的继承人之一。

玛丽用火烧毁了她的第三次婚姻之时，关于她的各种谣言就开始肆意地传播开来，她每一任丈夫离奇死亡的原因以及她那些不检点的行为都成了大家所议论和怀疑的对象，后来她迫于人民以及舆论的压力，不得不放弃了苏格兰的王位并且传位给了她尚在襁褓中的儿子：詹姆斯一世，同时还在苏格兰贵族逮捕她之前仓皇逃往英格兰，希望她那位聪明又有权势的英格兰女王表姐伊丽莎白能够保护她。玛丽希望她的表姐能够支持并且帮助她重新夺回苏格兰的王位。

我有提过她那"极其缺乏判断力"的个人标签吗？伊丽莎白并没有给她任何军事上的支持，而是将她软禁在了英格兰长达19年。虽然玛丽没有被扔到伦敦塔里囚禁起来，但她也不能离开英格兰半步。这个故事有点像伊丽莎白当年被软禁在家里的故事的翻版。两个故事最大的不同是最终的结局：伊丽莎白在被软禁期间做得最多的就是尽量保持卑微，但一定要活着；然而玛丽却没有这样做，最终导致了非常悲惨的结局。

玛丽在福瑟临黑城堡被关了数年之后，感到非常无聊，简直就是快要发疯，于是她心痒痒地想要做点让自己开心的事情。同时，负责看守她的弗朗西斯·沃辛汉是伊丽莎白身边最阴险狡诈的间谍，他一直都在等着玛丽自己坦白她的叛国罪行，但时间已经过去了很久，他依然没有得到自己想要的结果。于是他决定"帮"玛丽一把。

玛丽认为她私底下通过进出城堡的啤酒桶运送的私人信件非常秘密而且安全，但沃辛汉当然知道她在做什么。他偷偷地把每一封信件都打开来认真读过，再重新密封好递送给玛丽（这是搭线窃听的手法，准确地说，是酒桶窃听）。有一天她收到一封来自她的支持者的信，信中说他们愿意帮助她刺杀伊丽莎白，然后将她扶正为英格兰的女王。玛丽不知道的是，她已经上钩了。

她热情洋溢地写了回信并且完全同意这个关于谋杀与篡位的阴谋。当沃辛汉看到这封回信之后，立即将这名支持者逮捕并进行了残忍的处决，同时将玛丽关押在了伦敦塔听候发落。但奇怪的是，伊丽莎白却动摇了。她除了坚信君主的权力之外，更重要的是，她还是一位实用主义者以及精明的政治家。杀死一个女王，而女王们都终将有一死。

除了那些并不适合她的象征性的暗示以外，伊丽莎白还很反感她的先辈们将弑君合法化的举动。她发现自己处在一个奇怪的情形之中，每天都扮演着受人民爱戴的"童贞女王"以及活着的女神。她不能毁掉了自己的名誉，因此她不能亲自处决那些可怜的敌人，同时她又承认这些敌人的的确确对她的王权造成了很大的威胁。

于是她从她父亲那里学到了一招。她签发了将玛丽处死的命令，然后又向内阁抱怨说都是他们强迫她这样做的，同时还声称自己只是在这封死亡判决书上签了字而已，是大臣们取代了她的权力执意要这样做。玛丽被处死之后，伊丽莎白花了数日在公众面前表达她对苏格兰前女王玛丽在没有经过她真的同意的情况下就被执行了死刑一事的哀悼、惋惜、愤怒以及悔恨之情。（然后她拿走了玛丽生前拥有的最出名的珍珠，据为己有。①）

与此同时，玛丽死得非常凄凉，她之前拥有的一切权力与荣耀都化作了灰烬。她穿着一身亮闪闪的红色连衣裙，俨然一副"对不起，我并没有做错"的态度，也表明她自己是一个天主教的殉道者。当她的头被放在刀下的时候，她还振振有词地说："看着你的良心，请记住世界的舞台比英格兰的疆土大多了。"②

噢，她是正确的。伊丽莎白这次成功地避免了公众对她处死玛丽的诘难，如此漂亮的计谋估计她那九泉之下的父亲知道以后也会为她感到骄傲。但另一方面，伊丽莎白此番作为却给了菲利普国王一直梦寐以求的借口。就凭着伊丽莎白谋杀了天主教的女王这个罪名，他就有了足够的理由攻打英格兰。

---

① 玛丽生前有很多世间罕见的珠宝：有一条由六条珍珠链子组成的超级巨大的项链，这是她第一任丈夫的母亲，法国的王后凯瑟琳·美第奇送给她的礼物；还有一条全是最完美的黑珍珠组成的项链，有腰围那么长，在它之前完全没有出现过类似的项链。伊丽莎白当然不是为了这些珍珠才处死了玛丽，不过她对于在玛丽死后将这些珍珠据为己有也没有表现出任何的不安与愧疚。

② 约翰·盖伊：《苏格兰女王：玛丽·斯图尔特的真实人生》，马里纳出版社2005年版。

一直与海盗为伍

　　最终，大英帝国开始了它纵横世界的征程。而西班牙此时则在忙着打造世界上最强大的海上舰队（即无敌舰队）用来入侵英格兰。上万名士兵被号召入伍，他们将和国王一起打败英格兰，罢黜让人痛恨不已的海盗女王，结束英格兰卑鄙的海盗行径，进而孤立同样信奉新教的荷兰，最终将英格兰带回到天主教的世界中来。西班牙的无敌舰队上装满了士兵、加农炮、武器弹药、马匹以及黄金。菲利普不仅仅计划发动一场战争，更是计划引入一场战争，直到用完最后一颗子弹。这个计划的规模是史诗级的。他耗费巨资，几乎砍光了西班牙所有的森林，让无敌舰队变成了现实。

　　但是在那个时候，从海盗到间谍，伊丽莎白的眼线无处不在。[①]在无敌舰队的第一艘船造好下水之前，伊丽莎白就已经收到了风声，不得不说当时的西欧国家在保密工作上做得是多么糟糕。当伊丽莎白发现菲利普最终决定要将无敌舰队从纸上的计划变成现实的时候，她决定先发制人。

　　她派遣弗朗西斯·德雷克爵士率领一支非常小的舰队前往造船中心加迪斯港口摧毁在那里建造的无敌舰队的战舰。但在最后关头，她改变了主意，然而德雷克却快马加鞭地全速前进，发誓要为

---

① 伊丽莎白是世界上祖师级的间谍大师。她甚至在一张最著名的画像上戴着耳朵和眼睛的模型，向世人宣告一切都尽在她的掌握之中。

女王铲除西班牙的舰队。于是女王撤销进攻的命令还没有到德雷克那里，德雷克就已经在1587年4月到达了伊比利亚半岛，对加迪斯港发动了一场漂亮的攻击战。第一艘无敌舰队的战舰还没有离开船坞就被炸毁了。

德雷克的任务获得了极大的成功。即便如此，英格兰的好日子只持续了一年的时间。菲利普并没有被吓退，反而更加坚定了他必须除掉这个异教徒女王的决心。于是他下令砍掉西班牙所剩无几的森林，拿出国库剩余的钱，重新开始建造无敌舰队。整个舰队从构思设计到建造执行的每一个细节都出自菲利普国王，终于在1588年5月，他成功地建造起第二支西班牙的无敌舰队，这简直就是当时世界上绝无仅有的最大规模、最具有威慑力的军事力量。

1588年7月12日，无敌舰队在西班牙梅迪纳·斯多尼亚公爵的指挥下开始在海上扬帆起航。这个超级舰队由151艘不同形状与大小的军舰组成。最大的军舰就像一座在海上移动的城堡，而最小的一艘也是巨大的。主要的战舰每艘大约都有1000吨重。当所有的船排成新月形在海上航行的时候，前后可以绵延数英里，这个庞大的无敌舰队看起来相当威武，但是移动却非常缓慢，每小时只能前进大约两英里左右。

打造无敌舰队是用来对付英格兰的，并不是真正用来进行海战的，这就能够很好地解释为什么那么多船上装有很多马匹、陆战武器和金钱。西班牙人甚至还带了数百名牧师和宗教服务人员，准备在他们打了胜仗之后就立即开始传教布道。虽然他们并没有很想打海战，但他们还是对无敌舰队的威力非常有信心，哪怕真的有海战，西班牙人还是坚信无敌舰队会战无不胜。[1]16世纪的海战都是面对面地开战，新月形舰队阵型的规模则会为自己的舰队提供保护。

即使有一些英格兰的船只突破了炮火的攻击，深入对方的阵型之后，交战双方也几乎都是在其中一艘船上的甲板上进行肉搏战。西班牙除了有巨无霸的防御阵型让英格兰的军队几乎无法靠近之外，其参战的士兵数量之多（大约2.5万名士兵和水手）也是让对手无法企及的。从传统意义上的两军对垒的经验来看，西班牙人对于碾压对手信心满满，但是他们并不知道接下来会遇到什么样的状况。

我的敌人的敌人，是我的海军

英格兰的舰队由1万名士兵和140艘规模较小的船组成，其中大部分都是由私掠船长们来指挥。即使是合法海军的船只也被重新设计和改装，向速度更快、反应更加灵敏、武力装备更猛的海盗船靠拢。虽然英格兰的战舰比较小，但是它们用更强的火力来弥补。除了普通的火枪以外，它们还装上了长距离发射的加农炮，足以击沉海上的船只。

整个舰队的总指挥由女王的表弟拜伦·霍华德勋爵担任，而副

---

[1]　不可战胜的无敌舰队？这简直就是一个笑话，就好比"永不沉没的泰坦尼克"一样。

总指挥则由弗朗西斯·德雷克爵士担任。这个战地指挥部的成员包括贵族与海盗，这个另类的组合已经超越了个人与装备的常识，是英格兰发明的全新的应战模式。英格兰人利用这一新的方式，就像利用新的战舰设计一样，在公开海域纵横驰骋达数十年。

西班牙人的舰队以设定的阵型缓慢地移动着，选择这样的作战方式是因为他们以为英格兰人的目的是要登船并且控制他们的战舰，因为这毕竟是几个世纪以来正确的海战模式。但是他们错了，除了船上的金银财宝之外，英格兰人完全没有兴趣要夺取他们的战舰。[①]英格兰人的目的只有一个，要在无敌舰队到达英格兰之前就将它们彻底摧毁。

7月21日，英格兰的舰队与西班牙的无敌舰队在海上相遇。西班牙人认为他们可以一路高歌猛进，英格兰人的所有抵抗都是徒劳的。但是英格兰舰队并没有全速前进，而是隔着比较远的距离就对西班牙排成新月形的无敌舰队开始了猛烈的炮火攻击。他们用远程加农炮一次性集中火力攻击一艘巨大的战舰，但这样的攻击方式收效甚微，新月阵型很好地保护了大多数的战舰，无敌舰队并没有自乱阵脚。

指挥官写信给伊丽莎白说，"他们的火力确实非常强大，但是我们正在一点一点地拔掉他们的羽毛"[②]。一开始，英格兰舰队采

---

① 德雷克特意掠夺了其中一些财宝。

② 罗伯特·莱西：《英国历史大事记》，Back Bay Books/ Little Brown出版公司2007年版。

取跟随的战术，选择一些小船进行攻击并且摧毁之。

　　无敌舰队打算与帕尔马公爵会面，并且接走第二批两万名士兵的军力。在7月27日他们准备这样做的时候，却发现帕尔马的军队一直都在被英格兰的军队尾随，因此没有办法提前渡过海峡登陆。于是，无敌舰队不得不在法国海边的加来港停下来等他们。①这成为此次海战的转折点，而且充分地展示了英格兰海军是如何变成另外一种"动物"的。28号的凌晨刚过，英格兰人将自己的8艘船点燃。

　　他们将这些着火的船只放在无敌舰队停靠的港口一角。西班牙船只不只是由木头、绳索以及帆布做的，船上还装有很多陆战用的枪支弹药。一旦这些火船靠近，西班牙的战舰瞬间就会变成一个巨大的火药桶，随时可能爆炸。

　　不用想，无敌舰队最终乱作一团。那些没有爆炸或者燃烧的战舰也被迫割掉锚之后仓皇地逃出港口。当无敌舰队开始零散地出现在开阔海域的时候，追上来的英格兰战舰就可以充分发挥他们的优势了。这些类似海盗船的战舰移动非常迅速、灵敏，能够向任意方向调头行驶。而那些巨大笨重的西班牙战舰却只能向前行驶。因此，英格兰的战舰可以从任何一边对这些大型战舰进行猛烈的火力攻击，最终目的是要击沉它们，而并不是要登上甲板。

　　再加上恶劣的天气助力，英格兰人将一些西班牙战舰赶到了泽

---

① 加来港曾属于英格兰。数十年前在菲利普发起的战争中，英格兰失去了加来港。

兰海岸附近，在低洼的地方将它们摧毁掉。其余的西班牙战舰被迫往北边航行，在路上它们遇到了非常糟糕的风暴天气。此时在陆地上，英格兰人集结了由1.7万名男人和男孩组成的军队严阵以待。风暴的威力越来越大，这支英格兰的军队在等着无敌舰队和帕尔马军队的5.5万多人，只要他们前来打破英格兰人的防线，英格兰人就会与他们决一死战。于是，英格兰与西班牙之间的拉锯战变成了一场你死我活的较量。英格兰人知道自己要打败入侵的军队获得胜利的可能性并不大，于是女王亲自现身为军队打气，在民众面前发出"不是你死，就是我亡"的怒吼。

在女王统治期间，最具戏剧化的时刻莫过于她穿着白色的丝绒礼服和银色的胸衣，骑在一匹白马上检阅军队，并且发表在英格兰历史上最伟大的战时演讲。她为军队打气，给他们信心："我知道我拥有的是女性柔弱的身体，但是我有一颗英格兰国王才有的雄心。"她继续向大家承诺说，她"已经下定决心或者生或者死，她要为她的上帝、她的国家、她的人民、她的荣耀以及她的鲜血鞠躬尽瘁，死而后已"。其实她不知道，这个时候他们已经取得了战争的胜利。

我想要一颗珍珠，而我得到的是整个帝国

西班牙无敌舰队远征英格兰是英格兰历史上面临的最大规模和最强有力的外国军事入侵行动。无敌舰队失败了，剩下的无敌舰队

的战舰被迫绕了一大圈才回到自己的家乡，他们北上绕过了苏格兰和爱尔兰，再南下回到西班牙。在途中他们遭遇了可怕的风暴，很多船都被拽到了海边或者在海里消失了。当生还者回到西班牙的时候，大约已有一半的船只都被破坏或者永久地沉到了海底，大约有两万名士兵死亡或者失踪。

英格兰则只损失了他们用来做燃烧弹的火船，并且没有士兵死亡。菲利普并没有批评他的指挥官们，他说："我送你们去前线战斗的对象是人，而不是风和海浪。"但是很难去指责上帝的行为，比如天气。菲利普二世是一个狂热的宗教分子，因此他认为这是上帝的旨意，是对西班牙之前做的一些罪大恶极的事情的惩罚，比如宗教裁判所和在新大陆的种族灭绝政策。无敌舰队让人震惊的失败被西班牙国内归咎于菲利普对于敌人的了解和备战不充分，而菲利普却把这次失败看成西班牙从此不再受上帝眷顾的信号。

而英格兰人则一再地强调他们的胜利，他们铸造了一枚铭记胜利的纪念币，上面刻着"上帝一吹风，他们就四处逃窜了"。这次无敌舰队的惨败让菲利普认为自己在道义和军事力量上都更胜一筹的自信心也遭受到了打击。而英格兰的胜利则让将士们和女王为英格兰的自信与强大注射了一针强心剂，而且还奠定了英格兰在世界舞台上的重要地位的基础，并且打开了英格兰征服世界的门。在1590年代，女王鼓励宫廷作家对英格兰的探险行动以及通过招安海盗建立起强大的海军的行为进行大肆吹捧。她和她的将领们有效地打破了西班牙对于殖民地和海上权力的垄断，建立起了自罗马帝国以后世界上最大最有权力的以商业为核心的帝国。[①]

尽管伊丽莎白一世女王嘱咐她的海盗船长们从西班牙的船只上掠夺珍珠，但是她始终没有找到她想要的珍珠。最终她拥有了大量的珍珠，其中不乏一些特别珍贵的货色，但是从留下来的女王画像可以看出，她最喜欢戴的还是她姐姐的珠宝的复制品。根据珠宝历史学家维多利亚·芬利的记载，伊丽莎白再也没有找到和她姐姐玛丽的那颗一样美丽的珍珠了。[②]

也许她最终没有得到"流浪者"珍珠，但是她得到了很多其他的东西。事情由小及大：1600年，伊丽莎白女王在打败无敌舰队之后便签署了成立伦敦贸易商业公司的命令，此即后来的东印度公司，该公司的职能是要统治从印度到中国一带的势力范围，作为覆盖全世界五分之二领土的大英帝国坚强有力的支持和后盾。东印度公司和其他一些类似的公司一道为一种新的帝国扩张的方式开疆拓土——帝国依靠军队的支持，但却建立在贸易的基础之上。在接下来的两个世纪之内，大英帝国不是为了理论、战争或者天命去重新划定世界的疆土，而是为了金钱。伊丽莎白统治时期被称为英格兰的黄金时代，这不仅仅标志着大英帝国的开端，也见证了一个庞大的商业帝国的诞生。

而这一切都始于一颗珍珠。

---

① 实际上，英国王室家庭还半开玩笑地说，他们自己是一个公司。

② 维多利亚·芬利：《珠宝秘史》，兰登书屋2007年版。

欲望不一定会以"满足"结束。有时候，得到一件东西是解决欲望这个问题的开始。有时候得到你想要的东西会让你想要更多。那么，如何让一件东西成形并改变它的所有者呢？反过来，怎样才能让一件事改变世界呢？

我们已经讨论了价值的幻觉和它深刻的主观定义。我们已经看到欲望塑造我们的价值感的方法。在用珠子买下曼哈顿的故事中，我们看到了欲望是如何塑造我们的价值感的，以及我们的价值观念如何反馈于我们的欲望构造。在可怜的玛丽·安托瓦内特丢掉脑袋的故事中，我们也看到了它是如何影响我们的道德价值的。

在研究欲望如何影响我们的道德感的过程中，我们追踪了从宝石到符号的转变，研究了一件珠宝最终可以变成的意义，并观察了它所带来的好的和坏的后果，以及如何让情感的诉求变成身体力行的行动。我们已经看到，当欲望被拒绝时会导致侵略、腐败，甚至战争。在探讨了宝石的价值和珠宝的意义之后，我们现在可以问：宝石能做什么？它能拯救一个文明吗？它能改变时间的框架吗？那些并不是想象虚构出的价值呢？那些受到闪闪发光的珠宝驱动而成形的的工业和组织，甚至军队呢？最后一章，我们将审视跟之前完全相反的一面：人类对美的痴迷、对珍贵珠宝的无尽追求，以及我们认为珍贵或有价值的东西，除了会导致暴力和混乱之外，还会促进科学、经济以及社会基础设施的惊人发展。"占有"要探讨的便是，欲望被实现以后的结果会比单纯的满足要更加有趣。

他是一位梦想着培育大量珍珠的面条制造商，他无意中拯救了日本文化，使其免于被人为地破坏；一位制表师，迎合了女客户们似乎不必要的心血来潮，其中的一位客户是匈牙利的伯爵夫人，她最终以一个时尚宣言掀起了现代战争的革命。这些人中的每一个都满足了个人的欲望，但只有在他们实现了最初的目标之后，他们真正的旅程才正式开始。他们是谁？他们会变成谁？为什么他们很重要？这些答案就可以回答他们为什么很容易地超越了他们自己的短期目标。"占有"是关于事物如何变化以及事物如何改变世界的故事。

6 老板的项链

珍珠文化，人工养殖珍
珠，日本的现代化进程
（1930）

在我的实验室里，有两件事是不可能的，那就是制造钻石和
珍珠。你能培育珍珠，这是世界上的奇迹之一。

——托马斯·爱迪生

所有的东西都是人造的，连大自然都是上帝的艺术创作的杰作。

——托马斯·布朗

1603年，日本认为世界其他地区都是未经开化的蛮荒之地，它
们除了宗教冲突、纷争和麻烦之外，没有别的东西可以给日本。因
此，日本开始实施长达几个世纪的闭关锁国政策。至少这是他们的
本意。将近250年后，日本的国门被一群烟雾滚滚的美国船只用大炮
和枪口强行打开了，船坚炮利的美国军队是如此之现代，以至于许
多日本人误以为它们是龙。1853年7月8日，一位名叫马修·佩里的

美国海军上将带着一支舰队来到日本，而日本人在文化、技术和军事上都毫无防备。从理论上讲，他的任务是要扮演外交使节，他带着美国总统的介绍信，以及《日美友好通商条约》来到日本。

但在现实中，每一次行动都是一场清晰而又蓄意的武力展示。在日本，掌权的德川幕府是如此严格地限制日本与外界的联系，美国船只的出现则清楚地表明了他们的立场：合作，或者其他。他们希望日本能够开放市场给他们做生意。在这些不请自来的客人离开之前，日本人被迫签署了耻辱的、不平等的自由贸易和通航协议以及各种各样的"友好"条约。他们完全处于下风。当被震惊的德川幕府的统治者们看着这些船只消失的时候，他们发誓要不惜一切代价追赶上西方。他们不会成为殖民地的奴隶。

因此，20世纪初，日本人重新回到了全球化的舞台上。他们知道社会制度出了问题，于是做出了非常艰难的决定，完全放弃他们具有悠久历史的、传统的、封建的文化和制度，为了赶上领先日本250年的西方社会，他们火力全开进行全力冲刺。学生们被送往欧洲和美国学习。他们的使者被派往国外，尽可能多地了解现代工业、科学和商业。各种各样的西方人都被引进日本，作为外来的专家为他们提供从铁路建设到银行运营的专业咨询。外国专家甚至帮助他们重新训练武士，让其变成一支现代的西式的军队。在这个快速的现代化过程中，日本发展了许多工业组织，包括强大的蒸汽船制造商和现代纺织工厂，但是这些成就和御本木幸吉先生发明的人工养殖珍珠比起来都不算什么。这个发明开创了一门新的科学，即生物科学技术的先河，引领了日本的技术革命，并且帮助日本迅速地成为全球超级大国。

成功初现

御本木幸吉，这个为大众带来珍珠的人，1858年出生，同年，日本终于向世界敞开了大门。[①]他是一个贫穷的面条师傅的长子，住在鸟羽的一个位于穷乡僻壤的渔村。在佩里入侵日本之后的几十年里，明治维新使这个国家发生了翻天覆地的变化，许多改革措施在理论上提升了国民经济的流动性，但是实际上贫困却令人惊讶地成了促进流动性最大的阻力。当少年御本木11岁时，他的父亲生病了，于是他成了大家庭的经济支柱。他整天都在卖蔬菜和做面条，而晚上大部分时间他都在推面条车。

他在小渔村里的生活是单调乏味的，但其中一个好处就是他能够随时与海岸线为伍。他在年轻的时候就深深地被珍珠吸引住了，也可能他是为那些不穿上衣寻找牡蛎的女孩们而着迷。几个世纪以来，这些拥有传统潜水技能的女孩们一直都在海里出没，寻找珍珠。他发现即使是最微小的小粒珍珠也很有价值，因为它们会被带

---

① 据说佩里是1853年到达日本的，但是《日美友好通商条约》（也被叫作《哈里斯条约》）是直到5年后的1858年才签署的。这个条约真正地允许所有人自由出入这个国家做生意。

到城市里的市场，在那里被当作药品和化妆品出售。这些东西在他眼里都是非常完美的，也让他为之着迷：它们是如何形成的？为什么失败？有没有可能通过人工来养殖？最终，他痴迷于一件最核心的事，那就是要人工养殖完美的珍珠。他的梦想是培育出大量的珍珠，让每个人都有机会拥有珍珠。后来，他声称他的梦想是用一串串珍珠来装饰世界上每一个女人的脖子。他说，他希望有一天能生产出足够多的珍珠，以2美元一串的价格将珍珠项链卖给每一个能够负担得起的女人，同时送一颗珍珠给那些买不起的女人。

23岁时，御本木仍然在起早贪黑地经营家里的面条生意，但他娶了一个武士的女儿。她的名字叫梅子，在人工养殖珍珠的成功勋章里，也有她的贡献，而且其程度不亚于御本木本人。在御本木离开家去往其他的村庄考察庄稼并且试着培育珍珠的时间里，梅子除了作为一名家庭主妇操持着家务以外，她还独自挑起家族面馆生意的大梁，作为一个嫁给农民的妇人来说，这是不可想象的，而这一切也正好给了她的丈夫实现梦想最坚定的支持和信心。

他一心想着他期望的美丽珍珠，但其实还有其他的秘密野心，这个野心也许在十年前还会被认为是空想：他想成为一名科学家。他晚年生活的一个亮点出现在1927年，当时他被邀请去见他的偶像托马斯·爱迪生。爱迪生在他的家中接待了御本木，带他参观了实验室，并称赞了御本木的巨大贡献。爱迪生对他说："这不是一种人造的珍珠，它是一颗真正的珍珠。在我的实验室里，有两件事是不可能的，那就是制造钻石和珍珠。你能培育珍珠，这是世界上的奇迹之一。这在生物学上看来原本是不可能完成的任务。"①

更早些时候,他在当地的政府部门里任职,在1880年代中期成了志摩海产品促进协会的主席。在那里他碰到了时任日本水产协会会长的柳楢悦,会长邀请御本木参加第三届全国水产评定会。在那里,他遇到了日本最著名的海洋生物学家箕作佳吉。②他是为数不多的认为御本木的养殖珍珠计划可行的人之一。他和御木本分享了大量的相关信息。

好几年过去了,却没有看到任何成功的迹象,而御本木的项目以及他对未来所下的赌注却越来越大。终于在1892年,一场突如其来的灾难降临,他从海湾望出去,看到海水变成了血红色。这是一种红潮,一种有毒的海藻,对海洋生物危害性极大,这一次海藻杀死了5000只牡蛎。这也许预示着对人工养殖珍珠进行探索的终结,御本木也终于准备放弃了。但他的妻子提醒他,还有一些小的与外界隔绝的牡蛎也许还活着,她赶紧把他拉去看个究竟。

事实上在丈夫几乎放弃了培育珍珠的希望之后,正是梅子硬生生地从牡蛎中拽出了成功培育珍珠的希望。那天,她在那个隐蔽的牡蛎床上一共找到了5个牡蛎。这是她对这个项目最后的贡献,因为在不久之后,她就去世了。那是在1893年7月,御本木终于得到了一些还只是半球形的人工养殖珍珠,但这足以证明他的系统是有效

---

① 引自托马斯·爱迪生写给御本木幸吉的信(1927年,藏于御本木珍珠岛博物馆)。

② 尼克·福克斯:《御本木》,Assouline出版公司2008年版。

的，在1896年他还获得了一项专利。①他开始着手推销他那半球形的人工养殖珍珠，并利用所得的收益继续他的研究。御本木并不是第一个试图培养珍珠的人。而在他心中，想当科学家的一面让他意识到成功的秘诀是不断重复，记录翔实，系统性地开展试验并且年复一年地这样努力下去。这确实花了他许多年的时间。他不断地尝试，失败，再尝试，再失败，就这样20多年过去了，皇天不负有心人，他终于成功地培育出世界上第一颗完美的球形珍珠。

彼时，他确信，他可以将一个物体，或者一个核放置在牡蛎里面，让它们被牡蛎分泌的珍珠质所覆盖；同时他已经制造出了人工养殖的珍珠，或者说是半球形珍珠。但是他却不能在牡蛎的组织中成功植入某样物体，在不会杀死牡蛎或者被牡蛎排斥的前提下刺激双壳使其能够分泌更多的珍珠质。他试过用很多东西来作为核进行珍珠的种植，其中包括肥皂、金属和木头。直到有一天，他试着用一颗贝壳做的珠子来进行试验，这个尝试虽然获得了成功，但却不是很可靠，因为牡蛎只是有时候会对这种贝壳珠子进行覆盖。

经过了多年的尝试，他试图创造出独立的球形珍珠，但最终还是失败了。于是他考虑了一种新的方法。他把取自另一个牡蛎身上的珠核植入牡蛎的活体组织中。这是一项非常耗费时间和金钱的工程，御本木不知道为什么这项技术是有效的，但它却奏效了。在1896年，他为自己发明的将珍珠包裹在供体组织里的技术申请了专利。

---

① 尼克·福克斯：《御本木》，Assouline出版公司2008年版。

该试验的结果表明，上皮细胞从外套膜组织的褶皱边缘转移到牡蛎的内部区域，导致了珍珠囊的形成。[①]这就很好地解释了为什么仅仅将外来物体植入牡蛎体内的方式是无效的，这也能够解释，为什么把它们放在壳和牡蛎活体组织之间，它们就能接触到外套膜组织和壳层，从而形成半球形珍珠。

御本木还发现，来自供体的那一小片活体组织是最重要的原料，他之前几乎从未发现过它。他的钱几乎都用光了，他把所有的东西都押在了他潜心研究的全人工培育的珍珠上，他耐心地等待着自己播下的种子长成参天大树。但到了1905年，灾难再次降临，当时又有一股红潮席卷了他的整个养殖场，这一次有超过85万个牡蛎在结出"果实"之前死去。也许他在经历了很多年的艰难岁月之后已经处在崩溃的边缘，但他仍坚持在满是腐烂的牡蛎的沙滩上待了好几天，将这些牡蛎一个一个打开。尽管它们中的大多数都被摧毁了，但最终他在成千上万的贝壳中，找到了5颗完美的球形珍珠。

生物科学技术的诞生

御本木一旦确定了按照这个系统来培育珍珠，他就开始大量地

---

① 近年来，人们越来越清楚地认识到，在珍珠的生产过程中核并不是必需的，而且许多淡水珍珠只使用了一小部分的外套膜组织来培养。有理论认为，当一种寄生虫自然地进入一颗珍珠时，它会带入一些上皮细胞，并在这些细胞仍有活性时便形成了珍珠囊。当人工珠核被移植到牡蛎体内时，必须同时植入一小部分活体组织。

培育。他不仅发明了培育单颗珍珠的方法，还发明并改良了珍珠养殖业的流程，这是一个全新的概念。他派遣潜水员去寻找野生的马氏贝（akoya）。随着时间的推移，与传统的选择赛马的马匹或者玫瑰花的过程不尽相同，他，缩小了可以用在珍珠农场里的育珠蚌品种的范围，他会评估它们的一切，从颜色到硬度，再到它们大量产出珍珠的潜力，等等。一旦这些珍珠被播种，他就把它们放在一个篮子里，然后将篮子悬挂在巨大的筏子上，这些筏子就漂浮在他所管理的岛屿的海岸边。

1916年，他发明的人工养殖球形珍珠的技术为他赢得了第二个专利。御本木的人工养殖珍珠质量非常高，可以大规模生产，于是他开始主动地推广自己的珍珠，把它们卖到全世界。到20世纪20年代，大批的珍珠被生产出来用于商业出口，而御本木幸吉先生则被提名为日本十大科学家之一。

人工养殖的珍珠是20世纪科技与自然融合大趋势的开端。马氏贝珍珠是在活的寄主中孵化的第一批产业化的产品。作为戴比尔斯模式的另一种转化，它们的售价不尽相同。即使是那些不适合做成珠宝的小珍珠，最终也可以被粉碎，被御本木制药公司用来制作钙补充剂和化妆品。

在明治维新时期，在经历了几个世纪的刻意抵制之后，日本快马加鞭地迅速赶上了世界其他先进国家，这样的历史背景也成就了御本木，而御本木的成就也进一步促进了日本科学技术的发展。在日本快速现代化之前，他作为一名做面条的师傅不可能有追求科学或工业化的自由。在许多方面，日本的工业化相当于南非的钻石热潮，但它的成功来自科学的胆量和努力的工作，而不是偶然的运气和对外的殖民主义。他并没有忙着为自己积累大量的财富——御本木本来就是一个节俭而简朴的人，直到他去世都是如此——他打算用日本的养殖珍珠来服务于日本。在他看来，它们是解决一个问题的方案。日本的国土面积狭小，因此很多自然资源以及原材料都相对比较缺乏，这就导致了日本主要发展的是商业经济，进口原材料进行加工，然后出口成品。为了证明他的人生是为了他的国家，而不是为了自己，御本木将第一批成功培育出来的珍珠捐献给了国家。他说："我把最好的收成献给天皇。"①到明治时代结束的时候，日本成了数以百万计的完美珍珠的唯一出口国。

文化免疫

这就是御本木成功的故事，或者说至少是这个故事的开端。让我们回到最初，就是那个种下小种子的地方。许多国家都声称孤立主义是他们的外交政策，但大多数国家并没有真正切断与世界其他地区的联系。一般说来孤立主义只是因为，他们想逃避与其他国家一同做事，或者为其他国家做事而已。当日本说要跳脱于西方世界

---

① 　罗伯特·尤恩森：《珍珠之王：美妙的御本木的故事》，查尔斯·E.塔特尔出版公司1955年版。

的时候，他们确实是这样做的。更让人印象深刻的是，它成功地强制性实施了几百年这样的闭关锁国政策。

早在御本木培育珍珠之前，或者说20世纪之前，日本是由封建领主统治的，他们被称为大名。大名控制着大量训练有素的武士。当时无能的朝廷只能眼睁睁地看着大名们为了争夺领土、权力和影响力而大肆开战。他们还经常与不受欢迎的欧洲商人和传教士进行斗争。权力的分散，领主之间的持续斗争，再加上作为一股入侵的颠覆性力量的激进的基督教传教士，各路人马将整个国家搞得混乱不堪。结果，15和16世纪的日本，大部分时间都是在内部的持续战争中度过的。

日本的麻烦最终在1600年的关原战役中结束，在此之后，一名获胜的日本武士——德川家康夺取了对整个日本的控制权。他家在位于江户（今东京）的戒备森严的城堡里，那里是他的大本营。到1603年，朝廷已经完全失去了权力，但他们也没有完全失明。他们看出了风向，并正式任命德川家康为日本的最高军事指挥官，或称幕府将军。通过这样的行为，他们无意中创造出了德川家族控制的幕府统治，这个"王朝"在接下来统治了日本整整两个半世纪，主宰了日本最为经典的历史时期。

作为幕府将军和非官方统治者，德川的首要任务是将经历了一个世纪的内战、外国入侵和宗教纷争的国家重新联合、统一起来。

他将这个国家称为"日本"，继承传统的"武士道"①价值观、神道教和佛教信仰。德川认为，如果能够实现这一愿望，经济繁荣和和平就会到来。

幕府在他的统治之下做的第一件事就是把所有的外国人都驱逐出去。日本人注意到，几个世纪以来，基督教会发起或者卷入各式各样的全球性宗教战争，因此日本的保守派执政者们不喜欢这样的容易引起事端的教会出现在他们的后院。更重要的是，这些外来的传教士们在根本上威胁到了日本当时的封建社会制度。当时的日本就像更早之前的欧洲封建社会那样，绝大多数的人口都是农民，他们不仅对国家的统治者们效忠，还要向地方上的领主，即大名效忠。如果再给民众灌输可能有更高权威的精神领袖，例如教皇或者基督值得他们去效忠的话，其后果有可能会对日本谨慎有序的社会结构造成破坏性的影响。除了宗教权威这个问题之外，许多日本人还认为和欧洲人进行的贸易是不公平的，而且最终来自国外的日益强大的殖民势力也给日本造成了可能的军事威胁，这三大原因形成了颇具说服力的"铁三角"。

到1636年，以上的各种担忧叠加在一起，促使德川幕府采取了有史以来"最消极的积极外交政策"：不再对外开放，这个政策有效地切断了日本与西方世界之间的联系。到了1639年，政府实施

---

① 武士道是一个现代词汇，不是历史词汇。这是一种哲学和行为准则，与骑士精神有所类似，但是它更强调自律、自我牺牲和完善性。

了一项名为"锁国"的独裁政策。在这样极端的政策之下，信仰基督教不再合法，一旦被发现就将会受到严厉的惩罚。政府严禁日本人与任何外国人接触，所有西方人都被驱逐出境。锁国政策禁止任何外国人进入日本访问，日本人也不被允许离开自己的国家。甚至有一些在海上落难的西方水手被海水冲到日本海岸之后，随即就被当地人送回公海杀害，或被拘留，被当作囚犯来对待。这一强硬政策的唯一例外是在长崎附近的一个小哨站，这是一个很小的扇形小岛，名字叫作"出岛"。

有为数不多的受到严密保护的荷兰商人住在这个岛上，很显然，日本锁国政策的执行者觉得他们的行为比他们的欧洲同胞们会少一些侵略性。[1]即便如此，这些外国人也是被严格隔离的。在此期间，日本与中国和朝鲜保持着正常的商业和外交关系，而在这个名叫出岛的弹丸之地上，这一小部分荷兰商人成了日本了解西方世界的唯一的窗口——这扇窗户更像是一个微笑的钥匙孔。[2]

日升日落

日本的江户时期从1603年一直持续到1867年。在这段时间

---

[1]　想必大家都记得荷兰东印度公司的非官方座右铭吧？"基督虽好，但是生意更好。"

[2]　约翰·W.道尔主编：《黑船和武士：佩里司令和日本的对外开放（1853—1854）》，麻省理工学院文化视觉化项目2010年成果。

里，整个国家都处于前所未有的和平与繁荣之中。尽管江户时期的日本人在长达几个世纪的与世隔绝的生活中没有任何政治、科技或者工业上的革命，但其他方面例如民族自豪感也在不断地增强。日本的经济在爆炸式地增长，农业的发展也同样如此。在这段和平时期里，财富不断增加，使得手工艺和本地的商业也在急速地扩张，反过来又催生了一个富有且受过良好教育的商人阶层，他们中的许多人都定居在像大阪和京都这样的综合性大城市里。日本进入了社会与经济发展的黄金时代，这个时代大约在1700年达到了巅峰。

在此期间，艺术也得到了蓬勃的发展。新的歌舞伎剧院和传统的木偶戏剧院为观众们提供了娱乐的场所，而俳句和其他创新的诗歌形式也给予了读者很多思想上的启发。在这个时期，艺伎这个艺术形式也诞生了，同时那些展现日本风情的精致的木刻艺术也日臻完美。在基督徒被驱逐出去之后，日本的锁国政策将日本变成了一个井然有序、安全繁荣而且信仰较为单一的国家。

不幸的是，它跟大多数社会系统一样也有自身的缺陷。江户时代的日本是一个不灵活的社会，因为它禁止社会阶层进行流动。在江户时代的社会金字塔顶端的是皇室家族，尽管他们是无能的傀儡，但仍然受到人们的尊敬；而幕府将军则是实际掌权的人。最有特权的阶层是武士，这是一种武士贵族阶层。其下的阶层是艺术家、表演者、工匠以及商人，他们是最具活力的城市中心的生命线。在金字塔底部的主要是农民，他们占了总人口的80%。

人们一出生就会有其对应阶层的烙印了，他们就再也不能离开这个阶层了。那些与阶层身份不符的休闲娱乐活动是被严格禁止的，这就让生活和商业变得更加受限。对阶层活动的限制是为了确保经济和社会稳定。但是在江户时代的最后几十年，在佩里入侵之前，这个系统已经开始崩溃了。国家不仅禁止农民参与其他阶层的活动，还禁止武士和贵族从事商业活动，就像当时的农民除了耕种，什么也不做。这样的政策在一定程度上支持了军国主义的贵族，因为没有仗可打，他们只能靠借来的钱生活，而且没有任何途径偿还这些钱，这样的情形导致了越来越多的商人和农民阶层的不满。

系统的优点和缺点是紧密联系在一起的，在这样的一个时代里，它们造就了日本传统文化的起源、繁荣以及衰落。

猜猜谁会来吃晚餐

日本故意将自己与世界其他地区隔离了两个半世纪，在此期间，它错过了很多历史变革的大事，比如西班牙的崩溃，启蒙运动，法国大革命，英国商业帝国的全球化，美国的形成以及工业革命。一些日本的学者通过那个仅存的荷兰人的钥匙孔了解着世界的发展状况，他们称之为"荷兰研究"。他们所学到的任何东西都不可能为佩里司令和他的舰队在日本海岸进行侵略做好应对的准备。

时间来到1853年7月8日，日本沿海村庄浦贺的村民和水手看到了一种特别可怕又无法解释的东西：一团巨大的黑烟云在海平面上升起，就像某种巨大的东西在水域中燃烧。那景象是如此可怕，以至于所有散落在海上的渔船都疯狂地划向岸边，而陆地上的人们则四散奔跑，到处寻找掩护，他们觉得这些烟肯定是天上的龙喷发的。

这简直就是一场噩梦，整个村庄陷入了极大的恐慌。大家敲响了警钟，一些歇斯底里的村民大喊："大龙在喷烟！"而另一些头脑稍微清醒一些，或者说是看得更清楚一些的人哭喊道："这是外星人的火船！"①陆地上的村民们还能看到那些让渔民们感到恐惧的巨大怪物：有四艘高耸的、黑色的、钢铁做的船正在向岸边靠近，这些船烧的是煤，冒着滚滚的浓烟，散发着蒸汽，船上还装备有枪和大炮。也许真正的龙都没有这么可怕。

当黑船靠近的时候，人们四散开来。有一些人躲在家里，另一些人则跑去小山上躲起来。还有一些人跑去离村子不远的首都江户，慌忙地告诉幕府将军海边发生了什么大事。而他们中头脑最冷静的人则意识到，这只能是他们很久以前驱逐的"南方野蛮人"带着超能力和可怕的武器杀回来了。

这个场景就像当年新大陆的土著看到哥伦布驾驶着巨大的木制大帆船而感到无比的奇怪与恐惧那样。在日本闭关锁国期间，他们在航海方面没有任何的进展，最多只是使用传统的小木船"舢板"沿着自己的海岸线进行非常短距离的航行。但是，西方世界却在运用大型、快速、强大的船只为战争和商业的发展提供着源源不断的

---

① 罗达·布隆伯格：《佩里将军在幕府将军之国的故事》，哈珀·柯林斯出版集团1985年版。

动力。1600年，穿越太平洋还是一件危险而困难的事，当时很少有人尝试过这趟旅行。然而在1853年，从旧金山到日本的航程只需要18天。

佩里的舰队由两艘巨大的蒸汽驱动的护卫舰——密西西比号和萨斯奎汉娜号，以及两艘稍微小一点的单桅帆船组成。整个舰队装载了差不多一千人以及无数的枪，所有的船加起来每小时会烧数千磅的煤炭。当两艘蒸汽船中比较老又比较小的那艘密西西比号在1841年下水时，它那巨大的引擎声被形容为"钢铁般的地震"[1]。日本人把这些美国的船只称为"黑船"，不仅因为它们看起来是黑色的，或者还因为它们浑身都散发出奇怪的、肮脏的烟雾，对日本人来说，这些船更像是被笼罩在一种即将毁灭世界的光环中。黑船代表了西方的科学技术和西方殖民主义的潜在威胁。对某些人来说，它们是邪恶的化身。

大人物

佩里的舰队采用的恐吓战术是经过精心安排的。炫耀军事和技术上的优势也是一种深思熟虑的战术，是一种被称为"炮舰外交"的恐吓战术。在另一场心理战中，佩里又等了一个星期才真正地开

---

[1] 约翰·W.道尔主编：《黑船和武士：佩里司令和日本的对外开放（1853—1854）》，麻省理工学院文化视觉化项目2010年成果。

始行动，向那些已经被吓得无法呼吸的日本人展示自己的实力。他带领美国人展开军旗，向天鸣枪致敬，并重新组装大炮，让日本人先看到这些行动，从而感到害怕。最终来到岸上时，他带了300多名全副武装的士兵和一个乐队。

他还带着一封美国总统写的信来到了日本的国土，并且要求与日本天皇见面。他认为日本经过了几个世纪的隔离之后会对西方的等级制度没有任何概念了，因此他极力夸大了自己的头衔在西方社会的重要性。①但是这种对等级制度没概念的情形其实双方都有。佩里不知道那个时候的日本天皇只是一个象征性的角色，也不知道实际上大权掌握在幕府将军手里。最终，幕府将军派了一个代表来和佩里会面。

如果在这里使用"谈判"一词，那实在是太慷慨了。佩里实际上是在不加掩饰的暴力威胁下提出了很多要求，双方的拉锯战持续了好几天。美国人要求日本开放一个或者两个港口供美国的船只停靠，要求日本为他们的船只提供煤炭、淡水和其他的补给，还要求日本更好地对待那些不小心漂流到了日本土地上的美国人。从字面上看，这些条款似乎相当合理，但美国所采用的炮舰外交使得所有的请求和姿态都充满了敌意。经过几天的唇枪舌剑和恃强凌弱的打压之后，美国人离开日本去了中国香港，同时正式宣告了谈判的结

---

① 艾米丽·洛克斯沃斯：《日本人的美式创伤：种族操演和第二次世界大战》，夏威夷大学出版社2008年版。

束。他们答应尽快回来让双方达成一致。

这些大黑船前脚刚一离开，幕府便立即做了一件其从来没有做过的事情：征询别人的建议。当时的幕府碰到的这种情况非常特殊，也非常危急，他们完全不知道应该怎么办。他们将美国总统的信翻译成日文之后发给大名们传阅，让大家发表意见。有一些人提议直接开战，另一些人则认为只能保持沉默接受美国人的条件，但所有人都担心所谓的"通商"的真正含义其实是殖民主义。

6个月之后，佩里带着他的黑船回来了，这次他一共带了10艘船，而且非常明确地威吓日本说，他可以在20天之内集结100艘战舰长驱至日本的海岸线。这时候日本人明白美国人想要做什么了，而且他们知道已经没有任何的余地可以再讨价还价了。于是，在武力的逼迫下，日本人不得不签署了许多关于互惠通商的条约。

一切都是为了油

在那个时期，东方的其他国家已经在和西方国家有着非常密切的交往了，有的是商业贸易的往来，有的则是殖民与被殖民的关系。考虑到当时在中国有靠着鸦片贸易推动的不平等的商贸关系，在印度尼西亚和东南亚其他地区则一直都有蓬勃发展的珍稀宝石、香料和其他富有异域风情的原材料贸易，为什么美国单单就只对日本感兴趣呢？

这个问题在很长一段时间内都没有人能够回答。那个时候的日本是一个封闭的、不友好的、还处于类似中世纪时代的国家，非常平庸。日本并没有敌意，它也不会去威胁或者打扰到其他国家。而且大家都知道日本也没有什么特别的东西以及欲望要与其他国家进行贸易和交流。这就是日本如何在这么长的时间里都能够保持孤立政策的缘由。

但是当日本在沉睡的时候，整个世界的格局发生了翻天覆地的变化。美国摆脱了英国殖民地的身份，宣布他们信仰天命论，并且一路扩张到了整个北美。在19世纪晚期，工厂在昼夜不分地运转，铁路跨越了整个国家，蒸汽船很轻松地就能横渡太平洋或者大西洋。而煤炭和油则为这些飞跃式的扩张提供了强劲的动力。但这里说的油并不是我们想象中的油。

这是捕鲸船的时代。正如梅尔维尔在《白鲸》中所写的那样，"如果日本变得热情好客一些，那么这些捕鲸船的日子会好过很多。"多年来，西方的捕鲸船在日本海域外潜伏着，试图在北部岛屿周围的渔业资源丰富的地区捕鱼。尽管这些船不受欢迎，但日本人也没有心情来与他们接触。相反，他们只是禁止捕鲸者靠近他们的海岸——哪怕只是补充供给也不行，他们也确保那些被冲上岸的失事船只的水手们只会为他们不幸被冲到了日本国土上而感到遗憾。

捕鲸者继续捕捞着鲸，因为他们可以在这些岛屿周围赚到一大笔钱。在19世纪中期，电力还处于起步阶段，然而跨越了美国领土的许多城市都被灯点亮了，进步的引擎在高速地运转，而这一切都要依赖鲸油。整个城市的路灯以及工厂、企业和居民家里的灯，都需要鲸油的帮助才能发光。它也是发动机和工业机械的润滑油。日本除了能够很方便地为那些前往东亚的黑船提供燃料补给和生活补给之外，它还有一个特点，那就是捕鲸业非常发达。这一资产在美国强行打开日本对外贸易的大门的过程中扮演了重要角色，其重要性不亚于外交、防卫及其遵循的天命论。

当然，欧美是一个巨大的消费鲸鱼骨的市场，因为它是那些粉碎了数百万美国和欧洲女性肋骨的紧身胸衣的材料。但具有讽刺意味的是，在日本被迫与美国进行贸易之后不久，这些紧身胸衣就变得不再受欢迎，也大大降低了鲸鱼的价值。

但此后，日本则垄断着一些比油更加有价值的东西，这是每个人都梦寐以求的，而且永远都是这样。那就是珍珠。

旧世界终于走到了尽头，新时代降临

那几百万颗完美的、闪闪发光的珍珠与鲸鱼一样都是从冰冷的太平洋里捞出来的，但它们并不是在那里孕育的。相反，关于它们的想法是在御本木幸吉的头脑中孕育而生的。如果他出生在日本的江户时代，他会一直都只是一个农民。但在西方列强入侵之后，一切都变了。德川政府在美国的武力胁迫之下签署了"友好条约"，此后不久它就被推翻了。一场宫廷政变推翻了幕府长达两个半世纪的统治，重新恢复了天皇的实权。明治天皇当时只有14岁，而重新回到历史舞台的帝国政府实际上还是由大名组成的利益集团来把控的。

尽管他们的国家被迫签署了丧权辱国的协议和条款，但新政府发誓要在西方国家再回来的时候做好一切准备，所以他们着手进行大规模的社会与经济改革，这就是我们所熟知的在历史上被称为"明治维新"的时代，其具体的年代是从1868年到1912年，这也使得日本在20世纪早期终于成为一个在文化和技术上都很现代化的国家。

明治维新并不是对整个国家进行的大规模的彻头彻尾的改造，但是它确实是历史上速度最快、最令人震惊也最令人心碎的现代化的改革。所有阶层的男男女女都开始穿着西方的服装，开始采用西方的习俗，他们开始按照西方的城市规划理念来重新建造城市。日本人为了尽快地赶上并超越世界其他国家，他们无情地抛弃了几个世纪以来的根深蒂固的文化传统。

明治维新期间，在个人层面也出现了一些令人难以置信的事情，这里面有好事也有坏事。封建制度被废除了，阶层之间可以流动了，农民可以不用一直都是农民，出身高贵的人们也不再被认为是最优越的，武士阶层被强行解散，他们的武士发型也都被剪掉了。艺伎学会了打字。有一名叫岩崎弥太郎的武士派人到国外去学习，看看钢铁有些什么用途。他最终成立了自己的公司，即大家所熟知的三菱。（剧透：他成了钢铁大王，在运输行业积累了大量财富。）但没有人能比御本木更加光芒四射，他娶了一个武士的女儿，发明、完善并且商业化运营人工养殖的珍珠，作为科学家和商人，他都是成功的极致代表。他生于一个贫穷的农民家庭，在去世的时候，他已经享誉世界，被称为"世界珍珠之王"。

与当时其他一些尝试过现代化的国家不同——比如俄罗斯，我看到的日本成功地实现了现代化。在短短几十年间，它取得了如此巨大的发展，以至于它不仅参加了第一次世界大战（日本牵涉不深），而且还建立起了一个臭名昭著的殖民地帝国。它甚至在一段时间后让我们在二战中耗费了大量的人力和财力。而这一切只发生在50年以内。日本真是"好样的"。由此我们看出，有一些关于明治维新的事情并不是那么美好。

日本的江户时代处于一个独特的历史时期。当日本关上对外交流的大门之后，本质上就像瓶子里的一艘被冻住了的船一样，它在一个安全的、小的、地理上与外界隔绝的地方这样做，使得它不仅能培育和平与繁荣，而且还能造就非凡的文明。除了武士道以外，日本人还崇尚一些非常独特的优先事项。美是最重要的，艺术是神圣的。综上所述，他们极大地强调了要用完美的态度和精神去完成每一项任务，无论大小。这是一种对品质的要求，这种精神也深深地影响了御本木追求完美珍珠的态度，并且给他最终发明创造完美珍珠的方法提供了灵感。

随着明治时代的到来，整个社会不仅发生了某些表面的变化，而且整个社会结构发生了根本性的颠覆。佩里的黑船到达日本那天的情形给这个国家留下了深深的心灵创伤。所有的日本人，从政府官员到稻农和渔民第一次深刻地意识到，他们是多么脆弱不堪。他们从自己最核心的部分开始动手，试图尽快地用现代化的手段和制度来武装自己。他们的社会处在转型时期，让他们深感绝望的追赶游戏最终变成了对整个社会和文化的颠覆性毁灭。日本再次与自己开战，但这次内战的交战双方是旧时代的传统和新时代的变革。

明治时期的官方座右铭是"富国强兵"，要动用一切的力量来发展经济，从而让国家变得富裕，但他们内心真实的目标其实是要赶上并且超越西方世界。仅仅两年后，日本便修建了横跨整个国土的铁路网，拥有了强大的蒸汽船队、足以与美国水平媲美的现代工业，开始实施像英国那样四处扩张的殖民策略，成立了许多商业企业，与中东或者其他亚洲国家进行贸易。

他们确实赶上了西方前进的步伐，然后，多亏了养殖珍珠这个产业，他们确实超越了西方。御本木的公司将世界的珍珠产地中心从传统的中东和后来的墨西哥湾成功地转移到了东亚。这个新贵是如此成功，以至于我们都忘记了珍珠其实并不都是产自亚洲。到20世纪30年代，日本已经统治了全世界的珍珠产业，就像南非统治着全世界的钻石开采一样。日本成功地开发出了首个在国内生产的大量出口的产品，而且这是一种多么让人惊艳的产品！随着培育和养殖珍珠产业的兴起和发展，人类历史上最有价值的宝石之一此时已经获得了专利，并且只在日本能够被人工养殖。

肤　浅

那究竟什么是人工养殖的珍珠呢？御本木在1904年的一次采

访中这样说道："人工养殖的珍珠是通过人工方式促使牡蛎能够生产出珍珠。具体的流程是通过秘密的方法将小圆片形状的珠核植入活的牡蛎中，这些牡蛎被放回海里至少四年的时间，在此期间，它们会用自己的分泌物覆盖被插入的珠核，从而形成珍珠。"①换句话说，一颗人工养殖的珍珠就是一颗被种在牡蛎上的珍珠，就像撒播在地里的种子一样。几千年来，那些寻珠者们冒着生命危险潜入海底寻找有珍珠的牡蛎，就像猎人们在森林里寻找可食用的植物一样，他们找到这些植物之后就连根拔起带回家食用。

当他们运气好的时候——概率大概是四十分之一——能够找到有珍珠的牡蛎。而这些被找到的珍珠里面又只有很少一部分是有价值的。人工养殖的珍珠和天然形成的珍珠是一模一样的，但它们不是被狡猾的寄生虫或肮脏的细菌感染所造成的，它们实际上是被插种的，就像田里的玉米一样。

一排一排的颜色和光泽度都极其匹配的牡蛎在海水中繁殖多年，它们都被插种了珠核或其他一些刺激性物质，两到三年之后就会产出珍珠。这种珠核有可能是很多种东西中的一种。通常情况下，这是一种球形的、抛过光的牡蛎或贻贝的壳。如今有一些所谓的便宜的珍珠其实是假的人造珍珠，是在一颗很大的塑料珠子表面覆盖薄薄一层珍珠质而已，这样以次充好的方式是御本木绝对不能

---

① 《日本的珍珠养殖业，珍珠蚌生产出珍珠的过程以及该过程的发明者御本木先生》，《纽约先驱报》1904年10月9日。

容忍的。

真正的人工养殖的珍珠是在一颗坚硬的牡蛎的壳内生长的，是由牡蛎多年坚持不懈分泌的珍珠质包裹而慢慢形成的。真正的人工养殖的珍珠与天然珍珠无异。坦率地说，它的形成过程要比大自然的力量所设计的过程粗俗很多。维多利亚·芬利将这一过程描述为"外科手术似的强奸"，并说："除了业内人士之外，几乎没有人意识到当今世界在售的几乎所有的珍珠都是由一种小动物的性侵犯而形成的，这些挂在脖子上的珍珠项链其实包含着巨大的痛苦。"①完美地抛光，小心翼翼地插种，贝壳做成的珠子也许听起来没有寄生虫感染那么恶心，但是我向你保证，这整个过程同样会令人感到不快。

这个过程叫作"成核"。首先，为了产出珍珠要先挑选作为供体的牡蛎，而它们则会成为牺牲品。牡蛎边缘的薄而粗糙的组织被称为外套膜组织，里面含有真正能够分泌珍珠质的细胞。人们从供体的身体上切下一长条的外套膜组织，然后切成长宽为2毫米左右的正方形。接下来的标准流程是要让仍然活着的寄主牡蛎（那些会接受插种的牡蛎）放松，将它们放在温暖的水里，有时也会使用麻醉剂。当牡蛎的壳打开的时候，人们会将一个楔形的物体塞在这个开口处，以防止它们被从水中捞起的时候再次关闭。牡蛎就这样被迫打开了，人们用外科手术的工具将牡蛎的性腺切开一个小口并作

---

① 维多利亚·芬利：《珠宝秘史》，兰登书屋2007年版。

成一个"口袋",然后将一小块正方形的从供体牡蛎体内取出的外套膜组织放在一颗抛过光的贝壳珠子旁。这颗珠子被放置在寄主牡蛎的生殖器官的切口里,与来自供体牡蛎的神奇的2毫米活体组织放在一起。随后楔子被移开,牡蛎就会闭合。许多牡蛎在这个过程中因为创伤而死亡,还有一些牡蛎则会对这些人工插种的核产生排斥反应。

这些被植入了核的牡蛎在"重症监护病房"被观察几个月之后,那些依然存活的牡蛎就会被放在珍珠农场里,这是一些放在浅海里的可以移动的架子。牡蛎体内的免疫反应会促使它们在珠子周围形成所谓的珍珠囊,就像囊肿一样。随着时间的推移,这个囊肿会分泌出一层又一层的细胞,均匀地覆盖着珠子。几年后,牡蛎会被再次打开,已经生产出来的珍珠会被拿走。这些产出的珍珠当中大约有5%到10%被认为是有价值的,它们会被筛选,匹配,最终投向消费市场。

挣　钱

钱也许不会长在树上,但它会在牡蛎身上生长,而且生长的速度非常快。当我们用珍珠的形成过程和其他宝石的形成过程进行比较时会发现,其他宝石需要数百万年甚至数十亿年的时间在非常特定的环境和压力之下才能形成。御本木并不是第一个注意到这一事实的人,也不是第一个看好珍珠巨大的经济价值,并试图培育真正的珍珠的人。他甚至不是第一个成功培育珍珠的人。就像炼金术士想要把铅变成黄金一样，在几千年的历史中，让一个牡蛎生产出一颗珍珠，一直是许多科学家、巫师和猎奇者梦寐以求的目标。御本木成功的时候，人类尝试进行人工培育珍珠的历史已经长达数千年。

历史上最早记载人工养殖珍珠的人，是公元1世纪古希腊的阿波罗尼斯。他描述了住在红海沿岸的阿拉伯人是如何"制造"珍珠的。根据历史学家的说法，这一过程包括用锋利的工具刺破牡蛎的肉，直到有液体从伤口里滴下来。然后把这些液体倒进特别用铅做成的模具中，使其硬化成珠子。[①]关于这一点有很多不同的说法，但人们并没有找到真正保留至今的珍珠作为证据来论证谁的说法是正确的。然而，这些说法却很好地证明了人类对拥有珍珠的渴望以及人类对创新的渴望。不管这些试验是否成功，生活在公元1世纪的阿拉伯人发现了一个重要的现象：柔软的牡蛎的某些组织受伤以后促使机体产生的免疫反应最终创造了珍珠质。

中国人也尝试着生产珍珠，他们专注于研究牡蛎像珍珠一样的内壳以及用它来培育珍珠的可能性。他们的努力和尝试获得了成功，尽管他们只是成功地培育了马贝珍珠。马贝珍珠是半球形的珍珠，一边像圆屋顶一样圆，另一边则是平的。它不是在牡蛎组织中生长的，而是附着在贝壳的内部表面生长。古代中国人通过在牡蛎

---

① 乔治·弗雷德里克·孔兹：《珍珠之书》，世纪出版社1908年版。

壳内插入纽扣来完成这一壮举，更常见的做法是将一枚扁平的印有佛像的铅章放置在牡蛎体内的内壳和活体组织之间，以此刺激外套膜组织分泌珍珠质。当佛像印章被珍珠质完全覆盖的时候，"佛像珍珠"就被从壳上切下来并进行抛光处理。这些"佛像珍珠"在中国以宗教和旅游贸易的目的被出售，已经有几千年的历史。虽然他们不是第一个培育珍珠的人，但中国人在这个技艺上持续时间确实是最长的。

　　卡尔·冯·林奈，在学生时代也被称为林纳斯，是动植物双名命名法的创始人，他在1750年代发现了人工培育珍珠的秘诀。他喜欢他的进化树，但更热爱珍珠。他甚至声称宁愿成为著名的研究珍珠的科学家而不是命名法的学者。他在职业生涯中花费了大量的时间试图了解珍珠是如何形成的，以及如何用人工的方法来培育它们。他最成功的方法是在贝壳上钻一个小洞，将一个很小的石灰石做的球植入牡蛎的体内，然后用一根T形的银针将它与内壳分离，从而避免在珍珠的形成过程中产生水泡。他培育出了一些质量一般的淡水珍珠，在1762年把这些珍珠卖给了一个叫彼得·巴吉的人。很重要的一点是，尽管巴吉获得了瑞典国王的垄断珍珠销售许可，但他从来没有做过与之有关的任何事情①——这不仅说明了人工培育珍珠在当时是极其困难而且代价高昂的，而且也反映出他们对于珍珠价值的忽视，因为当时人工养殖的珍珠还没有被大家认为是真

---

① 　尼尔·H.兰德曼等：《关于珍珠的自然历史》，哈利·N.艾布拉姆斯出版社2001年版。

正的珍珠。因此，林奈也许是第一个成功地培育出球形珍珠的人，但他却没有把成功的秘诀留给后人，于是他的秘密消失了144年之久。他那些"失落的文件"在1901年才又在林奈学会的总部大楼里被发现。

在那个时候，御本木已经发明了获得专利的养殖珍珠的技术，没有人再会用石灰石珍珠了。虽然御本木可能是最终的赢家，但他甚至都不是19世纪晚期第一个成功培育珍珠的人。至少有其他两个人在这个技术上都获得了不同程度的成功，但他们也都只创造出了半球形的马贝珍珠。当御本木发现这些人手持有竞争力的专利时，他便买下了这些专利，并将这些专利纳入了自己的专利体系中。只有御本木成功地培育出了数量庞大的完美的球形珍珠，而且只有在创造出如此完美的珍珠之后，他才终于完成了一生中最伟大的壮举：是他让全世界接受并且认可了人工养殖的珍珠。

珍珠文化与人工养殖珍珠

祖母绿象征着财富，钻石闪耀着光芒，而珍珠则诉说着独一无二的故事。珍珠的魅力很大一部分来源于它们与皇室之间的亲密关系，以及它们的稀缺性和独特性。更重要的是，珍珠的魅力与追求完美是有关系的。一颗完美的珍珠是让人难以捉摸的，是非常罕见的，也是非常难以得到的，而人们对这样美好的珍珠趋之若鹜的幻想则是推动整个行业发展的原动力。因为牡蛎体内的小事故创造出来、又被潜水者发现的天然生成的珍珠却从来都不是最完美的：它们不是标准的圆球形，彼此之间也不能很完美地相互匹配。与宝石不同的是，珍珠不是来源于矿藏，也不是来自矿脉，而是来自活体生物，因此它们彼此之间很少有相似之处。每一个牡蛎的基因决定了珍珠的珍珠质的颜色，因此，如果要让两颗珍珠完全匹配，它们就必须来自两个基因一模一样的牡蛎。如果一名专业的珍珠潜水员不需要为整条项链找到足够多的彼此匹配的球形珍珠的话，那他们可以在职业生涯中很成功地完成自己的工作。尽管历史上流传的大多数故事和传说都是关于"流浪者"珍珠这样的巨型珍珠的，但在野外要找到直径超过8毫米的珍珠已经是非常困难的了。天然珍珠的直径通常小于3毫米，比一根铅笔的橡皮擦的一半还要小。

钻石和宝石永远都藏在地球上的某个地方等待着被发现（暂且不提红宝石），而珍珠则不同，它是诞生出来的，它们会成长，也会死去。有趣的是，它们经常被章鱼吃掉。即使你很幸运地找到了它们，它们也不是一成不变的，这一点也与矿物宝石有很大的不同。一天之中，它不是一直都在某个地方，它的寄主牡蛎也是如此。因为它们是在一个活体组织里面形成的，大部分的珍珠还未成形，而有的却又已经消失了。这与钻石和宝石不同，钻石和宝石总是会卖给那些出价最高的人，但那些特别大的精致的珍珠则通常只留给皇室，因为它们是真正稀有的。

牡蛎的生命周期里只有很短一段时期是可以产生珍珠的。而马氏贝的平均寿命是6到8年。珍珠只有在寄主死之前才会变得很大。

而且马氏贝看起来也很好吃，更不用说它们是对外界环境特别敏感的小动物了，非常容易受到红潮、寄生虫、压力、藤壶类动物以及温度等因素的影响，更糟糕的是它们也许就会因此而死亡。它们比兰花还要娇贵。但随着时间的推移，御本木设计发明了一种方法来盖住牡蛎的壳，使它们变得更强壮，更能抵抗这些外界因素的侵扰，从而将它们的寿命延长到10岁或者11岁。

人工养殖的珍珠在大小上也颇有优势。珠核会向牡蛎发出分泌珍珠质的信号，而牡蛎则会根据珠核的大小来判断分泌多少珍珠质。一个人工养殖的珍珠囊一开始面对的不是非常微小的外来入侵物，而是一个直径几毫米的珠子。在过去的几十年中，人们会选择性地繁殖那些特别有利于生产珍珠的牡蛎，就像农场里的动物或谷物一样，它们可以生产出最大、最白、最亮、最闪光的珍珠。人工养殖的珍珠不仅仅是真正的珍珠，它们比真正的珍珠更有价值。大家要注意的是，虽然锆石有时会比钻石更闪亮，但究其根本与我这里所说的人工养殖珍珠和天然珍珠的区别是完全不同的。它们是真实的天然珍珠，生长在真正的天然海域里的真正的天然牡蛎中。它们刚好是圆的，光滑的，能彼此匹配的。这听起来再好不过了：完美的珍珠是大家都梦寐以求的。但是，稀缺性决定了价值，就像金钱推动世界运转一样。当御本木在1920年带着他那完美的、个体之间完全一样的珍珠在西方国家首次亮相时，整个世界都沸腾了。

来自东方的海啸

"K.Mikimoto&co."是第一家只卖珍珠的专卖店。在历史上还没有谁有足够多的珍珠来填满一整个商店。除了货物供应的因素之外,还有另一个促使御本木涉足珠宝零售业的原因,那就是御本木想要的不只是一个能够销售他的珍珠的商店,他更是要为他的珍珠树立一个良好的形象,让世界相信人工养殖的珍珠也是真正的宝石,而不是人造宝石。他把它们做成珠宝来向大众展示将会是达到这一目的最好途径。

1919年,御本木已经有了足够多的珍珠供应,这也为他着眼于更为广阔的全球市场提供了可能。他将自己东京的精品店开到了其他大都市,店铺遍布全球,从伦敦到巴黎,再到纽约、芝加哥和洛杉矶。除了珍珠串之外,他还聘请设计师以珍珠为核心创作了很多反映当代西方珠宝风格的令人惊叹的艺术作品,比如"矢车",即"箭轮"腰带。它是用钻石、蓝宝石、祖母绿和41颗相同的、美得让人眩晕的马氏贝珍珠做成的。尽管它呈现出一种现代的欧洲装饰艺术风格,但它仍然蕴含着非常独特的日本传统元素。其部件也可以拆卸下来并重新组装成12件不同的首饰。

当世界上的珍珠商看到御本木那些直径大约为6到8毫米的完美球形珍珠时,他们简直就为之疯狂,他们的反应完全超出了御本木的想象。几千年来,珍珠产业一直以来的观点都是,人们拼命地想要去得到完美的珍珠,但是真正的完美却是无法实现的。但御本木的珍珠是如此完美，事实上，比天然的珍珠更完美。御本木的珍珠不仅便宜，而且令人眼花缭乱，它们的数量也非常多。人工养殖的珍珠就像来自日本的一股浪潮，完全淹没了竞争。即使御本木的珍珠在质量上与天然的珍珠相类似，但它们的数量之大足以对当时的珍珠产业造成毁灭性的打击。在1938年的高峰时期，日本大约有350个珍珠养殖场，每年生产出大约1000万颗人工养殖的珍珠。相比之下，每年发现的天然珍珠的数量只有区区几十个到几百个不等。

御本木不仅颠覆了供应链端，还直接参与到珠宝市场的竞争中。他是垂直整合资源与平台的先驱：他制作并且展示自己的珠宝，将样品送往世界各地。[①]这对已有的珍珠产业来说是一场彻头彻尾的灾难。

来自西方的反作用

在欧洲和美国，在珍珠的卖家及买家中，都蔓延着一种巨大的恐慌。1930年的珍珠市场崩溃彻底摧毁了整个珠宝行业。价格在一天内下跌了85%。由于珍珠是世界上最有价值的宝石之一，这次危机甚至波及了整个经济。事实上，人工养殖的珍珠在这次危机中只是扮演了非常小的角色，最主要的原因还是当年的大萧条。但这并没有阻止那些拥有天然珍珠的人们去指责御本木和他的人工养殖珍

---

① 尼尔·H.兰德曼等：《关于珍珠的自然历史》，哈利·N.艾布拉姆斯出版社2001年版。

珠产业。在那之前的10年中，从东方来的大量优质珍珠涌入西方市场，使得经销商们所缴的税额达到了极限。当市场崩溃时，他们都陷入了破产的境地，变得一无所有。他们唯一的选择是消除竞争，而唯一的办法就是在"真的珍珠"和"假的珍珠"之间的灰色地带进行利益探寻。

无论是基于稀缺性还是地位性的原因，人类对价值和现实的感觉都是在不断波动的。在我们的世界观中，这是一个根本性的结构性弱点，而这个弱点总是被提供美好事物的人所利用。在这种情况下，那些原有的天然珍珠商们想要重新找回自己的位置，唯一的办法就是证明人工养殖的珍珠不是真的。那一年，欧洲珍珠集团起诉了御本木幸吉，他们声称他的珍珠是假的，应该从市场上撤走。

一开始御本木运用科学和他们进行斗争。牛津大学的教授亨利·李斯特·詹姆森为此提供了证言。斯坦福大学前校长，教授戴维·斯塔尔·乔丹也提交了官方的结论，证明"构成人工养殖珍珠的物质以及它们的颜色和天然的或者非人工养殖的珍珠都是一样的，因此人工养殖珍珠不如天然珍珠有价值的说法是站不住脚的"[①]。当然，为御本木的珍珠"背书"的还有20世纪最伟大的科学家：托马斯·爱迪生，他已经将这些珍珠称为"真正的珍珠"了。

御本木打赢了这场官司，他的人工养殖珍珠也不需要退出市场，同样他也不需要特别指明这些珍珠的出处从而与所谓的天然珍

[①] 尼尔·H.兰德曼等：《关于珍珠的自然历史》，哈利·N.艾布拉姆斯出版社2001年版。

珠区分开来。但是行业内的斗争还远远没有结束。他们竭力对御本木培养的珍珠征收非常高额的进口税，以至于大大超过了珍珠原本的价值。他们甚至想要找到一种科学的方法来区分天然珍珠和人工养殖的珍珠，其目的也仅仅是给人工养殖珍珠扣一个想象出来的污名。在最后一次竞标中，一个由欧洲珠宝商组成的财团聚集在一起，要求御本木在珍珠上贴各种各样的标签，例如"从日本来的人工养殖珍珠"等，他们希望消费者由此不再喜欢御本木的珍珠。但是这些方法却无一奏效。

20世纪30年代，大多数人的钱包都变薄了，因此他们对珍珠的降价和新创造的珍珠的价格区间都非常满意。毕竟每年有数百万颗珍珠被生产出来，而不是像以前那样只有成百上千颗；人工养殖的珍珠不仅可以完美地匹配在一起，它们还可以根据质量的好坏被分级，就像钻石的4C标准那样。爵士时代的狂热爱好者们以及他们对装饰品的极大热情已经为大规模的珍珠需求奠定了基础。而那些拥有新货币的人，在家传几代之后，新货币就变成了旧货币，于是他们需要像以前的贵族那样拥有自己可以传家几代的珍珠。因此珍珠的买家遍布了每个市场。

如果人工养殖珍珠不能被证明是假的，那么对于辛迪加财团来说，要做的就是暗示它们是假的。现实就像价值一样，是由从众心理决定的，某样东西被认为是真的或者假的，这种想法就已经足够让大家得出结论了。在顾客心中播下一颗小小的怀疑的种子，与插种一个珠核其实没什么两样。对一些顾客来说，随着这颗小小的怀疑的种子不断在心中生根发芽，他们于是开始相信，人工培育的珍珠并不是真正的珍珠。

因此，御本木决定用宣传来压制那些不好的宣传。他自愿将自己的珍珠标记为"人工养殖珍珠"，尽管法院的裁决表明他不需要这么做，但御本木觉得这其实是一个标志，而不是一个污点。他非常努力地教育公众，告诉他们究竟什么是养殖珍珠，以及这些珍珠是如何被养殖、生产出来的。他在学术期刊和大众媒体上都发表了很多文章，详细地解释了人工养殖珍珠的过程，告诉大家他的珍珠来自哪里，为什么它们和天然的珍珠是一样的，以及它们为什么会更好。

广告里的真相

真相和谎言都有属于它们自己的虚拟经济。人工养殖的珍珠是非常有趣的东西。当你听到"人工养殖"这几个字的时候，你会联想到假货。但它们其实真实得堪比果园的树上摘下来的苹果。这颗种子可能不是偶然地落在了那里，长成了一棵树，但这并没有使果实有任何不同。事实证明，"真实"的概念和"价值"的概念一样灵活。御本木最喜欢的故事之一是他用了毕生的时间都在讲的一个受人喜爱的园艺家的故事。

在经历了许多年的商海沉浮之后，这位园艺家希望自己的名字更有影响力，于是他带了一种漂亮但很常见的极具观赏性的红色浆果类植物，并把这些浆果涂成白色。他的纯白色浆果便成了一种现象。因此他变得非常有名、成功而且富有，直到后来下雨了，白色的油漆被雨水冲刷掉了，于是他失去了生意，最糟糕的是，没人再会信任他了。

御本木不像这个卖漂亮的白浆果的人，他告诉每个人，他的珍珠都是"人工养殖"的，他把这些都标记在他的珍珠上，同时他还积极地宣传这些珍珠的起源。他在媒体上发表了一篇又一篇文章，他不停地接受采访，在某些出版物中，他甚至还用图表来解释珍珠是如何被养殖的。这里没有染过颜色的浆果，没有人会指责他试图将人工养殖的珍珠混进天然珍珠的市场。

御本木被描述成"一个在日本备受尊敬的人，像是集亨利·福特和托马斯·爱迪生于一身的人"[1]。但他也是一个天生的表演者，他在某些方面更像P.T.巴纳姆。他知道，如果人们看到他的珍珠，他们心目中对珍珠的标准就会被重新定义，这样他就会把那些反对者们彻底打败。为了推广他的珍珠，御本木在世界上的很多场合都留下了他的身影，他把珍珠送到世界各地，让每个人都有机会看到一颗完美的珍珠是什么样的。他在1933年的芝加哥世界博览会上，用24328颗珍珠做了一个乔治·华盛顿故居弗农山庄的模型。毫无疑问，这是历史上人们在一个地方看到数量最多的珍珠的时刻，而且每一颗珍珠都是如此完美无瑕，让人惊叹不已。

它在美国公众中引起了轰动，成功地激起了人们对人工养殖珍

---

① 斯蒂芬·G.布鲁姆：《美人鱼的眼泪：关于珍珠的秘密》，圣马丁出版社2009年版。

珠的巨大好奇心。这次展览成功地让"御本木"这个名字印刻在了美国人的脑海里。他还用珍珠为1939年的纽约世界博览会创作了其他的模型，包括一座由12760颗珍珠组成的五层宝塔，以及一个自由钟的等比例模型，这个模型是由12250颗完美的白珍珠和366颗钻石制作而成的，其上著名的裂纹是在特别稀有的（以前几乎是无法获得的）蓝珍珠上创造的。①

　　御本木对公众最大、最有效的影响不是一种创造性行为，而是一种破坏性行为。1932年，外国记者目睹了发生在神户商会大楼前的一幕，他们也用照片和文章记录下了这一幕并且刊登到世界各地的报刊上。御本木向大家宣布说，由于担心那些不够完美的珍珠会扰乱整个珍珠市场，于是他在大楼外的广场上点燃了一把火，将那些他认为不完美的珍珠全都倒进了火堆中，烧成了灰烬。这样的举动把前来围观的人们看得目瞪口呆。他说这些珍珠其实在很多方面都要比天然的珍珠更好，只是他自己觉得它们不好而已。他还宣扬说，完美是可以得到的，但如果要市场向不完美妥协，那就是不能被接受的了。他说这些有瑕疵的珍珠毫无价值，只能被烧毁。他一共烧掉了72万颗珍珠。他把它们一铲又一铲地铲进火里，就这样，价值数百万美元的珠宝化为了灰烬——就像被烧毁的落叶一般。

---

① 　日本御本木档案馆，珍珠岛博物馆网站：http://www.mikimoto-pearl-museum-co.jp/eng/collect/index.html

"大将连"

魔术师把一位女士"锯成两半"的表演是很巧妙的，但到这里这个魔术还没有完全成功，他还必须把她"重新组合"在一起。制作珍珠只是完成了"魔术"的一半，让人们相信他们自己想要的就是人工养殖珍珠，是这个"魔术"的另一半。人们在纠结人工养殖珍珠到底是不是真的珍珠的过程中也在不断地吸纳着来自各方的看法和意见：有珠宝商公开承认，他们无法从天然珍珠中分辨出人工养殖珍珠；还有一些科学家曾说过，人工养殖的珍珠与它们那不是特别迷人（但很天然）的亲戚们的成分是一样的；甚至托马斯·爱迪生也为它们的真实性来证言。在当时的环境之下，珍珠的价值是由它们独一无二的特性来决定的，人们看重的不是珍珠本身有多少价值，而是获取一颗完美无瑕的珍珠的过程。著名的寻宝专家梅尔·费舍尔则认为，不是宝藏本身，而是寻找宝藏的这个过程赋予了珍珠价值。源源不断的完美珍珠被投放到市场上，最终摧毁了"寻宝"这个过程所拥有的价值。珍珠不再与"难以获得"联系在一起。当我们不再想要某种东西的时候，我们又该做什么呢？

御本木找到了一个解决问题的办法，那就是被他的员工称为"大将连"的、由御本木亲自打造的一串美得超乎寻常的珍珠项链。即使是用人工养殖珍珠制作而成，这串项链也能重新建立珍珠美丽而又不可多得的形象。他选择最大、最完美、最美丽而且每颗都能够完美匹配的珍珠，一共有49颗，其中最大的珍珠直径为14.5

毫米①，这在人工养殖珍珠中来说是非常大的了，几乎不可能在天然形成的珍珠中找到。即使每年有数百万颗珍珠可供选择，他也花了整整10年的时间才把这串项链组装起来。这是人们见过的最壮观的珍珠项链。天然珍珠的平均直径为2毫米，很少超过8毫米，而且它们中也只有少数被认为是"完美的"，因此跟天然珍珠一比较，"大将连"简直就是现代世界里的一个奇迹。

我们持续不断地想要拥有某些东西，而且每个人都想要。如果它被出售，有可能会导致战争、对峙或者紧张的政治关系，就像前几节所讨论的那样。但"大将连"并不是为了出售才被创造出来的，尽管御本木一直收到来自富商巨贾们的收购要约，但他仍然都一一回绝了，直到他去世。御本木谦逊地说，项链是他的。他说他只是喜欢把项链放在口袋里，带着它，将它展示给人们欣赏。事实上，这场"火烧珍珠"的行动可以被看作对"大将连"项链的公关宣传战役中的一部分。

御本木用"火烧珍珠"表明，他不能容忍有瑕疵的珍珠，同时他还用"大将连"项链来证明，完美是可以通过努力达到的，但并不是轻而易举就可以得到的。他一旦拥有了世界上最令人向往的珍珠，他就不会把它们出售。因此，御本木成了"完美"的代名词。

---

① 在位于日本鸟羽珍珠岛上的御本木纪念馆里，"大将连"被永久性展出。这是至今留在岛上为数不多的被认为超级有价值的作品之一。一位御本木公司的代表告诉我，"大将连"也是2013年至2014年维多利亚和阿尔伯特博物馆在伦敦举办轰动一时的珍珠展览的原因所在。

这不仅仅是一百万里挑一的完美：这些完美无瑕的珍珠实际上是无法获得的，因此它们具有不可估量的价值。

完美的先例

诚然，"完美"是一种无法准确定义的标准。许多宝石的等级是由它们的瑕疵来定义的。其他宝石如红宝石和祖母绿等是非常稀有的，因此它们有瑕疵则被认为是理所当然的，这也正是这些宝石所拥有的特色和个性的一部分。完美无瑕的宝石的理念在钻石行业中是存在的。碳这个元素非常普遍，而钻石也是非常普遍的，尤其是白色的钻石。但是珍珠是一种生物有机体的副产品，所以是不可能找到完美的珍珠的。一整串完美的珍珠做成的项链更是只能存在于幻想之中。至少在几千年的时间里，人类收集、崇拜并且努力寻找那些发光的球体。在御本木之前，"球形的"珍珠其实只是一颗"比较接近球形"的珍珠，你可以在博物馆和私人收藏中看到它们。通常它们是卵形的，或者是一个有一些突起的球体。在最好的情况下，如果不在非常近的距离观察它们的话，它们看起来比较像是球形的，或者至少是白色的。莎士比亚把这些缺陷称为"自然之手的干预"，从科学的角度来解释则是基因的多样性造成的。

但是，在御本木创造了人工养殖珍珠的过程并对有特定的颜色和光泽的育珠蚌进行选择性的培育之后，生产一颗真正的球形珍珠就比找到一颗有光泽的天然珍珠更加容易了。从某种意义上说，御本木是珍稀宝石界的亨利·福特。他在没有降低这些宝石价值的前提之下，为它们制定了统一的标准。虽然天然珍珠的价值受到了一定的冲击和削弱，但值得注意的是，其根本原因并不是那些惊慌失措的交易者们认为的那样。西方世界的珍珠商们被吓傻了，他们觉得御本木会用太多标准化生产的珍珠来占领整个市场，从而降低珍珠的价值。

相反，他在市场上投放了很多特别珍稀的珍珠，因此在很长一段时间内，更加昂贵、更加难以获得的那些天然珍珠的市场受到了严重的打击。伦敦的恐慌、无休止的诉讼以及诽谤运动背后的原因都是来源于恐惧。对竞争的恐惧，对变革的恐惧，最主要的是对"完美"以及"先例"的恐惧。

并不是所有的恐惧都可以归结为心理学问题。"完美"并不像地位性商品那么简单，在那里，珍珠的好或者坏都是只在和另外一颗珍珠进行比较时才能够得出的结论。人类天生就会把对称作为完美的标准之一。单凭这个原因，一颗球形的珍珠就会比其他任何一颗不是球形的珍珠都要好，一颗完美无瑕的珍珠则要比一颗表面上有瑕疵的珍珠更加受欢迎。

伦敦大学学院的神经美学教授泽米尔·泽基，研究了关于美丽的神经学。泽基的研究表明，大脑的"奖赏和愉悦中心"，即内侧眶额叶皮层的神经活动是大脑中唯一持续关注美的部分。当你看到漂亮的东西，大脑就会提醒你。但美存在于关注者的大脑中。一开始你可以认为一个物体是美丽的，但是当它的缺点变得明显的时候，快乐的效果就会被削弱。正如泽基所言："当我们开始认识到这些缺陷时，我们对美的感知可能会有所减弱。"①换句话说，人们如果只看到了几颗珍珠，那么这些珍珠看起来都像是大自然的奇迹。但如果每年有数百万颗完美的珍珠向我们奔涌而来的话，那些瑕疵就会有致命的效果。

天然珍珠仍旧是一个规模很小的市场，主要的对象是收藏家。直到今天，它仍然存在，而且你以合适的价格就能够拥有一颗珍珠。也许有人会为之而疯狂，但你却想知道，为什么他们会这样，因为人工养殖珍珠同样是真正的珍珠，而且比天然珍珠更具有吸引力。事实是，每年只有少量的天然珍珠（我指的是偶然被潜水者发现的）在市场上交易，而且大多数都是古董。

即使是来自最著名的公司和经销商的最优秀、最精致、最昂贵的珍珠也都是人工养殖的。人工养殖的珍珠占据市场统治地位的原因有很多。如今在大多数国家，人们都很难获得捕捞天然育珠蚌的许可，而在其他许多过去常常生产大量淡水珍珠的地方，比如苏格兰，现在也严禁捕捞珍珠了。到20世纪初，过度捕捞已经导致几乎所有地方的牡蛎数量都在急剧减少。如果御本木没有掌握人工养殖珍珠的科学方法并说服整个世界接受人工养殖珍珠的话，那么牡蛎有可能已经从我们这个世界上消失了。

---

① 伊丽莎白·兰多：《观察美：研究的方法》，美国有线电视新闻网2012年3月3日。

人民的珍珠

世界上的珍珠商们都很害怕人工养殖珍珠会淹没市场，并破坏维持其自身价值所必需的稀缺性。20世纪初，珍珠的价值达到了历史最高水平。对珍珠的需求是如此强劲，因此这一时期被认为是珍珠的第二个伟大时代，不是因为它们突然出现在世人面前，而是因为它们的受欢迎程度飙升。美国新一代的工业大亨、石油大亨、黄金大亨们都知道，珍珠是王室的珍宝，他们也要跟王室一样拥有自己的珠宝。

但市场上还是没有足够的珍珠来满足大家的需求，自然供应减少到了比较低的水平，价格又随之飙升到前所未有的高度。1916年，卡地亚把一串珍珠卖给了莫顿·普朗特和梅·普朗特，换来的是他们在纽约第五大道上的一栋联排别墅，也就是后来卡地亚在纽约的总部所在地。欧洲的珍珠商们知道，人工养殖的珍珠足以迷惑消费者，更不用说珠宝商、科学家和其他所有人了。因为珍珠市场永远都在两件事情上纠结，即稀缺性效应和追求完美，每个人都担心市场上这种在数量上占绝对优势的宝石会因为过度供给而使得所有珍珠的价值下降。

最终，珍珠的价值确实开始直线下降，但这并不是全球珍珠商们担心的原因所造成的。人工养殖珍珠并没有淹没市场，也没有降低天然珍珠的价格。它们只是降低了人们对天然珍珠的需求。天然珍珠的市场因为人工养殖珍珠更好而缩小了。它们是真实的，质量更好，价格更便宜。没有人会有"大将连"项链，但是所有人都可以拥有御本木珍珠。所有人。在御本木还没有生产出他的第一颗珍珠之前，他就在信中写道，他的梦想是用一串串珍珠来装饰世界上每一个女人的脖子，所以他生产的珍珠选择范围非常大，不管是大小、数量，还是价格，都有很多不同选择。这样，拥有珍珠也不再是富人的专属特权，但它们仍然保留着自己的价值和地位，这一切都得归功于御本木的精湛技艺和那串老板的项链，那是世界上最完美、最不可能得到的珍珠。

结果，人工养殖的珍珠成了明治维新时期经济和工业现代化的一个重要组成部分，而御本木本人也知道这一点。他可能一直沉迷在对完美的追求之中，也有可能一直执迷于他那要让世界上每一个女人都有一串珍珠项链的想法，但他对商业并不陌生。他有一种武士对于完美的执着精神以及一个诗人的灵魂。他从明治维新中受益，打算回报国家和政府的支持。他很喜爱美国，但同时他是一个民族主义者。他把自己第一颗成功培育的球形珍珠献给了日本天皇，从某种意义上说，因为世界上75%的珍珠交易都是在神户进行的，这也就意味着他把珍珠产业献给了自己的国家。

御本木被称为"那个时代最辉煌的例子"，他作为一个普通人成功地摆脱了束缚，寻找到了属于自己的自由。[①]正是这种自由

---

① 罗伯特·尤恩森：《珍珠之王：美妙的御本木的故事》，查尔斯·E.塔特尔出版公司1955年版。

让他能够去追求更伟大的事业，他有着多重身份，商人、科学家以及"世界珍珠之王"。珍珠是日本的第一个（也是最后一个）在本土生产的出口产品。就像御本木一样，作为新兴技术的先锋，这个国家在创新者和科学家的推动下，终于在20世纪初找到了一个新的发展方向，这个方向并没有完全抹掉过去的历史。在一个完美的圈子里，御本木的珍珠让日本保留了一些属于它自己的不可缺少的部分，也让日本保留了经济和文化的特殊性，并抵制外国殖民者的入侵。同时，其经济状况也没有受到任何冲击。

　　人工养殖珍珠的销售收入是如此之高，以至于御本木曾经宣称，他会"用他的珍珠来补偿战争的损失"[①]。到1935年，日本有350个珍珠养殖场，每年可以生产1000万颗人工养殖珍珠。到目前为止，日本仍然是世界上最大的珍珠出口国。御本木珍珠在历史上第一次使宝石变得大众化。珍珠的成本可能会随着数量的增加而减少，但它们仍然被认为是一种珍贵的宝石。这种情感上的价值，加上它带来的收入和产生的商业力量足以为日本在国际谈判桌上增添砝码。

---

① 　罗伯特·尤恩森：《珍珠之王：美妙的御本木的故事》，查尔斯·E.塔特尔出版公司1955年版。

7 时间就是一切
第一次世界大战与
第一只手表
（1876）

正是相框随着每一次新技术的产生而改变，而不是里面的画在变。

——马歇尔·麦克卢汉

时间随我。

——滚石乐队

钟表是最矛盾的珠宝。它们虽然被大规模制作，但同样能够彰显佩戴者的身份或者地位。毫无疑问，它们极具装饰的作用，但也是极少数兼具功能的珠宝品种之一。有时候它们也是用贵金属和宝石制作而成的，但它们真正的价值所在却是手工制作的机芯。手表作为一款计时的工具，它们通常是与有闲阶级的人们联系在一起的，不仅如此，手表还是在工业以及战争中不可缺少的工具。没错，最早期的手表是一种女性化的饰物，但它们在战争中的广泛使用却赋予了自身更多男子气概。

钟拥有悠久的历史，但是手表确是近代历史上的一项伟大发明。令人惊讶的是，直到100多年前才有人想到将一块尺寸很小的钟用绑带固定住，戴在手腕上，而这个发明的缘由只不过是一名富有的匈牙利女子想要吸引大家的关注而已。

第一块真正意义上的手表是百达翡丽在1868年为一位名为科斯科维奇的伯爵夫人制作的。[①]这个看起来很愚蠢的小玩意有着非常深远和持久的影响力。来自匈牙利的科斯科维奇伯爵夫人为了炫耀她的财富和影响力，为了确保她那华服上的孔雀羽毛没有被其他人所忽略，于是她想要制作一件最昂贵、最奢华的珠宝首饰：她幸运地找到了百达翡丽，它堪称19世纪的苹果公司，拥有非常强大的创新能力。他们为伯爵夫人创造了一只功能齐全的微型钟表，尺寸小到甚至可以被放置在一根昂贵无比的钻石手链上面，取代那颗最大的中心宝石。

这块手表是一个厚重的黄金手镯，突出展示了一个像三联画

---

① 　一丝不苟是人们对手表制造商的期待之一，而百达翡丽真的把这样的精神发扬到了极致。这家拥有179年历史的公司对他们制作的每一块表都有记录。这在一定程度上帮助我们了解到正是匈牙利的科斯科维奇伯爵夫人拥有了第一块手表。根据博纳姆拍卖行的说法，"有人说早在1868年之前的某个时候，人们就已经将怀表改成手表戴在手上了。最早甚至可以追溯到16世纪70年代。然而，至今都没有确凿的证据来支持这一说法，而百达翡丽在1868年为科斯科维奇伯爵夫人设计的手表是现代意义上的第一块真正的手表"。

一样的可以左右展开的金色盒子。这三幅画的中心是一颗巨大的钻石，镶在一朵花的黄金花瓣上面。在两边，中间的正方形被两个小一些的盒子往外延展，嵌有精心打造的、镶着黑色珐琅的花朵。整个手镯都被华丽的旋转的金色波浪所覆盖、环绕，并且被"美好年代"风格的黄金波浪托住。三联画的中央那颗最大的钻石实际上是一个盖子。把它打开之后就会看到一个指甲盖大小的时钟，表盘由白色和黑色的珐琅制成，设计的数字字体与手镯的旋转图案极为匹配。手表上还有一把金钥匙。

科斯科维奇的手镯不仅仅是一个计时器。这块手表的设计是为了保护和显示组件本身，就像文艺复兴时期的戒指手表一样。它还结合了现代功能怀表的工艺和黄金保护罩的设计。这是第一次真正地将珠宝和功能时钟完美结合在一起的典范。

整件作品被称为"腕饰"。虽然它是一款功能齐全的微型手表，但至少对伯爵夫人来说，它主要是一种身份象征，而且按照现代的标准来看，它也更像是一个手镯，而不是手表。最初的腕饰就是用来炫耀的。尽管它是一个计时器，但同样它也是一件珠宝首饰，这件作品迅速成为当时的"爆款"。伯爵夫人的手镯达到了她想要的效果。这块手表在整个欧洲都是令人垂涎的。珠宝腕饰成了那些有钱的皇室和贵族妇女们争相抢购的目标。这样一种潮流的蔓延没有通过战争来实现，而是通过老式的"支出瀑布"的方式来实现的。钟表是最自相矛盾的珠宝，它们是大批量生产的物品，但也被看作地位和财富的象征。

"进步"就像时间一样在不断地往前进。到了20世纪，战争逐渐地向现代化作战靠拢，因此精确而协调的时间控制也成了战争中不可或缺的部分。随着社会、技术以及更重要的——战争的现代化，士兵们发现在同时使用双手的时候还能看到时间是至关重要的。

到了20世纪初，手表在很大程度上仍然被看作女性的首饰，但它已经逐渐成为军事必需品。在所有的战争中，受科斯科维奇伯爵夫人的腕饰启发而发明的"绑带式钟表"成了科技发展的象征之一，同时也变成了士兵们最好的朋友。随着一战的爆发，大量的手表被制造出来发放给前线的士兵。当联军的部队遇到旧时帝国的部队时——后者的士兵们还需要给自己的怀表上发条——我们就会很清楚谁占据上风。

到一战结束的时候，手表已经发展成为精密的机械，在珠宝、科技和时尚圈里都有非常高的地位。随着制作手表的技术在不断地创新和发展，手表计时越来越精确，当它们变得更加精准的时候，人们对手表的需求不仅增加了，而且发生了变化，因此佩戴手表的人也发生了变化。

这个故事讲述了一个喜欢炫耀、财大气粗的伯爵夫人是如何给予工匠发明和制作手表的灵感的，以及后来这个发明怎样影响了战争，并且永久地改变了现代人类对于时间的体验。

计时的历史

从文明的黎明到原子钟的发明，我们的生活始终都被时间支配着。我们用季节、社会和彼此来描绘我们的生活和日常活动。我们对时间的感知是很基本的能力，以至于我们都很难去想象时间的单位，以及时间的流逝是如何被追踪的。而计时在很多个世纪以来已经有了很大的发展，计时技术改变了世界，反过来这个世界又影响着计时，推动它在历史长河中不断地改变和发展。

一开始，大家都觉得是"时光老人"掌控着时间这个奇妙的东西：从出生到死亡的时间旅程在数千年间都是由一个手握着镰刀的老人来掌管的。当然，也有地球母亲来决定什么时候睡觉，什么时候起床，什么时候收割以及什么时候播种。分钟和小时的刻度是无关紧要的。我们唯一的时钟是太阳和月亮，时间是由需要决定的。当时人类最接近现代时钟的计时方法是将一天划分为早晨、中午和夜晚的粗略想法，每一个时间段都是由太阳在天空中的位置来划分的。

因此我们就不难理解，为什么人类历史上最早的计时设备就是日晷了。现存最古老的日晷可以追溯到公元前15000年的古埃及王国。日晷的形状和大小各异，并且还有很多不同的布局。无论日晷如何设计，它都必须遵从这个基本原理：自然界天体的运转是在一个可以被预测但并不一直固定的路径上进行的。基于人类对行星运动的理解，这个以太阳光为基础的计时设备利用了太阳光投射下的影子来表明天体运行的轨迹。日晷上有一个能够产生阴影的物体，这个物体通常是一根被称为"晷针"的杆或钉子，它会被垂直或水平地固定在一个有相同间隔刻度的表盘上。当太阳从东向西移动时，在有刻度的表盘上的某处就会被投射一条晷针的阴影线。太阳会随着时间的流逝而移动，影子也会在一天中围绕中心点随着太阳的移动而旋转。

在阳光明媚的日子里，日晷是很好用的计时器。但不出意外的是，如果没有太阳，它们就无法工作了。由于这个明显的缺陷，日晷只能在有太阳的白天里测量时间。因为公元前15000年的人们晚上基本上都在睡觉，因此这个发明也没有差到哪里去。当然，日晷也有其他的一些在功能上的限制：在阴天和雨天，它们都是无用的。最终，人们在日晷之后发明了其他一些计时器，例如秒表、沙漏以及滴漏水钟。这三种计时器在设计的原理上都是相似的，它们使用预先确定了数量的水或沙子，使其以固定的速度从一个地方移动到另一个地方。通过等待水或者沙子跑光的这个过程，人们可以追踪到更细微的时间单位。在很多情况下，其都以完成某项任务为最终目的，比如，在染缸里放一些东西需要多长时间，或者需要多长时间才能让砂浆干硬等。

由此大家可以看出，计量时间的技术一直都是和人类前进的步伐并驾齐驱的，当我们的住所从野外搬到城市之后，时钟变得越来越复杂。在最初的被用来追踪太阳和季节变化的日晷诞生之后的几千年后，真正的机械钟表出现了。这些样子巨大的、但有可能不是特别准确的钟表有着复杂的齿轮、弹簧、钟锤以及杠杆。它们跟日晷一样仍然只能够度量以小时为单位的时间，但是它们已经不再需要太阳就能工作了，这反映了我们日渐增多的室内活动以及越来越习惯于夜生活模式的趋势。

它们对当时的普通人来说太新潮，太昂贵并且太稀有，不可能被大众所拥有。中世纪的时候，时间是属于教堂的，教堂的钟声是用来告诉人们什么时候起床，什么时候工作以及什么时候集合祷告的（这对大多数人来说是唯一重要的集会）。后来随着世俗政府取代了神权政治，公共场合的时钟取代了教堂的钟声。尽管如此，管理时间仍然是掌权者的职责之一。

文艺复兴时期，人们发明了计时更加精确的摆钟和弹簧钟，在计时的科技和掌握时间的权威者这两个方面都出现了一些很细微的进化迹象。但是直到19世纪的工业革命到来之际，时间对于人们的重要性才开始一点点地增加。随着城市的发展和工厂工作的增加，人们的作息需要遵守更加严格的时间表，当然这些时间表并不是在田间野外所需要的，而是工厂生产线上的需要。突然之间，火车、火车时刻表、打卡机，以及公民需要遵守的官方时间表如雨后春笋般出现在人们的生活中。对他们来说，幸运的是工业革命不仅产生了对精确计时的需求，而且也满足了这样的需求：流水线上批量生产的、可以拆换的零部件为钟表大众化提供了可能性。那些让个人也能够计时的技术，最终也让计时器变得更加便宜，人人都可以负担得起。

然而，不管时钟的进化之路走到多远，它们的功能与旧石器时代的石制圆盘没有什么区别。这些圆盘的存在是为了表示绕轴运转的地球在太阳的光照中进进出出的运动。这就是为什么直到今天，时钟的指针仍然在绕中心轴旋转的原因，这种运动与影子在日晷表面的运动轨迹是一致的，这也是为什么中午，或"正午"这个时刻永远都在表盘的最顶部，因为这个时候的太阳一定是在天空的正上方。

时间力学

第一个机械钟是在公元725年的中国制造的，它是真正的钟表，而不再是运动的阴影。最初的机械钟也是依赖于水或沙子来计时。这些系统远比一个沙漏复杂，因为它们用落水产生的动力来驱动时钟的齿轮进行转动，就像一个水车工作的原理一样。最终这些系统被可以更加持续不停地（更少潮湿）供能的重量和滑轮系统所替代。相对于日晷或沙漏，一个真正的机械钟是需要电源才能工作的，但在人类历史的大部分时间里，电源并不是一个可选项。

那么我们还能做什么呢？

于是人们有了一些物理发现：动能是运动的能量；势能是物体由于位置的不同而拥有的能量（即把所有的能量都储存起来，准备好）。一根弓弦在拉紧的时候就具有势能，当箭被射出去的时候势能就会转化为动能，推动箭飞出去。在瀑布的顶部，水具有潜在的能量，当水垂直下落时，这些能量就会被释放出来，随后就可以用来推动水车转动。势能以两种方式存在：重力势能和弹性势能。下落的水推动水车转动是重力势能的一个例子，它利用重力的作用将物体从一个地方移动到另一个地方。弓和拉弦是弹性势能的一个例子。

为了产生势能，新的力量必须通过拉伸或压缩来进入系统中去。在弓和箭的例子中，把弓弦向后拉，将能量注入系统，这就产生了弹性势能，当弓被释放后，就转化为动能。

不管钟表匠使用的是重力势能还是弹性势能，总之，他们用摆锤或者弹簧中的一种机制来转换捕获到的能量将并这些能量转化为运动。在机械钟里，这种装置被称为"擒纵机构"。当钟摆来回摆动时，连接在上面的杠杆就会以稳定的速度转动。每一个钟摆的摆动角度都是固定的，这意味着每一次的摆动都会将主要的齿轮移动一次，这使得所有相互连接的齿轮以稳定的、可以测量的速度移动，从而以相同的时间间隔来移动时钟的指针。一根未绷紧的主弹簧的作用与钟摆或者重锤是一样的，但它与钟摆相比尺寸更小，更便于携带。更小、更方便携带的弹簧动力钟表，即手表的前身在15世纪的欧洲开始出现。

他们已经解决了尺寸和可携带的问题，但新的问题又出现了。随着弹簧弹力的逐渐消失，其能量也会消失。能量损失的原因之一是弹簧为设备提供了能量，并且最终将能量传递给了齿轮，但这也是它设计的主要缺陷。弹簧开始时非常紧，处在一个高能量的状态下，到最后则会回到非常松的低能量状态。随着弹簧的转动，时钟的速度便会慢下来。换句话说，这些早期的机械钟表体积小，携带方便，但却无法稳定地计量时间。这个缺陷的解决方案在1657年问世，人们发明了摆轮游丝。这是用一种非常薄的金属条盘绕而成的，内端固定在摆轮上而外端则固定在摆轮的夹板上。当摆轮游丝转动的时候，它会使摆轮以共振的频率振动，本质上是将游丝和摆轮的机制转换为谐振子。它就像心跳一样，以一种精确的节奏和相同的时间间隔，控制着摆轮和齿轮的运行速度，在较长的一段时间内都能够比较均匀地输送游丝供应的能量，从而实现了稳定的计时功能。

然而，这种单一的创新却花了近500年的时间才实现。总而言之，时钟是最古老的技术之一。在任何一个千年或一个世纪之内，包括我们目前生活的时代，计时以及使计时更加精确的所有技术都代表了工艺、机械工程和对宇宙的理解的巅峰。

看着我

现在让我们按下暂停键。在这段时间里，我想从那些起源于17世纪的永久改变了便携式时钟技术的创新中跳跃到21世纪的一个全新的科学技术领域：眼球追踪技术。眼球追踪技术以及相关的研究是当代一个全新的技术领域，是我们研究注意力心理学的一个新兴领域。这听起来离第一只手表的历史太过遥远。其实不是的，当你考虑到虚荣心、效法以及最重要的一项——吸引别人注意等因素时，你就会发现，它们在计时技术发展的过程中扮演了非常重要的角色。[①]

眼球追踪技术的工作方式很复杂。首先，要在眼睛上方的面部安装一个小的设备。这款设备将会"跟踪"眼睛运动的方向、它们会在哪里停止以及持续多长时间。这将会无可争辩地记录下什么东西对眼睛是有吸引力的，以及这种吸引力有多强。这远比只是简单地问别人对什么感兴趣要准确很多，因为人们往往会说谎，而且更重要的是，人们似乎并不知道他们在看什么以及为什么会看。

眼球追踪技术已经被广泛运用在很多方面，比如制定产品的广告策略，以及分析我们对于视觉数据的感知。其结果往往是很明显的。比如将同一个穿着比基尼的女模特的广告展示在一组男女观众的面前时，女性观众看模特的脸的时间最长，而男性观众则会平均分配时间去看模特的脸、胸以及其他的部位。（别误会——女性观众也会对这个穿着比基尼的模特抛媚眼，但她们的注意力更多地集中在脸部。）

有趣的是，当我们把一个极具魅力的男性的照片展示给一组男性和女性观众的时候，结果是完全一样的，而不是相反。女性观众们仍然主要看他的脸，多了一点点时间看他的身体，而男性观众则仍然主要在看这个他们想象中的对手的体格。我们到底在寻找什么？这并不像性爱那么简单。异性恋的男人和女人都没有着重关注异性的身体。我们也不会因为嫉妒而改变自己的观察模式，否则，

---

① 同样的道理在珠宝上也是适用的。

女性对同性竞争对手身体的关注就会远比对她们的脸的关注要更久更强。

我们下意识在寻找的其实是人类的孔雀尾巴。为什么这么说呢？我们一直都在思考别人有什么东西而我们自己是没有的，是一张更加对称的脸呢，还是一个更容易生小孩的身体？也许是别人更加富裕而吃得更好？又或许是因为遗传了更好的基因让别人在竞争中处于更加有利的位置？我们希望通过对同伴进行客观的评估，为自己找到一个用主观意识来排序的位置。还记得地位性商品吗？眼球追踪可以精确地记录下我们究竟是在对什么资产进行比较。

当我们把性别和身体这两个表征从实验中剥离之后，我们会观察到被实验者们有一个不那么明显但表现得更加具体的趋势。当我们把男性和女性肩部以上的照片展示给一组男性和女性观众的时候，两组观众的眼球追踪结果几乎是相同的。两种性别的观众都要花相当长的时间来观察照片上的人佩戴的每一件首饰，这个时间比看脸的时间要长很多。他们在下意识地寻找别人身上能够反映他们的位置和排名的资产，以便和自身进行比较。

人们需要评估在他们周围的人和事的价值，并且将自己放在某个位置环境中，这是一种普遍存在的现象。竞争、评估、比较和排名都是我们的动物天性。想要成为最受重视或最被大家所渴望的人也是我们自身的一种非常基础的本能。这是性选择和达尔文进化论的基础。

如果我们想要被拥戴，我们首先必须要被别人看到。

就像那些闪闪发光的蓝色蝴蝶，或是有着巨大羽扇尾巴的孔雀，吸引别人注意力的最快方式是拥有一些特别的东西。归根到底，这就是珠宝最主要的功能——让佩戴的人脱颖而出，变得更加闪耀，更容易去捕捉和吸引人们的注意力。有时珠宝能让你看起来更美，而更多时候它传递的信息则是财富和权力。无论哪种方式，它总是能够展现更加优越的地位，不管这种优越是天然的还是人为的。

我们这样来看——人类的基因、健康、年轻和生育力是很难造假的，虽然在21世纪的我们已经尽可能地去做到最好了。但是其他的物质资产可以表现那些不是身体上的或者不会随着时间流逝的优越感，比如金钱、权力、影响力以及进入权，等等。也许这就是为什么虽然女性更关注脸部，而男人更注重身体，但每个男人女人最关注的其实都是珠宝的原因。获得注意力和交流特权的最快方式就是拥有一个象征地位的东西，最好是亮闪闪的珠宝。

购买时间

人类在传播财富或传递优势方面，几乎没有什么生物学层面的手段。不像我们那些闪闪发光的或者有羽毛的大自然的朋友们，我们没有尾巴、翅膀或者鳞片。因此，我们便将注意力转到其他动物不可能与我们竞争的优势上面来，这就是机械工艺。

让我们再回到几百年前去看看当时最先进的制表技术：怀表。在15世纪的某个时候，在摆轮游丝被发明的1657年之前，最早的怀表原型诞生了，它与早期的便携式弹簧钟几乎没有什么区别。它们的尺寸非常大，表身被做成桶装是为了装弹簧。它们整天都必须不停地上弦，上一次只能走一个小时，计时也非常不准确，因此它们在一天里经常会"失去"好几小时的时间。

尽管它们非常笨重，使用起来也很有问题，但它们被设计出来的初衷则是用来佩戴的。它们非常昂贵，很难买到，极度的稀缺性使其立即成为人们炫耀财富和特权的工具。到了16世纪，它们成了精英阶层最喜欢的一种装饰品。

最终，仅仅只有一块怀表是不够的，在经典的"支出瀑布"模型中，欧洲的富人们对怀表的要求越来越复杂，因此诞生了越来越多非常昂贵的设计。在一个世纪内，佩戴小小的怀表成了一种时尚，这些怀表可以戴在衣服上或者用链子系挂在脖子上。它们的外观也从一些标志性的形象，如星星和十字架，演变到更加精致的装饰主题，如鲜花和动物，等等，还有的甚至做成了头骨的形状。

所谓的骷髅头怀表用一种略带阴郁的诗意来提醒我们关于时光老人的故事。到了17世纪，人们对更小的便携式钟表在艺术上的追求，催生了更多更先进的计时技术，比如摆轮游丝的诞生。英国的查理二世正好发明了马甲这种带有侧口袋的时尚服装，因此，在口袋里放一个相对准确、小巧而又扁平的时钟成了时尚的潮流。于是真正的"怀表"诞生了。

直到20世纪早期，功能时钟一直都是现代技术的缩影和巅峰。就像现在一样，技术越细微，造价也就越昂贵。钟表在传统意义上是极其富有的象征。即使它们工作起来并不是很顺利，但从诞生之日开始一直到大约100年之前，它们的价格都足以媲美那些珍惜罕见的珠宝，而且还非常难买到。亨利八世从不羞于炫耀自己，他是第一个渴求怀表的人：他可以在脖子上戴一个有沙拉餐盘那么大的时钟。大家可以脑补一下这个"优雅画面"。他的女儿，伊丽莎白一世的上臂戴着一块表，这块表是用钻石镶嵌的圆形怀表，粘在一个臂章上，这是她最喜欢的仰慕者和所谓的情人莱斯特伯爵，罗伯特·达德利送给她的礼物。①就连玛丽·安托瓦内特也加入了戴表的阵营，据说她委托工匠制作了一枚镶有某种计时装置的钻石手镯。②

　　在文艺复兴时期，戒指手表也很受欢迎。这些表用计时器③替代了宝石，但主要功能还是装饰，它只能很粗略地表示钟点，而且还常常会卡住或跳过。它们其实在计时方面一无是处，但是它们作为炫耀品在几个世纪里仍然受到了大家的热烈追捧，就像钻石皇冠也不能帮你吹干头发的道理是一样的。到了18世纪和19世纪，怀表虽然仍然很易碎，容易受到各种外界因素的伤害，但它们的精确度已经比较高了，足以单独使用。即便如此，它们在很大程度上仍被视为珠宝的一种。怀表本身就是用黄金、珐琅、钻石和其他宝石来制作或者装饰的，其最终的目的也是为了吸引眼球，就像珠宝一样。

---

① 多米尼克·弗莱雄：《时间大师：计时的历史——从日晷到手表，制表大师的探索、发明和进步》，弗拉马里翁出版社2012年版。

② 《女士钟表的艺术》，《芝加哥先驱论坛报》2014年11月25日。

③ 具有讽刺意味的是，这些计时器不一定实用。

但是，就像那些装饰着珠宝的圣物箱保存着圣人的遗骨或都灵裹尸布一样，这些珍贵的闪闪发光的盒子实际上都是在对盒子里装的东西致敬，这是一种超越了一般价值的东西：时间。虽然钻石切割者切割钻石需要非凡的技能，一个金匠制作戒指或项链也需要高超的技术，但是要把时钟做出来需要更加娴熟的技能。机械装置需要非常精确地彼此匹配才能制作出如此微小和复杂的可移动的零部件，而且制表人还必须要理解时间和空间的力学原理。人们必须对昼夜周期和行星、恒星的运动有非常全面深入的了解，才能创造一个运转良好的日晷。再加上对冶金和机械工程知识的精通，你就可以给自己制作一个时钟了。一个制表师拥有最伟大和最稀有的技能，以及对和声学的熟练掌握，就足以将这些技术微缩并制作出一块怀表。

还有什么比佩戴一块系着金链的怀表更能够在别人面前炫耀财富和特权的呢？

第一块表

除了少数几位有权势的女性君主之外，金钱和权力通常都属于男性。钟表也不例外。而到19世纪的时候，怀表行业开始火起来了，各种各样的型号和款式可以满足大家的各种需求。女士怀表还是成了有钱的女士们用来炫耀的工具，尽管女表在手表行业里不怎么受重视，因为它们通常都被认为是昂贵的小玩意儿。百达和沙柏公司是当时众多制表商中的佼佼者。

百达和沙柏公司由波兰设计师安东尼奥·诺伯特·百达和他的合作伙伴弗兰切斯克·沙柏在1839年成立，公司主要的业务是用波兰传统的主题来设计华丽的装饰性怀表。在他们的第一家商店开业大概10年之后的1845年，百达遇到了拥有卓越制表技术的钟表制造商让·亚德里恩·翡丽，他在巴黎推出了自己设计的全新的"柄轴上弦"系统。

翡丽出色的全新设计让摒弃之前上弦必须要的钥匙变成了可能。他把上弦钥匙替换成为一种机械上弦装置，类似于将上弦钥匙放在了钟表的内部，与手表顶部一个很小的可以上弦的尖顶相连。百达邀请翡丽加入公司，担任他的新搭档和技术总监。到了1851年，百达翡丽公司正式成立并且开始运营，而沙柏则退出了公司。不久之后，尽管人们普遍认为钟表主要是为男性而生的，但维多利亚女王仍然成了百达翡丽的一名顾客。在伦敦水晶宫展览会上，她被百达翡丽创造的机械奇迹所吸引。她买了一块女士的怀表：这块怀表在淡蓝色的珐琅片上镶有钻石组成的花瓣，它也是第一批无钥匙上弦的钟表之一。

伦敦展览之时，离第一块真正意义上的手表诞生还有17年之久。虽然通过留存至今的肖像画我们可以看到伊丽莎白一世、玛丽·安托瓦内特都喜欢把她们的表戴在手臂上的某一个位置，但这些都不是真正的手表，原因很简单：它们并不实用。将制表技术微缩到很小的尺寸，直到19世纪才出现。更重要的是，它们几乎不能被描述为"有计时的功能"。无论是玛丽·安托瓦内托的被宝石所覆盖的表，还是伊丽莎白绑在手臂上的、纯粹为了炫耀的表，这些早期计时器的雏形都只被看作珠宝的一种新的风格而已，它们里面没有精准先进的技术，有的还是那些闪闪发亮的宝石。

　　在现代意义上来说，第二枚堪称世界上最早手表的，是由亚伯拉罕-路易斯·宝玑为那不勒斯的皇后卡洛琳·穆拉特所设计的作品。它是一块很薄的长方形打簧表，但我们几乎可以肯定，这块表并不是为了准确报时而设计的。它配有用极细金线编织而成的链带，而不是真正的金属手镯或皮带。一个保险的且普遍被接受的假设是，这块手表是用来观赏的。宝玑设计的这块有点奇怪的手表上面甚至还附有一个温度计，也许是预示着19世纪的钟表会向着多功能①的趋势发展。②

没用的手表

　　珠宝首饰有一个比较矛盾的情形，那就是当我们讨论腕饰的时候，更小的珠宝意味着更昂贵，也更受大家的推崇。时钟是那个

---

①　"多功能"是增加手表复杂性的因素。它们能够跟踪和显示除了小时、分钟及秒以外的时间循环。早期的"多功能"通常是显示日历。特别了不起的多功能表通常能显示炫目的太阳月亮相位、万年历以及天空星图等。

②　多米尼克·弗莱雄：《时间大师：计时的历史——从日晷到手表，制表大师的探索、发明和进步》，弗拉马里翁出版社2012年版。

年代的计算机，现代的计算机也是越小的越贵。当伯爵夫人那指甲盖大小、功能齐全的表出现在人们眼前时，大家都沸腾了，当然也不可避免地激发了很多人的妒忌心理，不少人对时钟可以准确地计量时间这种说法嗤之以鼻。男人们则认为，在手腕上戴怀表的想法是极为荒谬的。那些欧洲的男性买家们一方面受到了"完全没有计时功能的钟表实际上是作为珠宝而存在的"历史的影响，另一方面他们也完全不了解制表过程中那些复杂的技术，所以他们没有欲望去购买手表。由于手表的尺寸太小，无论是制造商还是消费者都没有足够的信心认为这些微小的机械装置能准确地计量匆匆流逝的时间。他们也不相信人们可以在手腕上一劳永逸地佩戴一个小巧、脆弱而又精密的机器来计时，而人们的冲击、运动以及周围的环境，比如湿度甚至是温度的变化，都不会影响手表的正常运作。但随着手表的问世，细微化的、机械化的珠宝在人类历史上第一次完美地工作起来了。

有的人认为，"整个行业对手表问世的态度是不友好的"这一说法是保守的。人们认为，手表只会昙花一现，只不过是女性突发奇想的追捧和她们不断变化的时尚风格的体现罢了。整个欧洲的制表行业也很高兴地认为，手表很快就会消失。来自汉堡的教授波尔克在1917年的时候说（尽管就在第一次世界大战爆发的时候，男性手表市场的需求是空前的）："最新的时尚是在手镯上佩戴一只表，这将使它暴露在最剧烈的运动和危险的温度变化中。希望这样不好的风潮很快就会过去。"①

这并不是说，男性中普遍存在的情绪会影响富有的女性对这一趋势的热情。那些购买手表的女性的平均财富强调了一个观点：一个可以买得起手表的女人是无所事事的富太太，因此她们并不需要很准时地做什么事情，出现在什么地方。但所有的男人却都很忙碌而重要。因此，计时在男人每天的生活中就显得尤为重要了，因为他们的时间是有价值的。

手表诞生的年代恰好也是怀表受欢迎程度到达顶点的年代，怀表的制作工艺也日臻完美。从商业的角度来看，如果手表受到追捧，那么怀表制造商就会损失很多钱。即便如此，他们对手表的反对好像是情感因素多过财务因素。反对手表在当时其实是一种基于非常厌恶女性的论调。当时社会上流行的观点是"女性不需要计量时间"②，这一观点也得到了工人阶级和有闲阶级的男性们的认同，他们把微型计时器与女性联系在一起，并且经常抱怨说，她们应该"更早地穿裙子"，而不是戴手表。

幸运的是，手表最可疑的以及人们最不想要的属性——藏身于微小的构造中的完美精确度——很快就掀起了钟表制造的革命。为了将一个功能齐全的时钟放在微缩的表盘里，人们不仅在制表技术

---

① 多米尼克·弗莱雄：《时间大师：计时的历史——从日晷到手表，制表大师的探索、发明和进步》，弗拉马里翁出版社2012年版。

② 多米尼克·弗莱雄：《时间大师：计时的历史——从日晷到手表，制表大师的探索、发明和进步》，弗拉马里翁出版社2012年版。

上面取得了长足的进步，而且在相关的行业和技术领域也取得了很大的发展。曾几何时，人们还不相信百达翡丽已经创造出了一块足够小的、可以任意佩戴的表。这款手表对西欧那些与科斯科维奇伯爵夫人一样富有而且无所事事的女性来说很好，但世界上的男人们则继续把他们的表放在自己的口袋里。

别重色轻友

实际上，欧洲人把怀表带到了战场上，但怀表很快就变成了一种阻碍，而不是帮助。事实证明，精巧的怀表需要拿出来握住，打开，上弦以及放回衣服的口袋里，这一系列流程并不是一个在战场上告诉士兵们时间的最有效的、方便的方式。布尔战争之后，作战方式日渐现代化，但怀表却仍然一点忙都帮不上。在战场上，我们送走了马和刺刀，迎来了芥子气和机枪。

现代作战的士兵需要解放双手，还需要不断地和整个军队精确地协同作战、开火以及掩护任务执行，更不用说来自空战和轰炸的全新要求了。到了后来，超级武装的军队成了一个例外，解除了对"给女孩设计的手表"的禁令。19世纪80年代，瑞士制表商芝柏为男性设计并大量生产了第一批手表，目的是帮助德国皇家海军的军事进攻更加同步和协调。据推测，这个想法来自一名德国炮兵军官，因为他总是无法在炮轰敌人的时候控制好自己的怀表。最后，他把怀表绑在手腕上，看起来与一只手表无异。他的上司很喜欢这个想法，"以至于拉绍德封的制表师都被要求去柏林讨论腕带小金表的生产问题"[1]。

芝柏的手表相对来说还是比较初级，它仍然脱胎于怀表的设计，这些表只是系在了金链上而不是马甲上而已。尽管如此，如果它们能够工作，那也将是一个巨大的飞跃。对于男性来说，"绑带表"的简单实用已经超越了他们之前认为"手表是女性用品"的尴尬。然而，就芝柏的设计来说，这时的绑带表还不是一项必需的军事技术。到了第二次布尔战争，新型的绑带表在很大程度上被认为是帮助英国军队取得胜利的功臣。

绑　带

布尔战争是英国与布尔人在南非发起的一张战争。布尔人是荷兰移民的后裔，是南非当地人。在1835年至1845年之间，布尔人在政治上被爱出风头的大英帝国边缘化，他们对英国的各种社会政策都不太满意——尤其是那些禁止拥有奴隶的政策以及在开普殖民地掠走了很多原本属于他们的土地的行为。因此，以一种非常消极的姿态，大约有1.5万名不满英国人统治的布尔人从英属开普殖民地中迁了出来，他们长途跋涉穿越了奥兰治河，进入了南非内陆地区，

---

[1]　迈克尔·弗里德伯格：《手表——早期的手表和第一次世界大战》，http://people.time-zone.com/mfriedberg/articles/Wrist lets.html.

318

在那里建立了属于自己的两个独立国家：德兰士瓦共和国和奥兰治自由邦。

　　顺便一提，"布尔"在荷兰语里面的意思是"农民"——他们自己的国家成立之后，十年间都是以松散的自治形式存在的。当时这两个国家主要是由可以维持人们基本生活的农场所组成的。德兰士瓦和奥兰治甚至还获得了英国的承认。但不幸的是，布尔人也在奥兰治河和瓦尔河的河谷地区进行农耕和放牧，因此他们刚好处在即将到来的南非钻石狂潮爆发的最中心位置。1867年，在科斯科维奇伯爵夫人得以展示她的手表的前一年，一个小男孩在奥兰治河里捡到了一颗巨大的钻石，接下来发生的事情大家都能够猜到了，所有关于殖民地、卡特尔以及历史的进程都因为钻石而被改写了。布尔人首先行动起来，否则他们就会失去自己的土地。布尔战争从1880年开始，到1902年结束，其间只有一小段时间保持了相对和平的状态。在政治上，这是英国进行的一场掠夺他国合法领土的战争。最终，布尔战争改变了整个南非的版图。

　　英国军队更加训练有素，军队的装备也更先进，但是士兵的数量却不如在家门口作战的布尔人多。从战争一开始就可以很明显地看到，那些传统的战术已经不再适用了，虽然这些战术直到布尔战争开战之前都还在被广泛地运用。多亏了工业革命，技术发展得很快，很多具有突破性技术的武器例如弹匣步枪、自动机枪，甚至无烟火药等已经开始大幅地改变战争原来的结构和框架。与旧时的战争不同的是，新的军事技术在战场上不再只是一味地依靠士兵们的英勇精神了。在这种新的战争环境下，每个士兵都必须表现得像一个精密机器里面独立运转但又彼此协同的零部件一样。布尔战争是世界上现代化战争的开端，从更广泛的历史背景来看，它也是世界大战的"热身运动"。

新材料和新设备的出现对时间的精确度提出了更高的要求。精确的时间则需要精确的计时，新的设备要求两只手都可以随时保持自由可用的状态。19世纪80年代被德国人遗忘的手表被英国士兵在20世纪初的南非"重新发现"。毕竟，有所需才是重新占有某样东西的前提。在1900年到1902年之间，英国士兵在与布尔人交战的时候，他们受到了原本属于他们妻子的手表的启发，将自己的怀表拿出来用皮带系紧拴在手腕上。英国军官使用这些临时"制作"的战争手表来指挥军队同步行动，协调侧翼攻击，并发动大规模的同时进攻将敌人打得落花流水。①

实际上，手表是一个非常成功的创意，而且在突然之间就变得非常有名，于是男士手表开始逐渐受到了钟表制造商们的关注。这些公司开始生产新的手表，并且为它们花钱打广告，其中大部分的广告都讲述了英军在南非获得战争胜利的故事。

----

① 军用手表并不是布尔战争所导致的着装方面的唯一变化。在第二次布尔战争之前，英军的制服仍然是他们独有的猩红色。他们经历了在南非令人尴尬的失败以后，在1897年将海外部队的制服改成了卡其色。服装也被视为一种装备，并随着世界的变化和发展而变化着。

戴表的男人

　　《戈德史密斯公司钟表目录》在1901年刊登了一款名为"服务手表"的军用怀表的广告，该广告上有一份使用者在1900年6月7日主动提供的关于产品的证言。证言里提到，这位士兵声称他拥有与广告上一样的怀表，并说"我在南非一直戴着它，有三个月之久。它为我提供最完美的时间，而且从未让我失望。——你忠实的诺斯·斯塔夫上尉"[①]。

　　尽管钟表公司已经开始生产绑带表，但他们大多数的广告主角仍然是怀表。在1906年欧米茄的手表目录中，怀表占了48页，而手表只有区区3块。即便如此，钟表行业除了开始涉足军事领域的市场之外，还开始利用与军事的关联来进行市场营销。戈德史密斯公司宣传的"服务手表"就得到了参加过布尔战争的退伍军人的认可，被他描述成"世界上为参军的绅士们准备的最可靠的计时器"。

　　一旦男士开始接受"手表是可靠的、极具功能性而且更有男子气概"这个观点之后，女性的手表也逐渐开始向更具装饰功能的趋势靠拢：它们被称为"女士的手镯表"。虽然已经有专门为男性设计的手表问世了，但这时候离手表被普罗大众，尤其是男性消费者所接收并广泛使用还有很长的路要走。

---

① 迈克尔·弗里德伯格：《手表——早期的手表和第一次世界大战》，http://people.time-zone.com/mfriedberg/articles/Wrist lets.html.

男性消费者在脑海里将手表的形象阳刚化，这更像是一场具有象征意义的战役而不是具有商业意义的战役。手表虽然是一件有功能的设备，但它也是一种珠宝首饰。而正如我们所见到的那样，珠宝充满了想象的价值和标志性的意义。如果要让男士在战争之外戴手表，那么这些手表则需要有能够增加男性气质的特点。所有的小男孩都喜欢飞机，尤其是到了20世纪他们更加爱。1904年，路易·卡地亚为他的朋友——著名的巴西飞行员阿尔贝托·桑托斯–杜蒙特制作了一块很可靠的手表，而作为回报，桑托斯–杜蒙特也为这一手表做了很多事情。在20世纪以前，飞行员被迫驾驶滑翔翼、热气球，甚至是只能完全通过视觉来导航的由早期引擎驱动的飞机。靠视觉来导航的飞行器只在特别低的高空中，在能看到海岸线或地标的情况之下才能够安全飞行。桑托斯–杜蒙特是航空业早期的先驱之一，他请求卡地亚为他制作一个能够在长途个人飞行的旅途中使用的、更好的计时器，这将有助于他通过仪器而不是视觉来导航。[①]

　　卡地亚为桑托斯–杜蒙特设计的航空手表是第一块专门为男性设计的手表。这款手表与卡地亚的飞行员朋友一样极具开创性。手表设计成左手腕佩戴款，这样飞行员使用起来就会很方便。它的表盘是长方形的，表面很光滑，看起来完全不像一块怀表，而且卡地

---

① 多米尼克·弗莱雄：《时间大师：计时的历史——从日晷到手表，制表大师的探索、发明和进步》，弗拉马里翁出版社2012年版。

亚也不想让它成为怀表的变种。表盘通过金属表耳与表带连接，而不使用绑带。表带由一颗扣子牢牢固定住（没人想在飞越海峡的时候发现手表掉了下来）。桑托斯–杜蒙特表是第一块由男士佩戴的手表，这块手表没有刻意地隐藏或掩盖它实际上是一个手镯的关键事实。那些临时的、用绑带改装怀表的日子已经一去不复返了。

当精确跟踪和计算时间、速度以及方向位置这些难题被解决之后，航空就变得更加容易，航行范围也更加广了。桑托斯–杜蒙特是一个令人兴奋的、特别浪漫的人物，卡地亚因此而变得家喻户晓。

也许正是最开始的绑带式服务手表激发了卡地亚专门为男士设计手表的灵感，而卡地亚和桑托斯–杜蒙特之间的合作让男士们纷纷都想要一款属于自己的手表。在某些历史环境中，珠宝象征着女性的品格和画像，比如像我们之前讲到的伊丽莎白一世和她的珍珠的故事，而手表则成了最有男子气概的男士们的象征，例如英勇的士兵，大胆又性感的飞行员。同时，随着手表的价格越来越昂贵，那些富有而且手握特权的银行家和实业家也被纳入这个象征的名单里。这款全新的、具有男子气概的手表表达了一种军人的气度，消费者们购买手表的原因除了其功能上的实用性之外，也是因为手表已经成为让一个人与众不同的标签。

虽然直到一两年之后，英国才将手表作为军队的标准配置，但是在一战中，整个英国军队都已经配备了科斯科维奇伯爵夫人那时尚手表的粗糙简易版本。美国军队也在佩戴这种新款式，它们大多数是由新成立的公司劳力士和真力时设计制造的。

定时炸弹

第一次世界大战被认为是结束所有战争的战争，是截至当时全世界最具毁灭性和影响范围最广的战争。虽然说布尔战争可以被看成一战的演练，但如果真的要与一战进行比较的话，布尔战争真的算是小儿科了。一战连年的战争中都充斥着火力很猛的机枪扫射与非常骇人听闻的毒气战，这些毒气战由于太过于惨无人道最终被裁定为违法行为。战争波及的范围达到了前所未有的程度，它席卷了整个欧洲，并将日本和美国这样与欧洲相隔甚远的敌人和盟友卷入其中。因此一战又被称为超级大战。这是它的新特性。那些经历过一战的士兵和平民，他们的父母和祖父母都曾经参加过旧时充斥着骑士和刀剑的战争。而此时，大炮成了军事技术的巅峰之作。突然，士兵们打仗都戴着防毒面具并且从飞机上扔下炸弹。"现代"这一时代已经开始，它诞生于战场上。

就像钟表一样工作

手表是推动战争及现代世界进程最重要但又最受到忽视的技术之一。它不是最大的、最响亮的，也不是新崛起的世界秩序的军火库中最可怕的武器，但它却是最强大的。在现代战争中，对成千上万的士兵进行精确的时间安排是至关重要的。没有了它，其他技术优势就不可能很好地发挥作用。举例来说，如果没有合适的设备，飞机就不可能投下炸弹。而在20世纪初，这些仪器的技术含量还比较低，没有GPS，也没有导弹制导技术。飞行员（像过去几个世纪的水手）所拥有的最强大的设备就是能够精确计时的手表，飞行员根据时间来计算距离、速度、位置和高度。你必须要知道自己所在的确切位置，否则就不可以投下炸弹（嗯，你可以投，但你不应该这么做）。

配备有机枪的步兵要比配备来复枪和刺刀的步兵强大很多。① 而在任何时候作战，进攻都必须是定时和协调的。几十年前，指挥官在组织军队开展进攻的时候，通常都把按照顺序发射炮弹作为通知待命士兵的信号，以向他们发出"排成阵形""前进"或者"开火"等各种命令。这种技术的缺点是对方敌人也会听到作为指令的炮弹爆炸声，一旦他们知道了你的意图，他们就可以迅速地将手榴弹扔进你的战壕。新时代的现代化战争要求的是保持安静和同步。

_____

① 密集型炮火攻击是由一连串的炮弹或者火力持续不断地打击对方的防御工事或者为自身的行动提供掩护。一战期间，1915年最具标志性的炮兵战术是用来对付德国人的徐进炮火攻击。在一个标准的徐进密集型炮火攻击中，全副武装的步兵在炮兵们创造的火力线的掩护下前进。当敌人的防御部队开始撤退的时候，步兵会继续一步一步地向前进。与此同时，枪手继续进行密集型的炮火攻击，步兵在炮兵制造的炮火线的掩护之下继续向前进，这条炮火线在敌人和步兵之间起到了非常重要的作用。炮兵制造密集型炮火攻击的过程与步兵在炮兵的掩护之下前进的过程要求他们彼此要完美地配合与同步，这个例子只是手表在一战中所扮演的安静而巧妙、但又必不可少的角色的范例之一。

说到手榴弹（或导弹、地雷、炸弹），当你在使用这些爆炸物的时候，一个精确的计时器是必不可少的工具，至少你必须要确保不能把自己炸飞。同样的情况也见于军队对于催泪瓦斯、芥子气、氯气以及其他化学武器的使用和部署。

自从宗教异端裁判所创立以来，人类就不曾想到，竟然还会发明这么多从来没有过但又极其恐怖的互相杀戮的方式。除了英国和德国的轰炸机之外，还有大量的类似于无畏号的英国战舰，以及体积虽小但同样致命的德国潜艇、齐柏林导弹、地对空导弹、坦克以及火焰喷射器，等等。在大战结束的时候，所有的大国都开始着手处理那些发明于20世纪的令人恐惧而又笨重的技术，并据此调整了他们对战争的理解和期望。手表及其在任何地方、任何条件下都能为个人提供精确的时间及时间同步的功能，绝对是这个过程中不可缺少的重要部分。正如他们所说，时间才是核心。手表最终证明了自己在促进机械进化和使用的过程中占据着非常重要的位置，但很多人却错误地认为，机械本身才是改变游戏规则的部分。尽管科斯科维奇伯爵夫人想要成为别人眼中的焦点，这个愿望的原始驱动力来自她对时尚的关注，但是她却不知道，自己无意中促成了具有完美时控能力的现代化军队的诞生。

穿戴华丽的杀戮

一间名为H.威廉森的英国钟表制造公司在1916年召开的年度股

东大会上发表声明说："公众正在购买生活的必需品。没有人认为手表是一种奢侈品。在当下的大环境中，手表就和人们的帽子一样是日常生活中必需的。一个人可以在没有戴帽子的情况下去赶火车或者赴约，但他却不能没有手表。据说每四个士兵中就有一个士兵佩戴手表，而另外三个人则表示要尽快买一块。手表不是奢侈品，结婚戒指也不是奢侈品。在过去的很长一段时间里，这两件珠宝单品一直是最畅销的。"[①]

在第一次世界大战的头几年里，手表还不是士兵们的标准配置，尽管它们在士兵队伍里的需求量很大。有些人自己花钱买了手表，另一些人则在战场上学习英军在布尔战争中所做的那样，把自己的怀表重新制作成为绑带表。英国军官们基本上都佩戴手表，尽管英国军方在早期没有将手表作为军备的必需品发放给大家，但由于英国军官们的装备都是他们自己准备的，所以手表在他们中间就变得很普及了。

只有美国军队从参加一战开始就把手表作为军队的标准配置了。美国军官们佩戴的军用手表都是由一家叫作真力时的新制表公司生产的。到后来，几乎所有其他的制表商都加入了为军队制作手表的行列（劳力士率先推出了防水手表；欧米茄为英国皇家飞行队制作了手表，并为美国陆军战队提供间谍手表）。德国军队在其他所有的作战技术上都达到了很先进的水准，但在计时这个问题上他

---

① 斯蒂芬·埃文斯：《一战中10个成功的发明》，BBC新闻2014年4月13日。

们掉了队。其对手则在另一边说，"有很多新的手表产品可以选择"①。

公平地说，美国人从参战伊始就比其他任何人都具有优势。当美国人踏上战场的那一刻起，许多士兵已经戴好了手表。很多英国士兵，包括一些级别比较低的士兵都非常想拥有自己的手表，因此他们有的自己去购买手表，有的则自己做手表。在1914年战争刚开始的时候，英国的采购官员大都还是给军队发放怀表，后来他们也在反思之前摒弃手表的政策是否正确了。到了1917年，英国国防部已经开始向全体军官发放手表了。②

在一战的最后几年里，手表的种类更加多样化，这也反映了制表工艺的进步和士兵们需求的多样化。所有的标准军用手表都有一些共性：坚固、防水、防震、易读而且安全。当然它们能够完美地计时。这些军用手表都有金属外壳，几乎都有黑色或者白色珐琅制作的表盘，表盘上有大号的阿拉伯数字来标示时间刻度。

这些数字连同指针都接受过镭射夜光处理，这样士兵们就能在光线很暗的战壕、坦克、飞机或潜艇中看清楚时间。有的手表还有钢化的格栅，用来保护手表上的玻璃以免受到弹片的破坏。其他一些还配备有额外的特别为飞行员和船员所设计的导航辅助设备。③

① 　约翰·E.布罗泽克：《手表的历史和演变》，《国际钟表杂志》2004年1月。

② 　Z.M.维索罗斯基：《军用计时器指南（1880—1990）》，克劳伍德出版社1996年版。

③ 　《古董军用手表》，《搜藏家周刊》2007年—2015年合集。

几乎所有的手表在某个方面都是一样的：它们都是"有技巧的"，意思是它们有一个以间断的节奏前进的秒针，每一秒就向前走一步，而不是像人们以前所期望的那样顺畅而连续地旋转。这个最新的最小时间单位的划分增强了时间的节奏感，使得手表和行动之间可以进行精确的同步。[①]

虽然在1914年至1917年期间，军用手表在军队里已经司空见惯了，但德国的采购官员在手表的使用和普及方面却显得更加保守，他们还从来没有很好地利用手表的功能，尽管他们在1880年就已经促成了军用手表的诞生。在整个战争期间，德国军队继续向他们的士兵发放过时而且笨重的怀表。[②]而同时社会上仍然还在争论男人佩戴手表是否符合传统和礼节。

在战争的最后一年，怀表（和德国）已经彻底地输掉了这场战争。手表已经成功地从珠宝转型成了新生事物以及军事必需品。据《国际钟表杂志》报道："一战标志着手表已经成为一个很重要的军事装备。"[③]它是一个不可或缺的东西，至少根据《战争的知识：军官的前线手册》的记载来看是这样的。这本书是在战争期间出版的给前线士兵的权威指南。书中列举了军官需要准备的40样必需品的清单。清单上的第一件物品就是一块可以发光而且不易碎的

---

① 《古董军用手表》，《搜藏家周刊》2007年—2015年合集。

② 约翰·E.布罗泽克：《手表的历史和演变》，《国际钟表杂志》2004年1月。

③ 转引自朱迪思·普赖斯：《永志不忘：爱国珠宝和军事装饰的杰作》，泰勒出版社2011年版。

手表，这比我们脑海里认为的那些必需品，例如一把刀、一个急救箱或者是靴子都要重要很多。事实上，它是如此重要，以至于它的排名比左轮手枪还要靠前。①

永远的传说

当整整一代男人在大战后回到家乡时，创伤后应激障碍②并不是他们唯一带走的。那些军用手表在作战行动中发挥了至关重要的作用，因此它们也被士兵们保留收藏了起来。手表在军人、战斗英雄以及对士兵们心存感激的大众中间广泛传播开来，它不仅是一个不可或缺的计时工具，更象征着男子气概、现代感以及"第一世界"的地位。

美国和欧洲的士兵继续戴着他们的手表回到了家乡，重新回到了正常生活的怀抱中，而这种新的时尚并不只在超级富豪中流行。这些士兵们对手表持续的拥有和展示导致了更多男性对手表的认同、接受以及疯狂。曾经只是为了博取眼球的手表在经过了5年的战争洗礼之后，俨然已经成为勇敢的象征，人们非常应景地给它们取

----

①   B.C.莱克：《战争的知识：军官的前线手册》，Forgotten Books2013年版。

②   实际上有相当多的士兵带着创伤后应激障碍回到了家乡。虽然战后的重建在有条不紊地展开着，但是那些在一战中经历了极端状况的士兵却认为这是一种新的状态，是一种全新的战争导致的结果。专家推断，这些患者经历的是"炮弹休克"，也就是说，他们在精神上和情感上都受到了战场上无休止的、震耳欲聋的炮火和爆炸声的伤害。

了一个名字，叫作"战壕手表"。

1917年，英国的《钟表杂志》发表了一篇文章，声称："手表在战争之前很少被阳刚的人使用，但现在几乎在每一个穿制服的男人以及很多平民装束的男人手腕上都能够看到它了。"①在10年内，手表与怀表的比例变成了50∶1。

关于手表和怀表的辩论已经烟消云散了，手表被永久地保留了下来。波尔克教授一定很失望。手表的兴起也表明了一种在情感上的巨大转变。20年前，男人宁愿穿裙子也不愿戴腕带；一战之后，男人们如果没有一块手表简直就会死不瞑目。手表的地位从曾经的时尚标志转变成了一件武器，并且逐渐成为人们在心理和社会经济层面的必需品了。手表已成为全世界的男人宣告他们的性别地位的象征了。就像大多数珠宝一样，在拥有和使用手表方面也有一些非官方的奢侈消费的规则。

当手表成为男士认可的配饰之后，在其受到全世界人民的欢迎之前的很短一段时间之内，佩戴手表体现的是人们的社会特权，而不是人们的权利。在以前的观念中，男人不仅需要手表来展示自己的男子气概，而且在某些情况下，某些男人实际上是被禁止佩戴手表的，因为他们没有权利去展现自己并不到位的男子气概。在伊利诺斯钟表公司的发展历史中，其创始人弗雷德里克·J.弗里德伯格

---

① 艾米丽·莫布斯：《手表是男人最好的朋友》，《珠宝商：关于珠宝和钟表的新闻、趋势及预测》2014年1月8日。

讲述了一个不走运的故事，他写道："在第一次世界大战结束后，一位律师在法庭上为他的当事人进行辩护的时候，当时的法官科内索·芒廷·兰蒂斯注意到他手上戴着手表。法官随即在判决中暂停了这位律师的工作，并问他是否在战争中服役。当律师回答说'没有'的时候，兰蒂斯法官立即命令他将手表摘下来，并警告他说，非退伍军人戴手表是不合适的。"①

哎呀。

当一个女人因为戴着假钻石被大家嘲笑的时候，我们看到社会其实非常厌恶虚假广告——尤其是那些虚构出来的某些人的社会地位和社会资产。那些装腔作势的人总是会受到社会的惩罚，但实际上那些看不上手表的人却又时时处处都想要变成人群中的焦点。战争年代结束时，手表已经变成了男人的东西，就像珍珠是属于女人的东西一样：这是一种性别的象征，也是一种假设的或者想象中的个性的象征。

现　代

突然之间，每个男人都想要有一块手表——它也许是一块证明他在军队里服役（或撒谎）的粗糙的军事手表，又或许是一块象征财富和成功的昂贵金表。毕竟，正如眼球追踪的科学实验告诉我们

---

① 　弗雷德里克·J.弗里德伯格：《伊利诺斯表：伟大的美国钟表企业的生涯与时代》，希弗出版社2005年。

的那样，对于无意识的人类眼睛来说，华而不实的东西比身体更加引人注意。

人们对手表的需求急剧上升，世界上所有的钟表公司都开足了马力进入手表的生产行列当中。在第一次世界大战期间，大约有几百万只手表被发放给士兵，这些早期设计的极具功能性的军事手表后来又被用到了第二次世界大战中去，到后来普通消费者对手表的需求也与日俱增，这都使得男士的手表市场呈现井喷状态。随着手表产量的激增，手表行业以及相关领域里的技术也得到了长足的发展。

表壳制造商发明了密封性更好的表壳，防止水或者灰尘的渗透与侵袭，从而保护手表内部那些精密的零部件。1926年，劳力士推出了世界上第一款完全防水的手表——蚝式手表，并迅速推出了双向上链，这是一种可以自动上弦的装置。其他不少公司在很多方面也进行了各种创新和改进，包括在手表的防震、防刮、耐用性以及设计等方面。这些超级手表的设计和制作都是为了让人们能够更加容易、方便地佩戴它们，让手表看起来就像是手臂的一部分一样。

世界上第一种人造宝石——人工合成的蓝宝石玻璃解决了表盘玻璃易碎的问题，它的出现让表盘不再需要金属格栅，以及更古老的怀表表盖。这种人工合成的晶体是由法国化学家奥古斯特·维尔纳叶在1902年发明的，它的性能在各个方面都比玻璃更好。除了不易碎之外，它还非常耐刮，而且最重要的是可以以很低的成本大批量生产。[1]

在随后的几十年里，涌现了更多先进的制表技术。在蚝式手表首次亮相后不久，安东尼·拉考脱推出了世界上最小的机械表。1年后的1930年，百年灵手表公司获得了第一款秒表的专利。接下来，汉密尔顿手表公司发布了第一块成功的电子手表，几年之后，精工推出了石英制的装电池的电子手表。到1970年，汉密尔顿手表公司推出了世界上第一块自动机械数显手表"普尔萨"。普尔萨亮红色的数显屏幕上使用的LED显示器是设计上的一次巨大飞跃，而取代金属弹簧和齿轮的石英电路被标记为那个时代的伟大发明之一，就像过去的平衡弹簧和谐振子一样。

武器制造的创新和电信领域的扩展被大家认为是第一次世界大战留给后人的主要遗产，它们的出现为几十年来促进世界进步的科学技术的快速发展奠定了基础，而且不可避免地也为社会的变化和人们之间的互动做出了应有的贡献。而手表这个在战争期间最安静但也最重要的武器不但能帮助人们使用其他所有的武器，而且在这几十年来也非常巧妙地推动了科学技术的进步和社会的变革发展。

1983年，在普尔萨推出的13年后，斯沃琪公司推出了第一款塑

---

[1]　顺便说一下，人工合成蓝宝石玻璃不但为手表制造业带来了一场革命，直到今天它都是一项非常重要的技术革新。人工合成蓝宝石玻璃被用在各式各样的现代化机器上面，包括杂货店的扫描仪、大功率高频率的CMOS（互补金属氧化物半导体）集成电路、手机和卫星。截至2014年，苹果公司投入了7亿美元用来生产智能手机和智能手表上的人工合成蓝宝石玻璃屏幕。

料的瑞士石英表。斯沃琪将这种新型的塑料手表定位为"可负担"的时尚配饰，而不是一次性的商品。塑料取代了传统的金属表壳和表带，由此掀起了一场时尚界的革命。将塑料引入手表制造过程最具有革命性的意义是大幅度地降低了生产成本，甚至低到几乎可以忽略不计的程度。

随着手表行业的不断创新，前一秒还是新的东西到了下一秒可能就过时了，创新的技术很快就被抛到了一边，或者被转移到了其他的行业，人们继续追求更新的技术。与此同时，整个行业生产的手表数量也在不断地增加，生产过程需要的设备和零件也越来越便宜，于是，人类历史上第一次，所有的人都买得起手表。

这就是真正神奇的事情发生的时刻。从一开始，计时器是一种稀有的、独一无二的商品，只能被极少数的精英阶层理解和拥有，因此在当时，大多数人的时间反而是被少数人管理的。我们的生活总是会受到时间的限制，谁在支配和分配这些小时和分钟，这个问题永远都会与接受者的价值和身份紧密地联系在一起。

那些告诉你"时间属于你"的人、机构或者职业总是在告诉你该做什么，在哪里做什么，以及在某种程度上告诉你从一个时间点到下一个时间的过程中你是谁。教堂的钟声召唤人们去祈祷，甚至告诉他们什么时候站起来，什么时候应该跪下，将他们定义成"基督徒"以及"去教堂的人"。工厂的哨音打破了白天和黑夜的界限以及后工业时代作息的间隔，就像教堂里的钟声一样，告诉他们要站着或坐着，并声称这样做是为了工作，而不是为了进行宗教祷告。

无论我们的时间是在日晷上看到并由季节掌控的，还是由教堂的钟声宣布的属于教堂的"私有财产"，我们"阅读"时间的能力一直都决定了我们控制时间的能力。当每个人都能够真正拥有手表的时候，时间本身就已经被私有化了。有史以来第一次，世界各地的每一个人都拥有了属于自己的时间。

　　随着时间刻度的缩小，时间间隔从原来的"天""季"减少到了"分""秒"。我们将生命划分为微小的增量，所有的时间单位都像相同的、可互换的零件一样，在全世界被同时读取并理解。因为其他人也做了同样的事，于是我们成了更加广阔的时间的一部分，我们成了全球"大一统时间"的一部分。

　　如今整个人类都在按照相同的时间表在工作，甚至精确到以秒来计算。当人们创造出时区和格林尼治标准时间的概念之后，每个人在任何地方都能够知道当下的时间，这样的能力最终在人们的身体上和心理上保持了整个世界步调的统一。我们不用再去等待教堂的钟声，也不用再去询问怀表，更不用继续去遵守公众时钟的时间了。时间终于变得百分之百地准确，成了私有化的资产，并且变得全球通用。而结果是什么呢？整个现代世界变得完全相同。

后记：必需品

　　到了20世纪后半叶，拥有手表已经成了至关重要的事情。手表也在不断地进化。一方面，它们是用来表明社会阶层和执行社会秩序的重要奢侈品，但另一方面，它们对于普通的工人也是非常重要的，尤其是在这个人人都知道时间而且"早""晚"已经不再是主观概念的世界里。在这个交通运输快速发展以及全球化交流日益繁荣的世界里，手表已经是一个必不可少的工具了。

此时，人们已经拥有了非常多的手表，他们使用手表就像使用真正的工具一样。人们在深海潜水、高海拔攀岩和其他各种运动中会使用坚固的户外运动手表；在工作中会使用精准的工作手表；还会在生活中使用那些几乎只戴一次的时装表，当然还有闪闪发光的异常昂贵的珠宝手表。手表会告诉你时间。虽然手表的制作工艺在蓬勃发展，但它仍然像大多数珠宝一样，代表着人们的社会地位和个人的风格与品位。

当下的男性手表市场与钻石订婚戒指的市场比较类似。奢侈型的手表是男性社会地位的终极象征。与订婚戒指类似的是，哪怕手表并不是很名贵，但拥有一块手表仍然是一种宣言。对大多数人来说，手表是必需的，而且也没有什么垄断组织在操纵我们的心智，让我们相信手表是稀有而特殊的。我们操纵了自己，将情感、性别和心理的内涵附加到了这个能告知时间的物体上。

1868年，当第一块手表在伯爵夫人的手腕上亮相的时候，我们都没有办法去预测未来会出现什么东西，比如飞机、近代潜水艇以及远距离通信，等等。所有这些意想不到的新技术结合手表带给人们的让人惊叹和意想不到的能力，以及能够让全球时间同步的复杂构造，最终塑造了现代世界的雏形。那么，到了今天，手表又发展到哪一步了呢？新一代的苹果智能手表及其众多竞争对手的命运在当下的市场环境中都还处于不确定的状态。虽然一些"死忠粉丝"消费者很兴奋，但绝大多数人都认为智能手表并没有太多的创新，它只不过就是一款可以戴在手腕上的缩小版的iPhone。

人们觉得电脑其实并不适合佩戴在手上，因为这种微缩的iPhone越小，它的功能就会越少。很多评论家都斩钉截铁地说，智能手表只是昙花一现的风潮而已，不会长久。

这听起来很熟悉，对吗？在这种情况下，谁知道那些新技术的评论家或者支持者究竟是不是对的呢？如果要说第一块手表的故事告诉了我们什么道理的话，我想说的是，它讲述的是关于变化的故事。第一块手表的故事其实是一个关于期望和转化的故事。让伯爵夫人的手表变得很有魅力的原因在于手表的新奇和唯一性，但是仅仅在几十年之后，让手表成了成功的产品的原因却在于其被大量生产和使用。我们的生活受到了手表前所未有的影响，因为我们赋予了它们特殊的意义和价值。世界改变了，手表也随之发生了改变，最终再次改变了世界。

现在还没有办法知道未来还会有什么惊喜，或者会有什么先进的科学技术出现，这可能是通过一种看似微小的变化，例如在手腕上佩戴一个缩小版的智能手机来实现的。过去只是序曲，但未来会一如既往地开放。

　　1976年，一个名叫让-贝德尔·博卡萨的非洲独裁者成功地推翻了中非共和国的政府并立即当上中非帝国的皇帝。毋庸讳言，短命的中非帝国只持续了几年的光景，而且从未得到过国际社会的承认。然而，在这段时间里，博卡萨却享受了只有独裁者和准皇帝们才享受得到的绝对权力。

　　博卡萨没有镶嵌宝石的王冠来向天下昭告他皇帝的身份。他既没有财富，也没有信誉，他做过的唯一一件符合他独裁者身份的事情就是：试图用钱来买到统治的合法性。他向钻石分销公司的总裁阿尔伯特·乔利斯表达了他要通过购买钻石来让自己的统治合法化的愿望。他看到其他国王或者教皇手上都佩戴着一枚象征权力的戒指，于是他也想要一枚同样的戒指。但他要买的是一颗"不小于一个高尔夫球大小"的钻石。

　　乔利斯想要做成这笔生意，但他没有钱为皇帝的戒指镶上一颗高尔夫球大小的钻石。在经过了冥思苦想之后，乔利斯做了一件非常聪明的事情。他买了一块巨大的黑色工业原钻（不要误认为它是一颗高质量的黑钻石，那可是非常漂亮的）。这是用在机械上用来研磨工业原料的，看起来更像是一块沥青，而不像其他任何美丽耀眼的宝石。他取下一块跟李子一般大小的工业原钻雕刻成非洲大陆的形状，然后在其上放了一颗非常小的、完美的白色钻石，标记出皇帝的新国家的大概位置。最后，他把这个玩意儿做成了一枚戒指。

　　这整个东西的实际价值大约为5000美元，但乔利斯颤抖着将这枚戒指呈现给国王的时候却声称它价值2500万美元。随后让人惊异的事情发生了。这位独裁者听到眼前这颗黑钻是如此稀有、独特而且价值连城，最重要的是他听到了估测的价格，便立即把戒指戴在手上，自豪地绕着房间走了一圈，然后把戒指递给随从们传看。几年后，独裁统治被推翻。他带走的唯一物品就是这枚心爱的戒指。当乔利斯得知博卡萨流亡和这枚戒指的下落时，他说："这是一颗无价的钻石，只要他不试着卖掉它。"

　　最终，现实中没有什么是真实的。这是一种危言耸听的想法，特别是因为它打击了我们看待真理最核心的理论，让我们在这个世界上正确巡航的指南针失去了效力——到底什么东西是有价值的？我们已经问过，宝石的价值究竟在哪里？宝石到底意味着什么？珠宝到底是什么？它们能做什么？这些都是很好的问题。到了最后，你会发现它们其实都是同一个问题的不同问法罢了："是什么造就了珠宝？"有很多种可以形成宝石的方法：例如钻石，它们产生于地球极端高温的地心然后被输送到了地球的表面；例如祖母绿，它们是因为大陆板块之间的大碰撞而形成的，它们可以在地面上融合和生长，也是一种奇怪的副产品；例如珍珠，它们是生物体分泌的废料；再例如钟表，它们甚至是由人类在机械方面的创造力制造而成的。但也许珠宝最特别的地方并不在于它们在物理上是如何构成的，而在于它们变得重要和珍贵的原因和方式。

真正的珠宝更多是在我们的脑海里形成的，而不是在地球或实验室里形成的。它们看起来很强大。当然，它们确实有着非常强大的能力去一次又一次地改变世界。然而它们真的只是……物品而已。它们不是可以杀人的东西，也不是可以治疗的东西，它们也不会建造或者思考。珠宝的目的和性质是一样的，就是去穿透和反映。就像它们闪闪发光的表面一样，珠宝只有一种真正的力量：它们反映了我们的欲望，并且告诉我们，我们自己是谁。